抗酸化の科学

酸化ストレスのしくみ・評価法・予防医学への展開

河野雅弘
小澤俊彦 編
大倉一郎

化学同人

まえがき

　近年，活性酸素およびフリーラジカルを捕捉し，消去する反応を抗酸化とよび，その機能をもっている物質を抗酸化物質とよぶようになった．しかしながら，抗酸化物質については機能を含めて必ずしも正確には定義されておらず，あいまいな点も多々みられる．

　抗酸化物質(antioxidant)は抗酸化剤ともよばれ，生体に関連するものだけではなく，食品や日用品，化粧品や工業原材料などで酸素が関与する有害な反応(酸化反応とよぶ)を減弱させたり，除去したりする物質の総称として定義されている．とくに生体に関連した場合には，狭義には脂質の過酸化反応を抑制する物質を指し，広義にはさらに生体の酸化ストレスや食品の変質の原因となる活性酸素種〔ヒドロキシルラジカル($HO\cdot$），スーパーオキシド($O_2^{\cdot -}$)，過酸化水素(H_2O_2)，一重項酸素($^1O_2$)など〕を捕捉し，消去することによって無害化する反応に寄与する物質を含んでいる．

　抗酸化物質には，生体由来の物質(天然抗酸化剤)もあれば，食品あるいは工業原料の添加物として合成されたもの(合成抗酸化剤)もある．抗酸化物質の利用範囲は酸素化反応の防止にとどまらず，ラジカル反応の停止や酸化還元反応などにも利用されるため，別の用途名をもつ物質も少なくない．

　最近は，活性酸素やフリーラジカルを消去する反応を抗酸化反応とよぶことが多いが，科学的な検証では旧来の脂質過酸化反応を抑制する抗酸化物質の反応として議論されることが多い．そのため，抗酸化研究は混乱をきわめており，専門家とよばれる研究者でも酸化ストレス反応の内容がわからないまま，抗酸化反応や抗酸化物質について議論していることが散見される．

　本書は，このような背景を考慮して，活性酸素およびフリーラジカルによって引き起こされる酸化ストレス傷害を抑制する反応を抗酸化反応と解釈して，広い角度から解説するものである．

　活性酸素およびフリーラジカルが，どこで，どのように産生し，生体傷害がどのように引き起こされるのか，また，さまざまな病態との関連を詳細に述べるとともに，酸化ストレス傷害をどのように防御し，恒常性を維持しているかを解説する．さらに，生体内に誘導されている抗酸化酵素や抗酸化タンパク質について理解を深め，かつ生体外から摂取することで予防医学的な役割を担っている抗酸化物質(ビタミンE，ビタミンC，ビタミンA，ポリフェノールなど)の作用などについて解

説する.

　本書はこれからの高齢化社会に向かうにあたり，科学的根拠に基づいて健康寿命をいかに伸ばすかという問題に示唆を与える内容であり，医学系のみならず薬学や生化学，工学，農学系などの学際領域の方がたに有用な参考書となるものと確信している．

　最後に，ご多忙のなか，本書のために協力をいただいた執筆者の皆様がたに深く御礼申し上げます．また，編集に当たって化学同人の栫井文子さんにひとかたならぬご尽力をいただいた．ここにあわせて深甚なる感謝の意を表します．

2019年　初夏

編者を代表して
小澤 俊彦

執筆者一覧

◎ 大倉　一郎　　東京工業大学名誉教授
◎ 小澤　俊彦　　日本薬科大学客員教授
　 蒲池　利章　　東京工業大学生命理工学院 生命理工学系 教授
◎ 河野　雅弘　　東京工業大学生命理工学院 生命理工学系 特別研究員
　 丹羽　真清　　デリカフーズホールディングス株式会社 取締役未来創造最高役員
　　　　　　　　デザイナーフーズ株式会社 代表取締役社長
　 平山　　暁　　筑波技術大学保健科学部附属東西医学統合医療センター 教授
　 福井　浩二　　芝浦工業大学システム理工学部生命科学科 教授
　 増水　章季　　デザイナーフーズ株式会社 食と健康研究所 研究員

（五十音順，◎は編者）

目　次

Overview　抗酸化物質の歴史と概観 ──────── 小澤俊彦　*1*
　0.1　はじめに …………………………………………………………… *1*
　0.2　酸化ストレスとは ………………………………………………… *2*
　0.3　抗酸化物質の歴史 ………………………………………………… *3*
　0.4　生体での抗酸化物質の役割 ……………………………………… *5*
　0.5　おわりに …………………………………………………………… *7*

【第Ⅰ部　活性酸素種の科学】

第1章　活性酸素およびフリーラジカルによる酸化ストレス傷害のしくみ
──────────────────── 河野雅弘　*11*
　1.1　はじめに …………………………………………………………… *11*
　1.2　酸化ストレス傷害を引き起こす活性酸素種および活性窒素種の産生系
　　　……………………………………………………………………… *12*
　1.3　活性酸素およびフリーラジカルの生成系についての先行研究 … *14*
　1.4　活性酸素種および活性窒素種の生成に関与する抗酸化物質 …… *15*
　1.5　活性酸素およびフリーラジカルの関与する生体内物質の代謝機構 … *18*
　1.6　酸素活性化の酵素と基質代謝および機構 ……………………… *18*
　1.7　まとめ ……………………………………………………………… *29*

第2章　酸化ストレス反応を引き起こす無機媒体の役割
──────────────── 河野雅弘・蒲池利章　*32*
　2.1　はじめに …………………………………………………………… *32*
　2.2　電子媒体としての役割を担う酸素と水分子の特性 …………… *33*
　2.3　生物媒体としての水分子の特性と役割 ………………………… *34*
　2.4　酸素の物理的・化学的な特性と役割 …………………………… *37*

2.5	水分子の活性化の機構と物理的・化学的な因子	*40*
2.6	酸素の活性化と解離イオンの反応	*41*
2.7	電磁波エネルギーと結合解離エネルギーの関係	*42*
2.8	自動酸化反応で酸素活性化をする有機化合物	*43*
2.9	金属イオンの酸素付加体（$M^+ - O_2^{\cdot-}$）	*44*
2.10	フリーラジカルとしての性質をもつ気体分子	*45*
2.11	まとめ	*46*

第3章 活性酸素およびフリーラジカルを生成させる物理的・化学的な因子
――――――――――――――――― 河野雅弘 *48*

3.1	はじめに	*48*
3.2	活性酸素およびフリーラジカルの生成に関与する環境因子	*48*
3.3	活性酸素およびフリーラジカルに関与する生物学的な因子	*50*
3.4	有機物質における活性酸素およびフリーラジカルの化学的な成因	*59*
3.5	無機イオンと金属イオンにおける活性酸素およびフリーラジカルの化学的な成因	*61*
3.6	まとめ	*64*

第4章 生体内への酸素の取込みと排出のしくみ ── 河野雅弘・蒲池利章 *66*

4.1	はじめに	*66*
4.2	酸素は，どのように生体内へ運搬されるのか	*67*
4.3	活性酸素およびフリーラジカルと体内酸素分布の関係	*68*
4.4	ヒトの生体内の酸素と二酸化炭素の濃度分布	*69*
4.5	生体内の酸素と二酸化炭素の運搬機構の解明	*70*
4.6	地球磁場で誘導される生体分子の磁気エネルギー	*72*
4.7	磁気的な結合による気体分子の新たな運搬機構	*78*
4.8	まとめ	*79*

第5章 酸化ストレス反応を引き起こす活性窒素種の役割 ── 小澤俊彦 *82*

5.1	はじめに	*82*
5.2	一酸化窒素の化学	*82*
5.3	生体内での一酸化窒素の生成	*84*
5.4	生体内における一酸化窒素の化学	*86*
5.5	生体内における一酸化窒素の分析	*87*
5.6	一酸化窒素の生体に対する作用	*89*
5.7	生体内での一酸化窒素の役割	*90*
5.8	一酸化窒素が関与する病気	*92*

 5.9 一酸化窒素が関与する医薬品……………………………………………… *93*
 5.10 お わ り に……………………………………………………………… *94*

【第Ⅱ部　抗酸化反応の測定】

第6章　活性酸素およびフリーラジカルの計測方法 ── 河野雅弘・蒲池利章　*99*
 6.1 は じ め に……………………………………………………………… *99*
 6.2 活性酸素およびフリーラジカルの関係する抗酸化測定の意義………… *99*
 6.3 抗酸化酵素の役割を補完する抗酸化物質……………………………… *102*
 6.4 酸素と活性酸素およびフリーラジカルの科学………………………… *103*
 6.5 酸素と活性酸素およびフリーラジカルの測定法……………………… *106*
 6.6 酸素と活性酸素およびフリーラジカルの応用計測の実際…………… *108*
 6.7 活性酸素およびフリーラジカルに対する抗酸化物質の標準化……… *113*
 6.8 抗酸化力を正しく評価するために……………………………………… *118*

【第Ⅲ部　活性酸素種および活性窒素種の反応と制御】

第7章　活性酸素種および活性窒素種の発生系 ──────── 小澤俊彦　*123*
 7.1 は じ め に……………………………………………………………… *123*
 7.2 活性酸素およびフリーラジカルとは何か……………………………… *123*
 7.3 活性酸素種の生成とその特徴…………………………………………… *125*
 7.4 酸化活性な気体分子……………………………………………………… *130*
 7.5 酸化活性な金属イオンと活性酸素種および活性窒素種の成因：
    活性酸素と関連する微量金属…………………………………………… *132*

第8章　生体内で活性酸素および活性窒素の発生する酵素系
              ──── 蒲池利章・大倉一郎　*139*
 8.1 は じ め に……………………………………………………………… *139*
 8.2 活性酸素の生成系………………………………………………………… *140*
 8.3 活性窒素の生成系………………………………………………………… *147*
 8.4 金属中心による酸素の活性化…………………………………………… *151*
 8.5 一重項酸素の産生………………………………………………………… *164*
 8.6 生体内の酸素濃度の調節………………………………………………… *165*

第9章　酸化ストレス傷害を制御する抗酸化酵素の性質と機能 — 小澤俊彦　173

- 9.1　はじめに　173
- 9.2　スーパーオキシドジスムターゼ　174
- 9.3　カタラーゼ　179
- 9.4　グルタチオンペルオキシダーゼ　179
- 9.5　チオレドキシン　181
- 9.6　グルタチオン S-トランスフェラーゼ　182

【第Ⅳ部　酸素活性種の制御と医療への応用】

第10章　活性酸素およびフリーラジカル障害を抑制する医薬品 — 平山　暁　187

- 10.1　糖尿病および糖尿病合併症の発症を抑制する医薬品　187
- 10.2　免疫反応を抑制する医薬品：NADPH オキシダーゼを制御する医薬品および自己免疫疾患に対する医薬品　190
- 10.3　虚血および再灌流障害を抑制する医薬品　193
- 10.4　肝炎および肝硬変を抑制する医薬品　197
- 10.5　漢方製剤による活性酸素の消去　199
- 10.6　腎疾患の進展を抑制する医薬品　204

第11章　活性酸素および活性窒素で引き起こされる病気 — 平山　暁　213

- 11.1　虚血再灌流障害：虚血性心疾患と脳梗塞　213
- 11.2　胃がんおよび肝臓がん　218
- 11.3　神経変性疾患および発達障害と活性酸素および酸化ストレス　223
- 11.4　糖尿病とその合併症　229
- 11.5　腎疾患における活性酸素　232
- 11.6　自己免疫疾患およびアレルギー疾患と活性酸素　240

第12章　予防医学：酸化ストレス傷害を予防する食事の摂取 — 福井浩二　250

- 12.1　はじめに　250
- 12.2　プリン体とは　250
- 12.3　糖質の摂取と酸化ストレス　252
- 12.4　脂質の過剰摂取と活性酸素　254
- 12.5　アミノ酸の摂取と活性酸素　257
- 12.6　ミネラルの摂取と活性酸素　260
- 12.7　まとめ　262

【第Ⅴ部 天然由来の抗酸化物質】

第13章 酸化ストレス反応を抑制する抗酸化物質：必須ビタミンの役割
　　　　　　　　　　　　　　　　　　　　　　　　　── 福井浩二　*267*

- 13.1　はじめに ……………………………………………………………… *267*
- 13.2　ビタミンC ……………………………………………………………… *268*
- 13.3　ビタミンE ……………………………………………………………… *270*
- 13.4　ビタミンB類 …………………………………………………………… *273*
- 13.5　ビタミンA ……………………………………………………………… *280*
- 13.6　ほかのカロテノイド類と抗酸化活性 ………………………………… *281*
- 13.7　ビタミンK ……………………………………………………………… *283*
- 13.8　ま　と　め …………………………………………………………… *284*

第14章 青果物のもつ抗酸化能についての考察：活性酸素消去活性
　　　　　　　　　　　　　　　　　　　　　── 増水章季・丹羽真清　*286*

- 14.1　はじめに ……………………………………………………………… *286*
- 14.2　青果物中にある抗酸化能をもつアスコルビン酸とトコフェロールの役割 ……………………………………………………………………… *287*
- 14.3　研究対象となった青果物 …………………………………………… *288*
- 14.4　サンプル調製と活性酸素消去測定法 ……………………………… *290*
- 14.5　野菜の示す酸化ストレス消去活性値の統計処理と活性値の規格化 … *291*
- 14.6　スーパーオキシドとDPPH消去活性およびORACの測定値の相関 … *292*
- 14.7　アスコルビン酸を使った活性酸素消去活性の規格化 …………… *294*
- 14.8　活性値の相関からみえてくる野菜の傾向 ………………………… *296*
- 14.9　ま　と　め …………………………………………………………… *299*

あ と が き ……………………………………………………… 大倉一郎　*305*
略　語　集 ……………………………………………………………………… *307*
索　　　引 ……………………………………………………………………… *315*

活性酸素種とは

　本書では生命科学分野を中心に，活性酸素およびフリーラジカルに関する研究をまとめている．活性酸素種にかかわる表記は，研究分野によって異なるため，読者に混乱を招く可能性がある．そこで，生命科学分野で使われている活性酸素種の表記法について，ここで定義することにした．

　生命科学分野における狭義の定義では，活性酸素種(reactive oxygen species；ROS)とは酸素分子(O_2)がより反応性の高い化合物に変化したものの総称とされ，スーパーオキシドアニオンラジカル(本書では，スーパーオキシドで統一する)，ヒドロペルオキシドラジカル(HOO・)，ヒドロキシルラジカル(HO・)，過酸化水素(H_2O_2)，一重項酸素($^1O_2$)の5種類が活性酸素種(ROS)とよばれている．ROSは酸素(O_2)の4電子還元反応で生成するといわれているが，水(H_2O)を4電子酸化してO_2を生成する過程でも生成する．このように，ROSによる酸化還元機構(レドックス機構)では，H_2OとO_2とを媒体とする化学反応が基本となっている．

　ROSという用語が欧文誌のタイトルに登場したのは1970年代のはじめに遡る．J. M. McCordによる*Science*の報告が最初である．日本国内では，1970年の後半に活性酸素(active oxygen)という用語が使われた．日本において「活性酸素種」や「酸化ストレス傷害」の議論が活発化したのは，1980年代半ばからである．日本酸化ストレス学会の前身である日本酸化ストレス研究会は1980年に京都で開催され，L. Pauling博士の基調講演から始まった．Paulingはスーパーオキシド(超酸素)の名づけ親でもある．一方，酸素フリーラジカル(oxygen free radical)が注目されるようになったのは，E. G. Janzenによって短寿命のフリーラジカルを観測する電子スピン共鳴(ESR)装置を使ったスピントラッピング法が開発され，フリーラジカル分子の定性や定量について議論できるようになったことによる．

　広義のROSでは，脂質の酸素ラジカル(LOO・，LO・)や次亜塩素酸(HOCl)まで含むこともある．拡大解釈すると，活性窒素種(RNS)とよばれる一酸素窒素(・NO)

や二酸化窒素(ONO・)も ROS の形が変わったものである．NO や NO_2 では不対電子(・)を表記しない．

最近のトピックスでは，常温プラズマによって，O_2 から生成する原子状酸素(^3O)や ^3O が酸素(O_2)と反応して生じるオゾン(O_3)，あるいは O_3 が水に溶解するときに生じるハイドロゲントリオキシドラジカル(HOOO・)も酸化活性の強い分子種である．

一方，フリーラジカルは一つあるいは一つ以上の不対電子をもつ原子や分子であると明確に定義されている．したがって，遷移金属イオンで奇数個の不対電子をもつ原子も，フリーラジカル分子として定義される．そのため，遷移金属イオンであるチタン(Ti)やバナジウム(V)，クロム(Cr)，マンガン(Mn)，鉄(Fe)，コバルト(Co)，ニッケル(Ni)，銅(Cu)，亜鉛(Zn)，銀(Ag)，セリウム(Ce)などのイオンも酸素付加体を形成して O_2 の活性化を誘起する．ROS を産生する酵素であるキサンチンオキシダーゼや NADPH オキシダーゼ，シトクロム c レダクターゼ，チロシンオキシダーゼ，セイヨウワサビペルオキシダーゼなどの活性中心はモリブデン(Mo)や Fe，Cu などの金属イオンであり，酸素付加体とよばれる活性中間体が，O_2 の還元過程や H_2O の解離イオン$\{(H_3O)^+$ や $(HO)^-\}$ の酸化分過程で産生する．

表 活性酸素種の一覧表(よび名，化学式)

① **スーパーオキシド**，スーペルオキシド，スーパーオキシドラジカル，スーペルオキシドラジカル，スーパーオキシドアニオンラジカル，スーペルオキシドアニオンラジカル(化学式：$O_2^{\cdot-}$, O_2^-)
② **ヒドロペルオキシド**，ヒドロペルオキシドラジカル(HOO, **HOO・**)
③ **過酸化水素**，ヒドロパーオキシド，ヒドロペルオキシド(化学式：H_2O_2)
④ **パーフェリルイオン**，ペルオキサイド(表記式：O_2^{2-})
⑤ **ヒドロキシルラジカル**，ヒドロペルキシル(化学式：HO, **HO・**)
⑥ **ヒドロトリオキシラジカル**，ヒドロトリオキシド(化学式：HOOO・)
⑦ 一重項酸素〔化学式：$^1O_2$, 励起(Σ^1O_2)，基定(Δ^1O_2)〕
⑧ オキシル，オキシルラジカル，原子状酸素(化学式：ΣO, ΔO)
⑨ オキシド(化学式：O^{2-})

注：生命科学分野では，超酸素をスーパーオキシドあるいはスーパーオキシドアニオンラジカルとよぶなど，同じ分子種でも異なる表記することがある．ヒドロキシルラジカルも同様である．一方，生命科学分野における酸化ストレス研究の分野では，不対電子を表記しないことが混乱を招く原因となっており，活性窒素種を含めた酸素の活性化に重要な意味をもつ不対電子の存在を表記する必要がある．基礎科学の分野では日本化学会の命名法に準拠するべきだが，活性酸素に対する理解を深めてほしいため，本書ではここで断り書きを入れた．

Overview

抗酸化物質の歴史と概観

0.1 はじめに

　近年,活性酸素およびフリーラジカルを捕捉し,消去する現象を抗酸化とよび,その機能をもっている物質を抗酸化物質とよぶようになった.しかしながら,抗酸化物質については機能を含めて必ずしも正確には述べられておらず,あいまいな点も多々みられる.ここでは,もう少し抗酸化物質について詳細に述べてみたい.

　抗酸化物質(antioxidant)とは,抗酸化剤ともよばれ,生体に関連するものだけではなく,食品,日用品,化粧品や工業原材料などで酸素が関与する有害な反応(酸化反応とよぶ)を減弱させたり,除去する物質の総称として定義されている.とくに生体に関連した場合には,狭義には脂質の過酸化反応を抑制する物質を指し,広義にはさらに生体の酸化ストレスや食品の変質の原因となる活性酸素種〔reactive oxygen species;ROS,たとえばヒドロキシルラジカル(HO・),スーパーオキシド(O_2^-),過酸化水素(H_2O_2),一重項酸素($^1O_2$)など〕を捕捉し,消去することによって無害化する反応に寄与する物質を含んでいる.これらの反応では,逆に抗酸化物質自体も酸化されることになるので,抗酸化物質として知られるアスコルビン酸(ビタミンC),α-トコフェロール(ビタミンE),チオールあるいはポリフェノール類などは,しばしば還元剤として作用することもある.抗酸化物質には,生体由来の物質(天然抗酸化剤)もあれば,食品あるいは工業原料の添加物として合成されたもの(合成抗酸化剤)もある.抗酸化物質の利用範囲は酸素化反応の防止にとどまらず,ラジカル反応の停止や酸化還元反応一般にも利用されるため,別の用途名をもつものも少なくない.表0.1には代表的な抗酸化剤を示す.

表0.1 代表的な抗酸化剤

天然抗酸化剤	アスコルビン酸(ビタミンC) α-トコフェロール(ビタミンE) レチノール(ビタミンA) β-カロテン グルタチオン ポリフェノール カテキン フラボノイド
合成抗酸化剤	BHA(ブチル化ヒドロキシアニソール) BHT(ブチル化ヒドロキシトルエン) TBHQ(tert-ブチルヒドロキノン)

　酸素が関与する酸化反応は生命維持にきわめて重要であるが，化学種としての分子状酸素(O_2)はそれほど反応性は高くなく，活性酸素に変換されて，いろいろな生体反応に関与する．分子状酸素は，この活性酸素の生成過程をとおして周囲の水，不飽和物質，あるいは酸化されやすい生体物質に対して変質などを引き起こす．このときの活性酸素の関与する過程はラジカル連鎖反応であり，生体内に多量に存在する脂質を連鎖的にラジカル化する．この結果，生じた過酸化脂質ラジカルや過酸化脂質は，周囲の生体物質と反応して細胞膜やタンパク質を変性させたり，酵素を不活化させるなど生体に損傷を与える．このような生体への傷害反応は酸化ストレスとして知られており，細胞損傷や細胞死の原因の一つとなっている．
　ここでは，好気性生物の生体内における抗酸化物質の説明を中心に，医療あるいは食品添加物としての抗酸化剤を説明する．

0.2　酸化ストレスとは

　生体に傷害を与える酸化ストレスとは，実際にはどういうことであろう．ストレスとはもともとは物理学的用語であり，「物体が刺激を受けたときに内部に歪みが生じる」という意味である．この概念を生体反応に適応させたのがカナダの内分泌学者 Hans Selye であり，彼が1950年代に発表した論文[1,2]のなかで提唱された考えである．それは，「外的な要因によって反応する生体内の状態，すなわち刺激によって生体の恒常性の乱れを引き起こす反応」をストレスと定義し，ストレスを引き起こす外的要因をストレッサーとよんだ．近年，活性酸素などの発見により，外的要因により生体内で酸化的傾向に導く現象を**酸化ストレス**(oxidative stress)というようになった．外的要因には表0.2に示すように物理的なもの，化学的なもの，およ

表0.2　いろいろなストレスの種類

生理的ストレス	物理的ストレス	温度，湿度，光，音，紫外線，放射線，気圧
	化学的ストレス	酸素，pH，浸透圧，金属イオン，エタノール，環境汚染物質（窒素酸化物，硫黄酸化物など），有害化学物質
	複合ストレス	飢餓，加齢，炎症，感染，アレルギー，外傷，虚血
	生活上のストレス	家族の病気および死亡，離婚，引越し，借金，出産，受験
心理的ストレス	職業上のストレス	人間関係，転勤，配置転換，昇進
	そのほかのストレス	戦争，自然災害

びそれらが組み合わさった複合的なものなどがある[3]．

　酸化は分子が電子を放出する反応，還元とは電子を受け取ることを意味しているが，通常，ある分子に酸素（O_2）が結合することにより酸化反応が起こる．

　動物は生体内でエネルギーを産生するために酸素を必要とするが，酸素の一部はエネルギー代謝の過程で副産物として活性酸素に変わる．この活性酸素は正常な状態では抗酸化酵素や抗酸化物質により速やかに除去されるが，抗酸化機序が十分に機能しなくなったりしたときには活性酸素が体内に蓄積し，この活性酸素がストレッサーとなって「酸化ストレス」状態になる．すなわち，「酸化ストレス」とは，生体内の酸化および還元状態の維持機構が破綻した状態と考えてもよい．

　酸化ストレスはアルツハイマー型認知症（Alzheimer's type dementia）[4,5]，パーキンソン病（Parkinson's disease）[6]，糖尿病合併症[7,8]，運動ニューロン病による神経変性[9]など広範囲の病気の進行に寄与していると考えられている[10]．しかし多くの場合，酸化物質が病気の要因になっているのか，それとも病気の発症により組織の損傷から二次的に酸化物質が生成されているのか，明確にはなっていない[11]．

　このように酸化ストレスはヒトに対する多くの病気の原因の一つとして注目されており，疾病の予防や健康維持の目的で，医薬品としてあるいは栄養補給食品として，広く研究あるいは利用されている．たとえば，脳卒中や虚血再灌流障害などの治療研究が顕著である．一方，栄養補助食品の分野では多数の物質がサプリメントとして製品化されており，抗酸化物質が健康維持の目的で，あるいは悪性腫瘍や心臓病などの予防の目的で広く用いられている．

0.3　抗酸化物質の歴史

　化学工業が発展し始めた19世紀後半ごろから抗酸化物質という言葉が生まれ，当初は酸素の消費を抑える化学種を指すものとして用いられていた．その後，化学工業などの分野で抗酸化物質は広く研究されてきた．たとえば，金属の腐食防止やゴ

ムの加硫反応の制御(架橋反応の停止),あるいは燃料の酸化重合による変質やそれに起因する内燃機関のピッチ汚れなどの対策として,各種化学工業においていろいろな抗酸化物質が使われるようになった.

一方,生物化学的な抗酸化物質の役割に関しては,生体内の生物化学的,分子生物学的理解が発展する20世紀半ばまでは詳細は不明であった.そのため,疾患の原因物質のように必須性や重要性が明らかになった生体物質が,その後の研究の進展により抗酸化物質として再発見された例も少なくない.たとえば,α-トコフェロール(ビタミンE)が代表的な抗酸化剤の発見例である.α-トコフェロールは,食餌中から人為的に欠損させるとネズミに不妊症を引き起こすことから,妊娠を維持するために必須な物質である「ビタミンE」として発見された.生物化学あるいは細胞生物学の研究が進展し,ネズミの不妊症の原因が,酸化ストレスによる胎児の妊娠中死亡が原因と判明することで,ビタミンEの抗酸化物質としての位置づけが明らかとなった.さらにビタミンEが過酸化脂質ラジカルを捕捉することで抗酸化作用を発現することが証明されたのは20世紀後半である.同様に,生体外でビタミンAやビタミンCの抗酸化物質としての機能が再発見されている.

さらに,生物化学でエネルギー代謝系やオキシダーゼの作用機序など生体内での微量の物質変化が解明されるに従い,抗酸化物質としての役割も多岐にわたることが判明してきた.

このような生物化学的な発見は,栄養学や食品科学にも応用され,食品の変質防止やミネラルの吸収促進など,多くの天然由来の抗酸化物質が酸化防止剤やサプリメントとして開発,利用されている.現実には,ビタミンCやビタミンEはビタミン欠乏症の治療薬としてよりは,食品添加物の酸化防止剤として大量に消費されている.

さらに医学領域については活性酸素種(ROS)と酸化ストレスとの関係が注目を集めている.すなわち,脳虚血疾患からの回復後の神経損傷や,動脈硬化症で過酸化脂質が炎症反応を介してアテロームの沈着を増悪するなど,酸化ストレスがさまざまな疾患や老化現象に直接関与していることが発見されている.このことは抗酸化物質が脳卒中や動脈硬化症あるいは抗加齢に利用可能であると期待されるため,既存の抗酸化物質の薬理研究や新規の抗酸化物質の発見など,抗酸化物質は盛んにさまざまな分野で研究が進行している.したがって,現在では科学的根拠に基づく抗酸化物質の機能の解明が待たれるところである.

0.4 生体での抗酸化物質の役割

　生体での抗酸化物質の存在意義は，活性酸素およびフリーラジカルとその関連する物質を生体内から除くためである．また，不都合に生じた活性酸素およびフリーラジカルやそれらが生体物質と反応して生じたラジカル中間体と反応することで，酸素由来の有害反応を停止させることである．アスコルビン酸（ビタミンC）やα-トコフェロール（ビタミンE），レチノール（ビタミンA）などがこのような働きをする．

　また，直接，抗酸化物質が活性酸素およびフリーラジカルなどと反応するのではなく，触媒的に分解代謝する抗酸化酵素とよばれる一連の酵素が存在する．酵素は基質特異性をもち，活性酸素の分子の種類が異なれば，関与する酵素も異なる．さらに，一つの活性酸素分子を基質とする複数の酵素が存在し，生体内での存在部位も酵素の種類によって異なる．たとえば，活性酸素種（ROS）の一つである過酸化水素（H_2O_2）は酵素であるカタラーゼ（catalase）の働きにより水と酸素に分解される．この過酸化水素（H_2O_2）は別の酵素であるグルタチオンペルオキシダーゼ（glutathione peroxidase）により，グルタチオンを基質として水に代謝される．また，活性酸素研究の足掛かりとなったスーパーオキシドジスムターゼ（superoxide dismutase；SOD）は活性酸素の出発点であるスーパーオキシド（$O_2^{\cdot-}$）を水と過酸化水素（H_2O_2）に分解する．

　このように抗酸化物質は酵素やタンパク質などの高分子化合物や，アスコルビン酸（ビタミンC）やα-トコフェロール（ビタミンE），レチノール（ビタミンA）などの低分子化合物がある．これら抗酸化物を機能の面からみると，次のように分類することができる[12]．

（1）活性酸素およびフリーラジカルの生成を防ぐ，あるいは抑制する抗酸化物質
（2）活性酸素およびフリーラジカルを捕捉，安定化する抗酸化物質
（3）生体に傷害を及ぼす物質の無毒化，除去，損傷の修復，損失の再生を行う抗酸化物質

　表0.3には機能の面からみた生体の酸化傷害に対する防御システムを示してある．

　活性酸素のおもな発生部位としては，動物ではミトコンドリアが，植物では葉緑体であると考えられている．両者とも金属を酵素活性の中心にもつ電子伝達系であり，オキシダーゼの複合体が効果的に酸化還元を繰り返し，エネルギー代謝の基本となっている．しかしながら，これらの電子伝達系での代謝エネルギーの合成機構において酸素が使われるところでは副反応として，スーパーオキシド（$O_2^{\cdot-}$）が生成

表0.3 生体の酸化傷害に対する防御システム

(1) **予防的抗酸化物質**(preventive antioxidants)：活性酸素およびフリーラジカルの生成の抑制
 (a) 過酸化水素，過酸化脂質の非ラジカル的分解
  カタラーゼ
  グルタチオンペルオキシダーゼ
  グルタチオン S-トランスフェラーゼ
 (b) 金属イオンのキレート化，不活性化
  トランスフェリン
  ラクトフェリン
  セルロプラズミン
  アルブミン
 (c) 活性酸素の消去，不活化
  スーパーオキシドジスムターゼ(SOD)
  カロテノイド
(2) **ラジカル捕捉型抗酸化物質**(radical scavenging antioxidants)：活性酸素およびフリーラジカルを捕捉して連鎖反応を抑制，あるいは連鎖反応の停止
 (a) 水溶性
  ビタミンC，尿酸，ビリルビン，アルブミン
 (b) 脂溶性
  ビタミンE，ユビキノール，カロテノイド，ビタミンA
(3) **修復・再生機能**
  リパーゼ，プロテアーゼ，DNA修復酵素，アシルトランスフェラーゼ

される．このようにして生成されたスーパーオキシド($O_2^{\cdot-}$)はミトコンドリアに存在するSODであるマンガン-スーパーオキシドジスムターゼ(Mn-SOD)によりただちに水と過酸化水素(H_2O_2)に分解される．一方，Cu/Zn-SODは細胞質中に存在して同様の働きをする．

　このような活性酸素が原因の酸化ストレスに対して生物は順応し，化学進化の過程でさまざまな抗酸化物質が生体内に生みだされてきた．たとえば，海洋生物から陸生生物への進化の一環として，陸生生物はアスコルビン酸(ビタミンC)，α-トコフェロール(ビタミンE)，ポリフェノール類，およびフラボノイド類のような海洋生物にはみられない抗酸化物質の産生を始めた．さらには，被子植物では，多くの抗酸化色素(ポリフェノール化合物)を多様化させ，光合成のときに生じる活性酸素種(ROS)に対する防御物質の多様化につながったと考えられる．

　抗酸化物質にはビタミンC，ビタミンEやビタミンAのように，酸素が関与する有害な反応を単独で選択的に抑制する化合物が知られている．このような抗酸化物質は低分子の抗酸化物質に多く認められ，通常は活性酸素およびフリーラジカルの反応を停止させる働きをしている．このような低分子の抗酸化物質が，直接，活性酸素およびフリーラジカルと反応する場合は反応の選択制は低く，さまざまなオキシダント(oxidant)と抗酸化物質とが反応する．

高分子の酸化物質にはオキシダーゼ(oxidase)がある．生体内にはさまざまなオキシダーゼが存在し，活性酸素自体を基質として代謝する酵素もあれば，生体内に生じた有害な過酸化物を分解代謝する酵素もある．さらには，オキシダントと反応して酸化型となったビタミンCやビタミンEのような化合物を，還元型に戻す酵素も存在する．このような抗酸化物質と考えられるオキシダーゼの多くはグルタチオンやビタミンCのような電子受容体を基質として機能する．すなわち，酵素による過酸化物質の代謝には還元剤としての抗酸化物質の存在が必須である．

これらのオキシダーゼの多くは酵素の活性中心に，鉄，銅，マンガン，セレン原子などが存在している．これらの金属イオンは酸化還元反応を容易に受けやすい．

0.5 おわりに

最初，化学工業の分野で発展してきた抗酸化剤が，20世紀後半から活性酸素の存在と，それが引き金となってさまざまな疾患の発症に関与することが明らかになるとともに，その活性酸素を消去する物質として新たに抗酸化剤が開発されてきた．しかし，多くの抗酸化剤に関してはいまだ科学的根拠に基づいた機能の解明が十分ではない．今後の明確な機能の解明が待たれる．

参考文献

1) H. Selye, *Brit. Med. J.*, **1**, 1383 (1950).
2) H. Selye, *Metabolism*, **5**, 525 (1956).
3) 坂内四郎, 『ストレス探求』, 化学同人 (1994), p. 1.
4) Y. Christen, *Am. J. Clin. Nutr.*, **71**, 621S (2000).
5) A. Nunomura, R. Castellani, X. Zhu, P. Moreira, G. Perry, M. Smith, *J. Neuropathol. Exp. Neurol.*, **65**, 631 (2006).
6) A. Wood-Kaczmar, S. Gandhi, N. Wood, *Trends Mol. Med.*, **12**, 521 (2006).
7) G. Davi, A. Falco, C. Pattrono, *Antioxid. Redox Signal.*, **7**, 256 (2005).
8) D. Glugliano, A. Ceriello, G. Paolisso, *Diabetes Care*, **19**, 257 (1996).
9) M. Cookson, P. Shaw, *Brain Pathol.*, **9**, 165 (1999).
10) 赤池孝章, 鈴木敬一郎, 内田浩二 編著, 『〈実験医学増刊 27〉活性酸素シグナルと酸化ストレス』, 羊土社 (2009).
11) M. Valko, D. Leibfrits, J. Monco, M. Cronin, M. Mazur, J. Telser, *Int. J. Biochem. Cell Biol.*, **39**, 44 (2007).
12) 二木鋭雄, 『抗酸化物質』, 二木鋭雄, 島崎弘幸, 美濃 真 編, 学会出版センター (1994), p. 3.

第 I 部
活性酸素種の科学

第 1 章　活性酸素およびフリーラジカルによる
　　　　酸化ストレス傷害のしくみ
第 2 章　酸化ストレス反応を引き起こす無機媒体の役割
第 3 章　活性酸素およびフリーラジカルを生成させる
　　　　物理的・化学的な因子
第 4 章　生体内への酸素の取込みと排出のしくみ
第 5 章　酸化ストレス反応を引き起こす活性窒素種の役割

第1章

活性酸素およびフリーラジカルによる酸化ストレス傷害のしくみ

1.1 はじめに

　活性酸素およびフリーラジカルがヒトの寿命に関与する鍵となる物質であるとの認識が深まっている．しかしながら，生体内で生成する活性酸素やフリーラジカルの動的挙動は複雑で謎が多く，生成系と消去系をバランスよく制御する体内機構（レドックス機構）はわかっていないことも多い．とくに酸素の体内動態については体液中あるいは組織中の酸素濃度の計測が難しいことから，いまだ解明されていない．活性酸素およびフリーラジカルが，酸素からどのように生成するかを解説する成書の多くは，酸素の活性化機構を式(1.1)に示す4電子還元反応で説明していることが多い[参考書籍1～5]．

$$O_2 \longrightarrow O_2^{\cdot -}(HOO\cdot) \longrightarrow H_2O_2 \longrightarrow HO\cdot \longrightarrow H_2O \quad (1.1)$$

　しかし，4電子還元反応が提唱された1970年代は，分光分析装置の開発や計測技術が発展途上であったため，その後に開発された計測装置や計測試薬，計測方法によって新規に発見された事実はあまり加味されていない[参考書籍6～13]．本書は，酸化ストレス反応に関係する**活性酸素種**（reactive oxygen species；ROS）や**活性窒素種**（reactive nitrogen species；RNS）の生体内における動的な挙動を科学的な根拠に基づいて議論することを目指している．

　そのため，酸化ストレス反応とは何かを提起し，活性酸素およびフリーラジカルが，どこで，どのように生成するか，生体内で何と反応して，どのような生体傷害を生じるか，などについて明らかにし，健康長寿の延伸や長寿社会の実現に有用の

情報の提供について述べる．

1.2 酸化ストレス傷害を引き起こす活性酸素種および活性窒素種の産生系

酸化ストレスとは，活性酸素およびフリーラジカルによって引き起こされる生体ストレスの一種で，病理因子としても知られている．

表1.1は，酸化ストレス反応で発症する疾患と病気の関係を示している．活性酸素やフリーラジカルが原因とされる病気は約80種類で，今後も増加していくことが予想されている．これら疾患の多くが，図1.1に示したヒトの寿命を決定する死因となる．

表1.1 活性酸素およびフリーラジカルで引き起こされる各種疾患と病気

各種疾患	病気
悪性腫瘍	胃がん，肺がん，大腸がん，胆のうがん，肝がん，膀胱がん，前立腺がん
老化	シミ，しわ，骨密度低下，難聴，白髪，加齢臭
循環器病	虚血性心疾患，大動脈瘤，不整脈，閉鎖性動脈硬化症
内分泌・代謝疾患	糖尿病，バセドー病
腎疾患	急性腎炎，慢性腎炎，腎硬化症
肝胆膵疾患	肝炎，胆囊炎，膵炎
神経疾患	虚血性脳疾患，てんかん，アルツハイマー型認知症，脳炎，髄膜炎，パーキンソン病
抗原病	リュウマチ，全身性エリテマトーデス，全身性強皮症，混合性結合組織病
呼吸器疾患	呼吸器疾患肺炎，喘息，間質性肺炎，急性肺障害

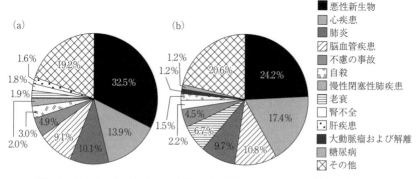

図1.1 2011(平成23)年度の厚生労働省の人口動態統計から明らかになった死因の割合
(a)男性，(b)女性．出典：厚生労働省 平成23年(2011)人口動態統計(確定数)の概況．

1.2 酸化ストレス傷害を引き起こす活性酸素種および活性窒素種の産生系

　図1.1は，ヒトの人口動態から明らかになった死因の割合を示している．悪性新生種（がん）が28.35%（男女平均）を占め，血管障害が原因とされる心疾患と脳血管疾患は合わせると25.6%となる．さらに，高齢者肺炎(9.9%)などがこれに続く．これらの表1.1と図1.1から，活性酸素およびフリーラジカルが原因となり死因となる疾患を発症し，ヒトの寿命が決定されていることが導きだせる．

　それでは，それぞれの疾患を発症させる原因となる活性酸素およびフリーラジカルは，どのようにして生成するのだろうか．活性酸素およびフリーラジカルの生成系は表1.2のように整理できる．代表的な生成系としては，キサンチンオキシダーゼ，NADPH(nicotinamide adenine dinucleotide phosphate, 還元型ニコチンアミドアデニンジヌクレオチドリン酸)オキシダーゼ，NADH(nicotinamide adenine dinucleotide, 還元型ニコチンアミドアデニンジヌクレオチド)デヒドロゲナーゼ，シトクロム c オキシダーゼ，シトクロム c レダクターゼ，アルデヒドオキシダーゼ，チロシンヒドロゲナーゼ，ウレアーゼなどの酵素反応系が知られている．このほかにも，一酸化窒素(NO)，二酸化窒素(NO_2)，窒素酸化物などの活性窒素種(RNS)を生成させる一酸化窒素産生酵素や一重項酸素($^1O_2$)を産生させる貪食細胞中の酵素であるミエロペルオキシダーゼなどがある．

　これら活性酸素およびフリーラジカルを生成させる酵素系は，エネルギー代謝系，核酸の代謝系，免疫応答系，アミノ酸，タンパク質代謝系，脂質や炭水化物(糖質)代謝系，薬物分解系などに大別される．これらの酵素の多くは好気性生物が"恒常性"

表1.2　ヒトの生体内で活性酸素およびフリーラジカルを生成させる酵素反応系

酸素の代謝機構	酵素系	基質
エネルギー代謝系	NADHデヒドロゲナーゼ	NADH
エネルギー代謝系	ユビキノールシトクロム c レダクターゼ	ユビキノン
エネルギー代謝	シトクロムオキシダーゼ	NADPH
核酸の代謝分解系	キサンチンオキシダーゼ	アデニン，ヒポキサンチン，キサンチン
免疫細胞系(好中球)	NADPHオキシダーゼ	NADPH
免疫細胞系(マクロファージ)	ミエロペオキシダーゼ	H_2O_2, Cl^-
タンパク質の代謝分解系	チロシンヒドロキシラーゼ	トリプトファン，チロシン，ドパミン
アンモニア分解系	ウレアーゼ	尿素
炭水化物(糖質)代謝系	アルデヒドオキシダーゼ	グルコース
脂質代謝系	ピルビン酸デヒドロゲナーゼ	ピルビン酸

を維持するために保持しているものである．"恒常性"，つまりホメオスタシス（homeostasis）とは，生物のもつ重要な性質の一つで，生体の内部や外部の環境因子の変化にかかわらず生体の状態が一定に保たれるという性質，あるいはその状態を指している．生物が生物である要件の一つであるほか，健康を定義する重要な要素でもある．換言すれば，恒常性を維持する代謝機構自体が活性酸素およびフリーラジカルを生成させ，加齢に伴う生体機能の低下，すなわち老化を招いていることになり，酸化ストレス研究の根幹をなすものである．

活性酸素およびフリーラジカルの生成機構を詳しく調べていくと，酸素をより反応性の高い酸素分子種であるスーパーオキシド（O_2^{-}），ヒドロキシルラジカル（HO・），過酸化水素（H_2O_2），次亜塩素酸（HClO）に変換し，体内物質の酸化分解に利用していることがわかってきた．たとえば，チロシナーゼやP450オキシダーゼ，セイヨウワサビペルオキシダーゼ（horse radish peroxidase；HRP）は，炭水化物（糖質）や脂質，アミノ酸やタンパク質の酸化分解をする．これらの酵素の多くは酸化力を高めるため活性中心の金属イオンに酸素や過酸化水素を結合させた酸素付加体を形成している．酸素付加体は広義の活性酸素種として定義することもできる．

これまで述べてきたように，酸化ストレス研究では，いろいろな病気を発症させる活性酸素およびフリーラジカルの生成量を調整する機構と，その量を調整する抗酸化機構が重要であるといえる[1〜5]．

1.3 活性酸素およびフリーラジカルの生成系についての先行研究

活性酸素およびフリーラジカルの代表的な産生系であるキサンチン酸化酵素に関するレドックス研究は，1969年，J. M. McCordとI. Fridvichが活性酸素の一つであるスーパーオキシド（O_2^{-}）を消去する酵素，スーパーオキシドジスムターゼ（superoxide dismutase；SOD）を発見し，スーパーオキシドの役割に注目したことから始まった．その後に提唱されたのが，式(1.1)に示した酸素から生成する四つの活性酸素種，スーパーオキシド，一重項酵素（$^1O_2$），ヒドロキシルラジカル（HO・），過酸化水素（H_2O_2）によって引き起こされる酸化ストレス反応である[6〜10]．

初期の研究では，酸化ストレス反応の機構に三つの大きな課題が残されていた．一つ目は，酸素ストレス傷害を引き起こす活性分子種が特定されておらず，ヒドロキシルラジカルや過酸化水素，一重項酸素のうち，何が生体傷害を引き起こす原因物質であるかが明らかでなかった．

二つ目は，Haber-Weiss反応あるいはFenton反応とよばれるヒドロキシルラジ

カルの生成系である．これらの Haber-Weiss 反応系は1930年代に提起されたもので，スーパーオキシド生成系で，過酸化水素との反応あるいは金属イオンの存在を加味した反応機構を想定している[11~13]．いずれも，過酸化水素を基質としている点は共通である．

　三つ目は，ミエロペルオキシダーゼによって生成するといわれている一重項酸素で，次亜塩素酸(HClO)を基質としている．そのため，次亜塩素酸から一重項酸素を直接生成させる機構の解明が必要で，原子状酸素(ΣO)の存在も考慮しなければならなかった．たとえば，生体内の次亜塩素酸は過酸化水素と塩化物イオンで生成するといわれているが推測の域をでない．一方，*in vitro* の実験では，次亜塩素酸と過酸化水素の溶液を混合すると一重項酸素が生成することが確かめられている[14]．しかし，分光学的な計測法では活性酸素およびフリーラジカル分子を選択的に計測することが難しいことや，次亜塩素酸を選択的に計測する方法が確立していないことが問題であった[15, 16]．とくに，一重項酸素の生成に関与する原子状酸素の計測法は現在も確立していない．最近の研究では，一重項酸素の生成過程ではオゾン(O_3)が同時に生成する可能性も高いことがわかってきた．いろいろなモデル実験によって，生体内では，式(1.2)に示したように，酸素(O_2)，スーパーオキシド，過酸化水素，次亜塩素酸の順に，酸素から酸化反応性の高い分子種に変化させて，生物は恒常性維持に利用していることがわかる．

$$O_2 \longrightarrow O_2^{\cdot -} \longrightarrow H_2O_2 \longrightarrow HClO \tag{1.2}$$

1.4　活性酸素種および活性窒素種の生成に関与する抗酸化物質

　生体内には活性酸素やフリーラジカルの過剰生成を抑制する抗酸化酵素系が存在する．酸化ストレス傷害の研究では活性酸素やフリーラジカルの過剰生成を，どのようにとらえるかが問題となる．活性酸素やフリーラジカルの過剰生成は，抗酸化酵素の機能が破綻した現象であるともいえる．そのため，生体内にある抗酸化酵素と体外から摂取する抗酸化物質の役割について理解しておく必要がある．図1.2には，代表的な抗酸化酵素と病気の関係を示している．

　図1.2では，活性酸素およびフリーラジカルの過剰生成が抗酸化酵素の抑制機能が破綻させる病気を発症するように表している．好気性生物の多くは，酸素を使って成長し，繁殖し，一生を終える．宿命として酸素の消費量と，酸素から生成する活性酸素種および活性窒素種によって生体機能が低下する．老化は加齢に伴う生体

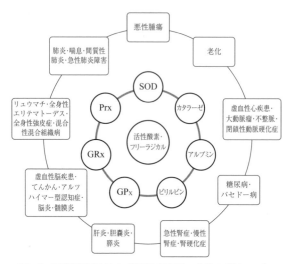

図1.2　活性酸素種および活性窒素種の産生と消去のバランス，レドックスバランスとは

スーパーオキシドジスムダーゼ（SOD），カタラーゼ（catalase），アルブミン（albumin），ビリルビン（bilirubin），グルタチオンオキシダーゼ（GPx），グルタチオンレダクターゼ（GRx），グルタチオン代謝酵素であるペルオキシレドキシン（Prx）．

機能の低下と定義されており，機能低下を抗酸化能の低下と定義することもできる．このような課題を解決するためには，科学的な根拠に基づく根本的な解決が求められる．そのために，4電子還元系とよばれる酸化還元反応機構の解明が必要となる．

図1.3の①〜③は，最新情報を加味した酸素の活性化機構を示している．いずれも，酸素や溶存酸素が活性酸素やフリーラジカルの発生源で，基本的にはこれまで提唱

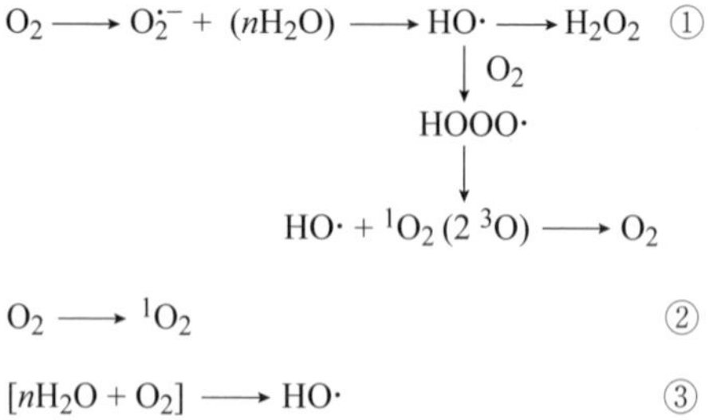

$$O_2 \longrightarrow O_2^- + (nH_2O) \longrightarrow HO\cdot \longrightarrow H_2O_2 \quad ①$$
$$\downarrow O_2$$
$$HOOO\cdot$$
$$\downarrow$$
$$HO\cdot + {}^1O_2\,(2\,{}^3O) \longrightarrow O_2$$

$$O_2 \longrightarrow {}^1O_2 \qquad ②$$

$$[nH_2O + O_2] \longrightarrow HO\cdot \qquad ③$$

図1.3　活性酸素種および活性窒素種の産生機構と生成媒体

1.4 活性酸素種および活性窒素種の生成に関与する抗酸化物質

されてきた式(1.1)に示す4電子還元反応の機構と類似している．

図1.3の①に示したのは，新しい活性酸素とフリーラジカル産生系で，これまでの説との違いは，ヒドロキシルラジカル($HO\cdot$)が Fenton 反応や Haber-Weiss 反応ではなく，スーパーオキシド(O_2^{-})と解離イオンとの不均一反応によってヒドロキシルラジカルが生成する機構として説明している．ヒドロキシルラジカルの動的な挙動は，ESR(electron spin resonance)-スピントラップ法とよばれる短寿命のフリーラジカルを計測する方法の開発によって飛躍的な発展を遂げた[17]．その結果，銅イオンや鉄イオンと過酸化水素の反応で生成するヒドロキシルラジカルの二次生成速度，$1 \times 10^3 \sim 1.0 \times 10^6$ mol^{-1} L s^{-1} が求まり，生体内の酸化ストレス反応に Haber-Weiss-Fenton 反応が関与する確率は低くなっている．

図1.3の②に示した一重項酸素の生成系は，光増感剤を電子媒体として酸素から直接生成する機構である．ただ，一重項酸素($^1O_2$)からヒドロキシルラジカルが生成する現象は確認されていない．一方，図1.3の③には，酸素を溶解させた水から直接ヒドロキシルラジカルが生成する機構も認められている．ヒドロキシルラジカルの生成系では，過酸化水素の生成も認められるが過剰の酸素を溶解させると一重項酸素が生成することがわかった．一重項酸素の定性・定量も電子スピン共鳴 (electron spin resonance；ESR)計測法の発展によって実現している[18〜20]．

このような計測技術の発展によって，生体内の酸化ストレス反応では，図1.3の①に示した酸素からスーパーオキシドの生成する挙動が鍵を握っていることがわかってきた．先に述べたように，活性酸素およびフリーラジカルによる研究者の多くは，式(1.1)に示した機構で論理を組み立ててきた．しかしながら，その一部が修正されようとしている．

最も重要なのは，ヒドロキシルラジカルと一重項酸素の生成機構に関するものである．図1.3の①で提示されたスーパーオキシドと解離イオンによってヒドロキシルラジカルが生成すること，ヒドロキシルラジカルと酸素の反応によって一重項酸素が生成することなども重要な情報である．

また，酵素の活性中心である銅イオンに酸素が付加した金属酸素付加体が重要な役割をしていることも明らかになってきた．たとえば，チロシナーゼ反応系ではチロシンから生成したドパミンの酸化物であるドパキノンと溶存酸素や解離イオンの反応によって，スーパーオキシドやヒドロキシルラジカルが生成する機構も明らかになった．同様に，P450のような鉄酸素付加体についても，肝臓で薬物分解をするともいわれている．アルコール類は肝臓で分解されるが脂肪肝を引き起こす原因ともなる．

さらに、糖質、脂質の代謝異常によって、アルデヒド化合物の蓄積が起こる。アルデヒド化合物は糖や脂質の代謝物と酸素が反応してヒドロペルオキシドラジカル(LOO・)、過酸化物を二次的に生成させ、生体傷害を悪化させている可能性が高い。この酸化反応は疎水環境で誘起されることが多いため、脂溶性抗酸化物質や過酸化物の酸化処理を行っているグルタチオン代謝酵素の役割が重要といえる。

このように、活性酸素およびフリーラジカルの特性が明らかになると、どのような活性酸素種が、どのような部位（組織や細胞）で、何と反応して酸化ストレス傷害を引き起こすかを議論できるようになる。

1.5 活性酸素およびフリーラジカルの関与する生体内物質の代謝機構

生体内の酵素反応の多くは恒常性を維持するために働いている。たとえば、プリン代謝、アミノ酸代謝、脂質代謝、糖代謝、核酸代謝、尿素代謝などで、$in\ vivo$で生成する老廃物を処理するために働いていると考えられる。そのため、老廃物の代謝機構の二次生成機構が酸化ストレス反応を招いているともいえる。そのため、好気性生物の寿命は酸素代謝で決定されることになり、遺伝子情報として組み込まれていると考えられている。

活性酸素およびフリーラジカルが原因で病気に至るまでの過程では、(ⅰ)細胞や組織の脂質膜を酸化的に破壊し、(ⅱ)組織のタンパク質を酸化変性し、(ⅲ)抗酸化酵素機能を失活させる。(ⅳ)核酸(DNA, RNA)を酸化的に損傷させる。(ⅴ)遺伝子が異常をきたすと、細胞は自己増殖し、生体の恒常性の維持機能を低下させ、死に至ると説明されている。酸化ストレス傷害を抑制するためには、脂質や糖質、アミノ酸やタンパク質を酸化する活性種、核酸を酸化分解する活性種を決定することが重要で、先に述べた酸化酵素や抗酸化酵素の役割を明らかにすることに通じる。

1.6 酸素活性化の酵素と基質代謝および機構

酵素系の多くは、体外から摂取した食べ物の代謝分解を担っている。酸化ストレスの科学では、生体内の代謝物を酸化ストレスマーカーとして利用できることから、活性酸素関連物質に対する理解を深めておくことも大切である。

1.6.1 プリン体の代謝系（キサンチンオキシダーゼ：XOD）[21～25]

キサンチンオキシダーゼ（キサンチン酸化酵素, xanthine oxidase；XOD）は、図1.4

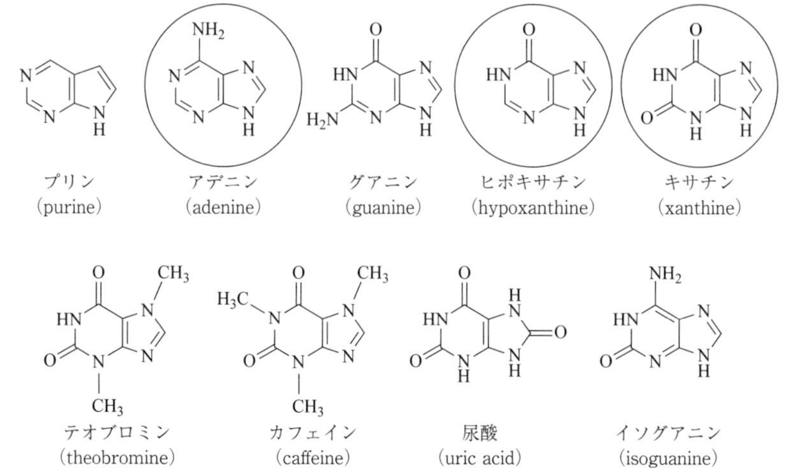

1.6 酸素活性化の酵素と基質代謝および機構

図1.4 キサンチンオキシダーゼの基質となるプリン体の構造

（上段）プリン（purine），アデニン（adenine），グアニン（guanine），ヒポキサチン（hypoxanthine），キサチン（xanthine）
（下段）テオブロミン（theobromine），カフェイン（caffeine），尿酸（uric acid），イソグアニン（isoguanine）

に示したプリン体構造をもつ物質を基質とする．プリン体は糖尿病や糖尿病腎症の発症にかかわる物質といわれているが，プリン体の代謝系の研究では代謝される80%は体内で産生され，20%が日々摂取するものである．体内で生成するプリン体の多くはアデニンやグアニンなど核酸，核酸塩基やATP（adenosine 5′-triphosphate）から生成する．換言すれば，エネルギー産生系でプリン体が生成していることになる．

このプリン体を代謝分解する役割をしているのがキサンチンオキシダーゼで，体内老廃物の除去を担っていることがわかる．プリン体代謝の機構から推測できることは，エネルギー代謝系，NADPHオキシダーゼ系における老廃物（核酸代謝物）をキサンチンオキシダーゼで分解している．そのため，活性酸素およびフリーラジカルの産生に寄与する酵素系は，キサンチンオキシダーゼ，エネルギー代謝酵素，NADPHオキシダーゼの順である．このような酵素系の役割がわかってくると，プリン体代謝が活性酸素・フリーラジカル生成に重要な役割を担っていることがわかる．体内のプリン体の濃度は調べられていないが，アデニンの酸化代謝によって尿酸が生成する．

図1.4に示した9種のプリン体のなかで，○で囲んだアデニン，ヒポキサンチン，キサンチンがスーパーオキシド（$O_2^{\cdot-}$）を産生する基質となることを確認している．ただ，食品から摂取する肉や新鮮な野菜に含まれているプリン体に関する研究はあるが，スーパーオキシドを生成させるプリン体を個別に分析した例は報告されてい

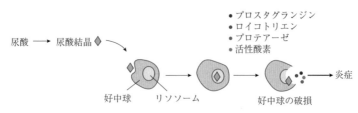

図1.5　尿酸で引き起こされる炎症の発症機構

ない．さらに，過剰な尿酸は血管に炎症をもたらすことが近年の研究で判明しており，高尿酸血症は放置すべきではないとの説が主流を占めつつある．また高インスリン血症やメタボリックシンドロームは血中尿酸値を上昇させ，悪影響をきたすという研究も進行している．

図1.5に示したように，尿酸が高濃度になると血液への溶解度関係で結晶化する．これを生体内で異物として認識すると，免疫細胞の好中球が活性化し，活性酸素であるスーパーオキシドを生成させるといわれている[26]．スーパーオキシド産生は，二次的にヒドロキシルラジカル，一重項酸素($^1O_2$)を産生する．痛風の痛みはこれであるといわれているが，末梢血管で尿酸による活性酸素種および活性窒素種の生成が脳梗塞や心筋梗塞などの疾患を引き起こすともいわれている．

このように生体内における酸素活性化の機構が明らかになると，キサンチンオキシダーゼとNADPHオキシダーゼがさまざまな疾患を引き起こす基本的な酸化ストレス反応の原因となることが理解できる．

ラットによる動物研究では，一定量のアデニンを食事として摂取させると慢性腎炎を発症する．ここで大事なことは，キサンチンオキシダーゼの反応を抑制するアルプリノールを摂取させると，慢性腎炎を予防することができること，腎臓におけるスーパーオキシド産生が末期腎不全を発症させる原因となることが示唆されている．ただ，スーパーオキシドの酸化力が低いにもかかわらず，重篤な疾患を引き起こす原因はわかっておらず，スーパーオキシド以外の二次生成物が生体障害の重篤化を招くことが示唆される．

1.6.2　NADPHオキシダーゼと免疫応答[27〜29]

NADPHオキシダーゼによる活性酸素生成系では，還元基質であるNADPHを基質として活性酸素種および活性窒素種を産生させる．NADPHオキシダーゼは免疫系で働く酵素で，酵素単独でも，ヒト好中球を用いた実験でもスーパーオキシドとヒドロキシルラジカル(HO・)の産生が認められている．NADPHオキシダーゼに

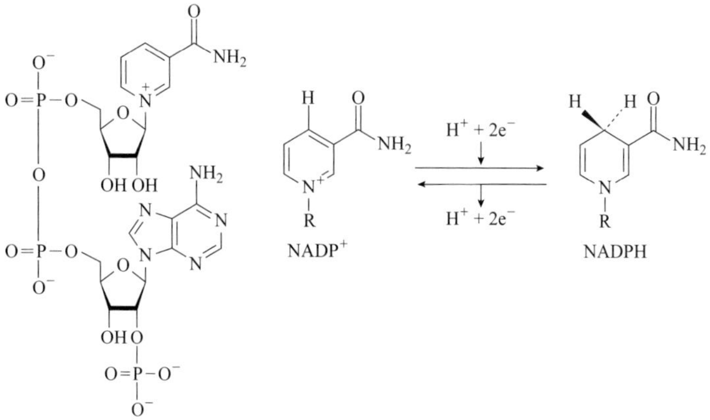

図1.6 NADPHオキシダーゼの基質となる還元基質の構造

よるスーパーオキシド産生では補体が必要であることがわかっている．一方，免疫細胞の活性酸素産生実験では，ミリスチン酸などの不飽和脂肪酸により細胞膜が刺激を受けるとスーパーオキシドの産生が確認されており，免疫細胞の活性化機構が複雑であることがわかる．

図1.6に示したように，NADPHが基質として作用すると，アデニン（プリン体）が生成することがわかる．このことは，NADPH酸化反応とキサンチン酸化反応が連動することを示唆しており，酸素活性化の複雑さを示す事象でもある．

1.6.3 ユビキノールシトクロムレダクターゼ（エネルギー代謝系）

生体内の活性酸素産生系としてはミトコンドリアの電子伝達系であると説明されている．ミトコンドリアにおける酸素活性化の機構として，ユビキノンを基質とする酸化酵素の反応系が考えられている．ここではP450型の酸化反応系が考えられる．P450オキシダーゼは鉄酸素付加体として，キノン系の化合物を酸化してセミキノンラジカル化する．セミキノン化合物は酸素と反応して二次的にスーパーオキシドを生成させる．そのため，ミトコンドリアでの酸素の活性化はキノンラジカルと酸素の二次的な反応機構とも考えられる．酸化ストレスマーカーとして注目されているコエンザイムQについても，類縁化合物であることがわかる．

図1.7には，抗がん剤であるアドリアマイシンやマイトマイシン，アンチマイシンの構造を示した．抗がん剤の多くが活性酸素を生成するといわれてきた．しかし，どのような反応機構で活性酸素を生成するかわかっていなかった．図1.7に示した

抗がん剤はセミキノン構造をしており，ユビキノンオキシダーゼの基質としてスーパーオキシドの産生に関与していることがわかる．ただ，部位選択制はないため，組織中のミトコンドリアで，抗がん剤がスーパーオキシドを生成させることが予測される．さらに，図1.8に示したシトクロムレダクターゼによる ATP の代謝機構

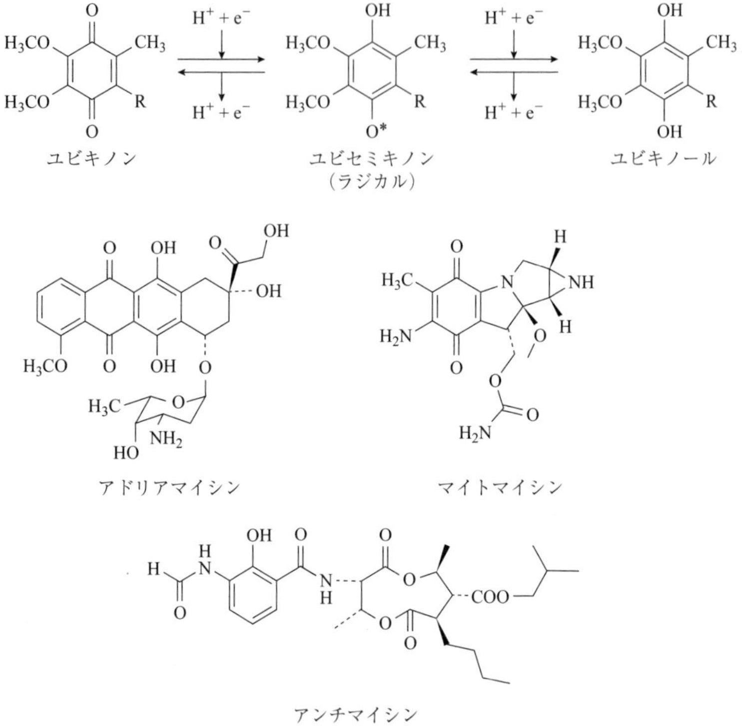

図1.7　シトクロムレダクターゼの基質となるユビキノンと抗がん物質

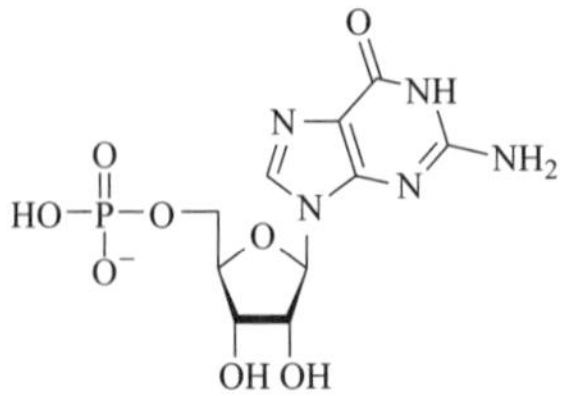

アデノシン 5′-一リン酸（AMP）の構造

図1.8　エネルギー産生に関係するプリン体

においても，AMP(adenosine 5′-monophosphate)の代謝分解物として生成するアデニンの遊離が起こるため，キサンチンオキシダーゼの活性化によって，活性酸素種および活性窒素種の過剰産生を助長することになる．

1.6.4 アミノ酸とタンパク質の代謝と活性酸素種および活性窒素種の反応[30〜32]

　チロシンオキシダーゼ系では，酵素の活性中心が銅酸素付加体で，チロシンの酸化生成物であるドパミンの再酸化物であるドパキノンと酸素あるいは解離イオンの酸化によって活性酸素を産生させることが明らかになっている(図1.9)．

　これらを整理すると，キサンチンオキシダーゼ系はプリン体の代謝系であり，チロシン酸化系はフェニルアラニンなどのタンパク質の代謝系である．NADPHオキシダーゼのみが免疫機構に関係する活性酸素生成系である．

　このほかに，P450オキシダーゼは薬物分解にかかわること，尿素分解酵素なども体内の老廃物(酸化分解物)の代謝系である．

　これら酵素系は生体が恒常性を維持するために必須のものである．そのため，過剰応答による活性酸素種および活性窒素種の生成を抑制するのが抗酸化酵素であるといえる．これら三つのスーパーオキシドの産生を抑制すれば，酸化ストレス傷害は抑制されるが，過度の抑制はアポトーシスやオートファジーの酸化分解，代謝機構と関係するため正しい理解が重要であるといえる．ただ，体内の活性酸素産生系が異なる機構であることの必然性はわかっていない．チロシンオキシダーゼ系は，

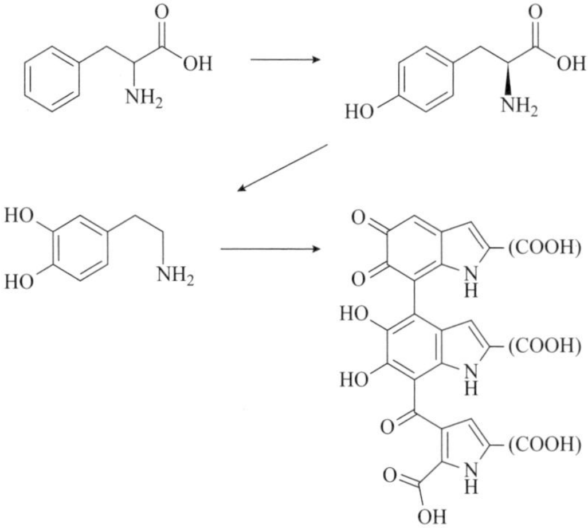

図1.9　チロシンオキシダーゼの代謝機構

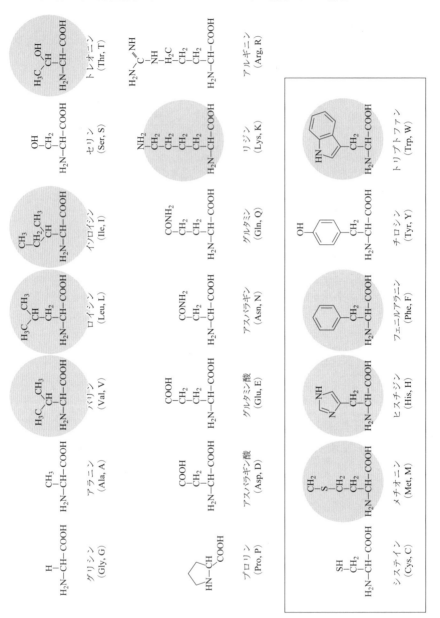

図1.10 20種類のアミノ酸
9種類の必須アミノ酸はスミアミで示した．□で囲んであるアミノ酸はヒドロキシルラジカルと反応性の高いアミノ酸．

基質がアミノ酸であり，タンパク質が消化された代謝物の処理を担っていることになる．ヒトの血液中のアミノ酸濃度は一定に保たれているが，がん患者や糖尿病患者では体内濃度が変化することがわかってきた．

図1.10には，20種類のアミノ酸を示している．アミノ酸は組織や細胞を構成する分子種であり，その体内濃度が恒常性維持に重要な役割を担っている．図中の下段の6種類のアミノ酸はヒドロキシルラジカルと反応性が高く，酸化ストレス反応の影響を受けるが，同時に，生体内の抗酸化酵素の役割を補完するアミノ酸でもある．

1.6.5　糖質の代謝と活性酸素種および活性窒素種の反応

糖質（炭水化物）の代謝はエネルギー産生の主反応の一つである．ここでも問題となるのは過剰な糖質の摂取である．糖質の代謝は脂質代謝とリンクしているため過剰摂取は脂質の蓄積を招くことになる．体内における糖質と脂質の代謝はヒドロキシルラジカルと関係する．糖質と脂質のヒドロキシルラジカルとの反応性を調べてみると，糖質の方が脂質に比べて100倍以上反応性が高い．脂質代謝にも活性酸素種および活性窒素種が関与しているため，過剰な糖質摂取は脂質分解を抑制することになり，脂肪の蓄積を招くことになる．このように，糖質の摂取が肥満を招くこの機構にも活性酸素種および活性窒素種の生成が関与していることが理解できる．

果物のおもな糖質は，ブドウ糖，果糖（フルクトース，フラクトース），ショ糖，麦芽糖であり，その比率は果物の種類や熟成の程度によっても異なる．

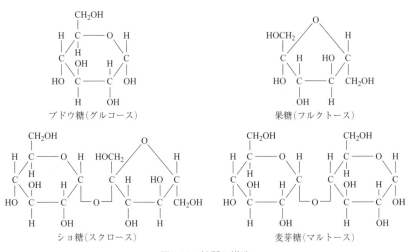

図1.11　糖質の構造

果糖は，おもに肝臓で代謝されるが，ブドウ糖とは代謝過程が異なり，インスリンを必要とせず速く代謝され，余剰のエネルギーは中性脂肪になり，超低密度リポタンパク質(very low-density lipoprotein；VLDL)コレステロールなどを増加させる恐れがある．しかし，筋肉細胞では，ブドウ糖と同じくインスリン作用の調節を受ける．とくに，グルコースやマンニトールは，ヒドロキシルラジカルとよく反応する．そのため，"この二つの糖類はヒドロキシルラジカルの活性酸素消去能がある"と表現することができる(図1.11)．

糖質による酸化ストレス傷害の関係を精査してみると，糖が活性酸素を生成しているのではなく，糖質(グルコース)から生成するアルデヒド化合物(メチルグリオ

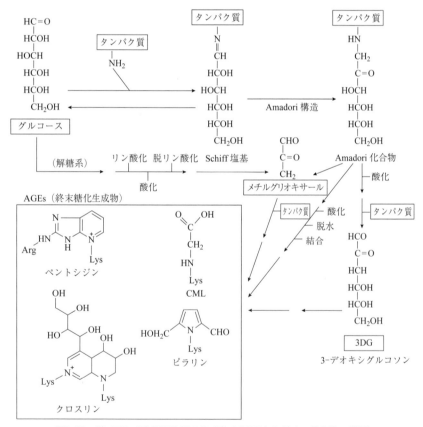

図1.12 糖-アミノ酸分解物質の生成物と糖尿病合併症の代謝物の機構
3DG：3-デオキシグルコソン，CML：カルボキシメチルリジン．

キサール，グリオキサール)がヒドロキシルラジカルと反応して酸化傷害性の高い過酸化ラジカルを生成することがわかってきた(図1.12).

1.6.6 細胞の傷害を引き起こす活性酸素種および活性窒素種

スーパーオキシド，ヒドロキシルラジカルや一重項酸素など活性酸素種および活性窒素種が産生すると，細胞膜や組織のリン脂質やコレステロールエステルなどが酸化され，酸化LDL(low-density lipoprotein)が増加し，動脈硬化を引き起こす．同様に，細胞を構成する糖質やタンパク質が酸化され酵素機能などが失われるといわれている．

酸化ストレスを引き起こす物質としては，ヒドロキシルラジカルがすべての機構に関与するといわれてきたが，最近の研究では疑問を呈する研究者も多い．組織や細胞の障害はまず，細胞膜の脂質膜の損傷と細胞を構成するタンパク質の損傷を語らねばならない．脂質の過酸化を引き起こすモデル実験系として，過酸化水素と銅イオンが用いられているが酸化分子種はヒドロキシルラジカルではなく，銅酸素付加体，あるいは一重項酸素の可能性が高くなっている．銅酸素付加体でよく知られているのはモノオキシゲナーゼであるチロシンオキシダーゼであり，鉄酸素付加体として知られているのがシトクロムP450である．これらの酵素は酸素付加体が活性種であって，活性酸素種および活性窒素種であるスーパーオキシドやヒドロキシルラジカルは二次的に生成するもので，タンパク質分解や薬物代謝を行う活性分子種ではない．

1.6.7 酸化ストレス傷害と抗酸化能

活性酸素およびフリーラジカルとは酸素から化学反応で酸素が活性化された化学物質の総称である．とくに3種類スーパーオキシド($O_2^{\cdot -}$，スーパーオキシドアニオンラジカル)，ヒドロキシルラジカル，一重項酸素のいずれかの反応を止める機能(能力)のことを活性酸素消去能とよんでいる．過酸化水素によって引き起こされる酸化ストレス傷害の機構は複雑で，いまだ，機構解明はなされていない．過酸化水素は，金属酵素の基質として酸素付加体を生成させ，より強い酸化力をもつことが考えられる．

酸化ストレス反応を抑制することは，核酸(DNA損傷)や脂質(過酸化LDL)，金属タンパク質(溶血ヘモグロビン)を抑制することである．各種疾患の発症には，生体内の抗酸化酵素の機能低下で語ることができる．そのため，体外から摂取する抗酸化物質の役割は，抗酸化能の低下を補完する役割を担っていることになる．

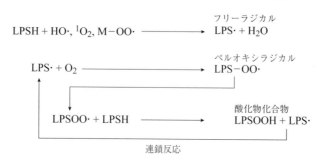

図1.13 活性酸素種が引き起こす酸化ストレス反応の概念図
酸化ストレスを引き起こす化合物としては，ヒドロキシルラジカル($HO\cdot$)と一重項酸素($^1O_2$)，金属イオンの酸素付加体($M-OO\cdot$)の3種類である．脂質(LH)は自動酸化する．タンパク質やアミノ酸の酸化反応では重合化が起こる．糖質については，アルデヒド過酸化物を経由した自動酸化反応が生じる．

　ヒトの恒常性は核酸で設計されている細胞や組織によって構成されており，ヒトが成長していくために必要な脂質やタンパク質によって生成する．生命を維持するためには，必須アミノ酸，必須ミネラル，必須の脂肪酸などが必要となる．抗酸化物質の多くは，植物が酸化ストレスから身を守るために産生しているための物質である．とくに，ビタミン類とよばれる物質は重要である．
　先に述べたように，生体の酸化ストレス反応は，図1.13のように説明されている．これまでの研究で明らかになったのは，酸化ストレスを引き起こす化合物として，ヒドロキシルラジカル，一重項酸素，金属酸素付加体，オキシダーゼの活性分子種がある．とくに，ヒドロキシルラジカル，一重項酸素の二つが最も重要な働きをしていることがわかる．そのため，活性酸素およびフリーラジカルの消去を制御している物質についての理解を深める必要がある．
　抗酸化酵素のなかで最も重要な役割を担っているのが，スーパーオキシドジスムターゼ(SOD)である．SODはスーパーオキシドを過酸化水素に変化させる酵素といわれているが，過剰な過酸化水素で失活する．スーパーオキシドから生成した過酸化水素は，酸化傷害性の高いヒドロキシルラジカルを生成させるため，なぜSODが過酸化水素を生成させるかがわかっていない．多くの研究者は過酸化水素を分解する酵素であるカタラーゼがあるので，SODとカタラーゼの共同作業で酸化ストレス傷害を抑制していると説明してきた．
　ここで問題となるのがヒドロキシルラジカルの生成機構である．すでに報告され

ているように，Fenton 反応も Haber-Weiss 反応の二次反応速度は緩やかで，ヒドロキシルラジカルは生成に寄与する割合は低い．そのため，ヒドロキシルラジカルの生成機構から推測すると，スーパーオキシドを過酸化水素に変換する必然性はないため，体内での SOD の役割については明らかでない．

　また，最近，注目されている酸化ストレス応答の分子基盤として多彩な分子センサーが明らかにされている．その多くはヒドロキシルラジカルの関与するもので，タンパク質のシスチンなど硫黄化合物（アミノ酸の一種）のタンパク質変性に関する議論である．一重項酸素を消去するアミノ酸としてヒスチジンの存在が知られていたが，硫黄系アミノ酸も役割を担っていることが明らかにされつつある．このことは，分子センサーの役割に関する議論に一石を投じるものである．

1.7 ま と め

　ヒトにとって不老長寿は永遠の課題である．好気性生物の多くは，酸素を使って成長し，繁殖し，一生を終える．活性酸素・フリーラジカルの体内動態の制御がヒトの寿命を決めていることを明らかにすることは，現代科学が行き着いた酸素ストレス研究のゴールといえる．ヒトはより健康でより長く生きることを目指し平均寿命や健康寿命の延命に努力している．そのため，食事や運動，睡眠などの生活習慣に気を遣う日々を送るようになっている．栄養が足りない時代には，新生児の多くが感染症によって命を絶たれた．

　日本では戦後の60年間で平均寿命を40年近く延伸することに成功した．飽食の時代となった現代では高齢者の増加（加齢に伴う機能の低下＝老化）によって，再び感染症で命をなくす人が増加している．そのため，活性酸素種および活性窒素種の特性を生かした殺菌滅菌技術（感染症予防）への関心が高まっている．

　50年近い，活性酸素やフリーラジカルの生成と消去の研究により，ヒトの寿命を決めているのは抗酸化酵素とよばれる，活性酸素種および活性窒素種による酸化による傷害を抑制する物質の存在である．生体内の抗酸化酵素の延命こそが，ヒトの寿命を決めることになる．さらに，抗酸化酵素の延命にかかわっているのが，体外から摂取する抗酸化物質である．ヒトが生体内でつくることのできない抗酸化物質の多くは，野菜や果物，穀物から摂取していることが理解され，栄養学的な観点からも酸化ストレス研究が進行していくと期待される．

参考文献

1) T. Finkel, N. J. Holbrook, *Nature*, **408**, 239 (2000).
2) B. Halliwell, M. Whiteman, *Br. J. Pharmacol.*, **142**, 231 (2004).
3) D. Trachootham, J. Alexandre, P. Huang, *Nat. Rev. Drug Discov.*, **8**, 579 (2009).
4) B. Halliwell, *Biochem. Soc. Trans.*, **35**, 1147 (2007).
5) H. Shie, *Exp. Physiol.*, **82**, 291 (1997).
6) J. M. McCord, I. Fridovich, *J. Biol. Chem.*, **244**, 6049 (1969).
7) J. M. McCord, *Science*, **185**, 529 (1974).
8) I. Fridovich, *Science*, **201**, 875 (1978).
9) B. M. Babior, J. T. Curnutte, B. J. McMurrich, *J. Clin. Invest.*, **58**, 989 (1976) ; J. M. Tolmasoff, T. Ono, R. G. Cutler, *Proc. Natl. Acad. Sci. USA*, **77**, 277 (1980).
10) H. J. H. Fenton, *J. Chem. Soc., Trans.*, **65**(65), 899 (1894).
11) F. Haber, J. Weiss, *Proc. R. Soc. Lond. A Math. Phys. Sci.*, **147**, 332 (1934).
12) I. Yamazaki, L. H. Piette, *J. Bio. Chem.*, **265**, 13589 (1990).
13) K. Uehara, K. Hori, M. Nakano, S. Koga, *Anal. Biochem.*, **199**, 191 (1991).
14) E. Sato, Y. Niwano, T. Mokudai, M. Kohno, Y. Matsuyama, D. Kim, T. Oda, *Biosci. Biotechnol. Biochem.*, **71**, 1505 (2007).
15) M. Tada, E. Ichiishi, R. Saito, N. Emoto, Y. Niwano, M. Kohno, *J. Clin. Biochem. Nutr.*, **45**, 309 (2009).
16) E. G. Janzen, *Acc. Chem. Res.*, **4**, 31 (1972).
17) M. Kohno, T. Mokudai, T. Ozawa, Y. Niwano, *J. Clin. Biochem. Nutr.*, **49**(2), 96 (2011).
18) Y. Matsumura, A. Iwasawa, T. Kobayashi, T. Kamachi, T. Ozawa, M. Kohno, *Chem. Lett.*, **42**(10), 1291 (2013).
19) A. Miyaji, M. Kohno, Y. Inoue, T. Baba, *Biochem. Biophys. Res. Commun.*, **483**, 178 (2017).
20) K. Mitsuta, Y. Mizuta, M. Kohno, M. Hiramatsu, A. Mori, *Bull. Chem. Soc. Jpn.*, **63**, 187 (1990).
21) M. Kohno, M. Kusai-Yamada, K. Mitsuta, Y. Mizuta, T. Yoshikawa, *Bull. Chem. Soc. Jpn.*, **64**, 1447 (1991).
22) M. Kohno, Y. Mizuta, M. Kusai, T. Masumizu, K. Makino, *Bull. Chem. Soc. Jpn.*, **67**, 1085 (1994).
23) E. Sato, T. Mokudai, Y. Niwano, M. Kamibayashi, M. Kohno, *Chem. Pharm. Bull.*, **56**, 1194 (2008).
24) M. Kohno, E. Sato, N. Yaekashiwa, T. Mokudai, Y. Niwano, *Chem. Lett.*, **38**, 302 (2009).
25) M. Kohno, *J. Clin. Biochem. Nutr.*, **47**, 1 (2010).
26) M. Tada, E. Ichiishi, R. Saito, N. Emoto, Y. Niwano, M. Kohno, *J. Clin. Biochem. Nutr.*, **45**(3), 309 (2009).
27) E. Sato, T. Mokudai, Y. Niwano, M. Kohno, *J. Biochem.*, **150**(2), 173 (2011).
28) N. Yaekashiwa, E. Sato, K. Nakamura, A. Iwasawa, A. Kudo, T. Kanno, M. Kohno, Y. Niwano, *Arch. Oral Biol.*, **57**(6), 636 (2012).
29) M. Tada, M. Kohno, S. Kasai, Y. Niwano, *J. Clin. Biochem. Nutr.*, **47**, 162 (2010).
30) A. Miyaji, M. Kohno, Y. Inoue, T. Baba, *Biochem. Biophys. Res. Commun.*, **471**, 450 (2016).
31) A. Miyaji, Y. Gabe, M. Kohno, T. Baba, *J. Clin. Biochem. Nutr.*, **60**, 86 (2017).
32) M. Nakayama, K. Nakayama, W. J. Zhu, Y. Shirota, H. Terawaki, T. Sato, M. Kohno, S. Ito, *Nephrol. Dial. Transplant.*, **23**, 3096 (2008).

参考書籍

1）大柳善彦，早石 修 監修,『スーパーオキサイドと医学』，共立出版 (1981).
2）中野 稔，松浦輝男，二木鋭雄，吉川敏一,『スーパーオキシド』，医歯薬出版 (1984).
3）大柳善彦,『活性酸素の消去酵素の測定，活性酸素』，医歯薬出版 (1987), p. 139.
4）大柳善彦,『活性酸素と病気』，化学同人 (1989).
5）二木鋭雄，島崎弘幸，美濃 真,『抗酸化物質：フリーラジカルと生体防御』，学会出版センター (1994).
6）谷口直之,『活性酸素実験プロトコール』，秀潤社 (1994).
7）永田親義,『〈講談社ブルーバックス〉活性酸素の話：病気や老化とどうかかわるか』，講談社 (1996).
8）吉川敏一，河野雅弘，野原一子,『活性酸素・フリーラジカルのすべて：健康から環境汚染まで』，丸善出版 (2000).
9）生命・フリーラジカル・環境研究会 編,『水と活性酸素』，オーム社 (2002).
10）嵯峨井 勝,『〈岩波新書〉酸化ストレスから身体をまもる：活性酸素から読み解く病気の予防』，岩波書店 (2010).
11）山本雅之 監修，赤池孝章，一条秀憲，森 泰生 編,『〈実験医学増刊〉活性酸素・ガス状分子による恒常性制御と疾患』，**30**, 17, 羊土社 (2012).
12）赤池孝章，末松 誠,『〈医学のあゆみ〉活性酸素：基礎から病態解明・制御まで』，医歯薬出版 (2013).
13）日本化学会 編,『〈CSJカレントレビュー〉活性酸素・フリーラジカルの科学：計測技術の新展開と広がる応用』，化学同人 (2016).

第2章

酸化ストレス反応を引き起こす無機媒体の役割

2.1 はじめに

　酸素(O_2)は，約200年前にC. W. Scheele(1742-1786)とJ. Priestley(1733-1804)とにより別々に発見された．A. -L. de Lavoisier(1743-1794)は，その気体の反応性などを調べ，その燃焼により酸が生成する意味を込めて「酸素」と命名した．酸素は，地球上で最も多く存在する元素で，空気中の21％，海水総重量の86％を占めている．酸素(O_2)は，一つの分子中に二つの不対電子(e^-)をもつ特異な分子種で，つねに磁気(磁石としての性質)を帯びており，電子(e^-)を生体内に送り込む電子媒体としての役割も担っている[1, 2]．

　酸素(O_2)は，生体物質と反応して電子(e^-)の授受(酸化還元反応)を繰り返し，活性中間体(活性酸素およびフリーラジカル)を経て，最終的には水(H_2O)に分解される．酸素(O_2)は，1電子還元されるとスーパーオキシド($O_2^{\cdot -}$)となり，もう1電子還元されるとペルオキシド(O_2^{2-})となる．このような反応は疎水溶媒中で誘起されるもので，水中(親水溶媒)ではどのように表記するかが問題となる．

　図2.1に示したように，水中には解離イオンが存在しており，スーパーオキシドに陽イオン(H^+)が付加してヒドロペルオキシドラジカル($HOO\cdot$)や過酸化水素(H_2O_2)が生成する．さらに，過酸化水素が分解して生成するヒドロキシルラジカル($HO\cdot$)にも陽イオンが付加して水が生成する．このように，酸素の活性化機構は，図2.1に示した電子の移動と陽イオンの付加反応で説明できる[3]．

　表2.1に，活性酸素およびフリーラジカルを生成する物理的・化学的な成因と無機媒体を示した．このような物理的・化学的な成因に関係するのが無機媒体を酸化，

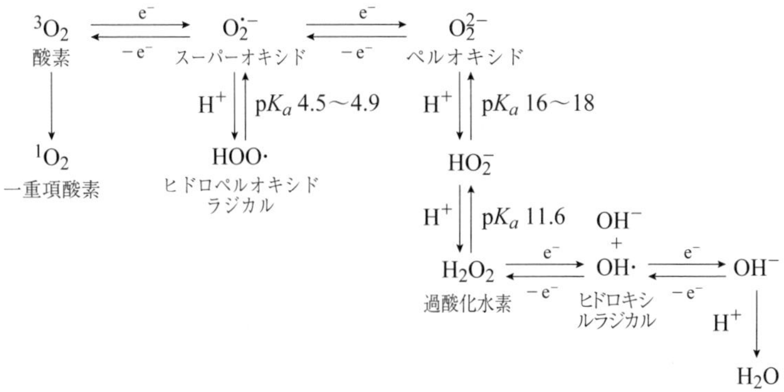

2.2 電子媒体としての役割を担う酸素と水分子の特性

$$^3O_2 \underset{-e^-}{\overset{e^-}{\rightleftarrows}} O_2^{\cdot -} \underset{-e^-}{\overset{e^-}{\rightleftarrows}} O_2^{2-}$$

酸素　　　スーパーオキシド　　ペルオキシド

$^1O_2$ 一重項酸素

$H^+ \updownarrow pK_a\ 4.5 \sim 4.9$　　$H^+ \updownarrow pK_a\ 16 \sim 18$

HOO·
ヒドロペルオキシド
ラジカル

HO_2^-

$H^+ \updownarrow pK_a\ 11.6$　　OH^-
　　　　　　　　　　　　　＋
$H_2O_2 \underset{-e^-}{\overset{e^-}{\rightleftarrows}} OH\cdot \underset{-e^-}{\overset{e^-}{\rightleftarrows}} OH^-$

過酸化水素　　ヒドロキシ
　　　　　　ルラジカル　　$H^+ \downarrow$

H_2O

図2.1　酸素から活性酸素が生成する4電子還元反応の機構

表2.1　活性酸素およびフリーラジカルを生成する無機媒体と物理的・化学的な成因

物理的・化学的の成因	活性酸素・フリーラジカルを産生させる媒体
放射線	水，解離イオン，溶存酸素
紫外線	水，解離イオン，溶存酸素，溶存窒素
赤外線	水，解離イオン
遠赤外線	水，解離イオン，溶存酸素
電波（超音波）	水，解離イオン，溶存酸素
電気分解	水，解離イオン，酸素
電気放電（プラズマ）	酸素，窒素，二酸化炭素，水蒸気
金属触媒	金属イオン，解離イオン，酸素
光触媒	金属イオン，解離イオン，酸素
磁　場	水，酸素，金属イオン

あるいは還元分解する電気的なエネルギーである．活性酸素およびフリーラジカルは物質固有のエネルギー量で生成する．それを表す指標が物質の結合解離エネルギーや酸化還元電位である．

2.2　電子媒体としての役割を担う酸素と水分子の特性

図2.1に示した酸素の活性化に関係する解離イオンは，どのように生成するのだろうか．水分子は非常に安定な分子で，結合解離エネルギーは式(2.1)，式(2.2)で

表されるように，493 kJ mol^{-1}(5.1 eV)と424.6 kJ mol^{-1}(4.4 eV)である．そのため，常温，常圧の条件下で，水分子は自己分解も分子内の電子移動も起こさない．

$$2H_2O \longrightarrow 2H\cdot + 2HO\cdot \qquad (2.1)$$
$$117.9 \text{ kcal mol}^{-1}(493 \text{ kJ mol}^{-1}) \qquad \Delta G = +5.1 \text{ eV}$$
$$2HO\cdot \longrightarrow 2H\cdot + 2\,^3O \qquad (2.2)$$
$$101.6 \text{ kcal mol}^{-1}(424.6 \text{ kJ mol}^{-1}) \qquad \Delta G = +4.4 \text{ eV}$$

ところが，高電圧(5 eV)を付与して電気分解すると，式(2.1)，式(2.2)に示した水素原子(H・)や原子状酸素(^{3}O, ・O・)が生成し，最終的には，水素(H_2)と酸素(O_2)が生成する．ただし，水素原子は溶存酸素の存在下ではヒドロペルオキシド(HOO・)を生成し，過酸化水素となる．一方，ヒドロキシルラジカル(HO・)は，溶存酸素との反応によって一重項酸素($^1O_2$)やオゾン(O_3)を生成する可能性もある．しかしながら，高電圧が付与されない光合成の過程でも，酸素と水から過酸化水素や一重項酸素，オゾンなどが生成する[4, 5]．

さらに，過酸化水素は安定な物質であるため，紫外線では分解するが，高出力の超音波照射では分解しない．したがって，生体内でのヒドロキシルラジカル(HO・)の生成機構は金属イオンを介したFenton反応あるいはHaber-Weiss反応で議論されることが多い．ただ，第1章で述べたように，鉄イオンや銅イオンと過酸化水素の反応性は高くないので，Fenton反応が誘起されるヒドロキシルラジカル(HO・)の生成機構については，再検討が求められている[6]．

2.3 生物媒体としての水分子の特性と役割

水(H_2O)が生物にとって生命維持に必須な物質であるのは，溶液であり流動性および溶媒性をもつからである．溶液である水は流動性をもつだけでなく，無機物であろうと有機物であろうと，溶解度の大小はあるものの，実に多種類の物質を溶解する．生物が，生理的な条件下で活性酸素およびフリーラジカルを生成させるには酸素が水に溶けていることが必要で，水は酸素の活性化を助ける媒体としての役割を担っている[7]．そこで，酸素や窒素，水素などの気体分子を溶解する水の特性について述べる．

三つの気体分子の水温に依存した濃度変化を表2.2に示した．これらの溶存気体は，いずれも低温で濃度が上昇し，高温では減少する．この作用機構は，図2.1に示したように可逆的で，いずれの気体分子種も，54℃で一定濃度(平衡状態)となる．

2.3 生物媒体としての水分子の特性と役割

このように，生体内の酸素濃度が温度に依存して変化することは，ヒトの恒常性維持機構の一つに関係する．

表2.2の溶存気体の温度変化を，図2.2に示したようにArrhenius（アレニウス）プロットし，それぞれの溶存気体のGibbsの活性化エネルギーを求めた[8]．その結果から，活性化エネルギー（エンタルピー：ΔH）を求め，酸素3.84 kcal mol^{-1}(16.1 kJ mol^{-1}，0.17 eV)，窒素2.45 kcal mol^{-1}(10.3 kJ mol^{-1}，0.11 eV)，水素1.52 kcal mol^{-1}(6.36 kJ

表2.2 溶存酸素と溶存水素，溶存窒素濃度の温度変化(n = 2 の平均値)

温度(℃)	$1/T$(K)	O_2(mol L^{-1})	H_2(mol L^{-1})	N_2(mol L^{-1})*
10.00	0.00353	0.00153	0.00088	0.00066
20.00	0.00341	0.00122	0.00081	0.00055
30.00	0.00330	0.00098	0.00074	0.00048
40.00	0.00319	0.00076	0.00069	0.00042
50.00	0.00310	0.00068	0.00063	0.00039

酸素濃度と水素濃度は酸素電極，水素電極測による測定値．＊は日本化学会 編，『化学便覧 基礎編 改訂5版』，丸善出版(2004)を参考．

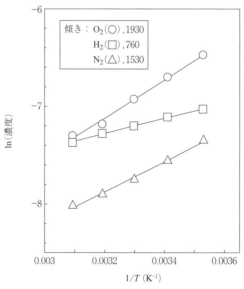

図2.2 表2.2に示した超純水の温度を10～50℃の範囲で変化させた場合の溶存気体濃度の Arrhenius プロット
酸素濃度および水素濃度は実験値を使用し，窒素濃度は既報の値を用いた．

mol^{-1}, 0.10 eV)とわかった.

この結果は,酸素の溶解性が窒素に比べて1.56倍,水素に対して2.53倍高いことを示している.水の大切な機能の一つとして,酸素,窒素,水素,一酸化窒素,二酸化炭素などの気体分子を溶解させる性質がある.しかし,水が気体分子を溶解させる機構や酸化ストレス反応にどのような役割を果たしているかを説明した成書はない.

溶媒としての水は,その大きな誘電率と構造性で特徴づけられている.水溶液中では,ごくわずかの$(H_3O)^+$と$(HO)^-$が解離していると考えられている.そのため,水の自己解離状態は,式(2.3)のように表される.

$$2H_2O \rightleftharpoons (H_3O)^+ + (HO)^- \tag{2.3}$$

しかし,水がイオン解離する機構は明らかになっていない.なぜなら,式(2.3)に示す解離イオンを分光学的に計測する手段がないためである.それでは,どのようにして解離イオン濃度は決定されたのであろうか.

通常,蒸留で不純物を取り除いた超純水は絶縁体であるが微弱な電気が流れており,約18 MΩの電気抵抗を示す.このことから,解離イオンが水中にごくわずか存在すると想定されている.その結果,解離イオンの濃度は電気抵抗を測定することで決定される[9].

さらに,解離イオンの濃度は,水の電気抵抗から求められる電離平衡定数(K)を使って求められており,水分子の濃度と解離イオン濃度の関係は,式(2.4)となる.

$$K = \frac{[H_3O^+][HO^-]}{[2H_2O]^2} \tag{2.4}$$

未解離の水$\{[2H_2O]^2\}$の濃度は一定であると考えられるので,式(2.5)で定義されるK_wも一定である.

$$K_w = K[2H_2O]^2 = [H_3O^+][HO^-] = 1 \times 10^{-14} \tag{2.5}$$

K_wの値は,25℃で,1×10^{-14}(mol L^{-1})^{2}であり,水のイオン積とよばれる水の解離イオン平衡を示す熱力学的な指標である.式(2.5)で電離平衡定数(K)を求めると,式(2.6)のようになる.

$$1.008 \times 10^{-14} = K \times (111.8)^2 \quad K = 3.28 \times 10^{-18} \quad (\text{mol L}^{-1})^2 \tag{2.6}$$

解離イオン濃度を決定するときの,水の濃度は55.4 mol L^{-1}として計算している.

式(2.3)に示した電離した水イオンを解離イオンモデルとして提案した研究は重要である．ただし，水はクラスター構造を形成するため，実際の濃度は異なる．最近の研究では，室温の水は 32 クラスターと推定されており，濃度は1.74×10^{-3} mol L^{-1}とされている．しかし，解離イオンは分光学的に計測されていないので，水中で解離イオンが生成する機構は明らかになっておらず，生化学分野では未解決の課題の一つである[10〜15]．

2.4 酸素の物理的・化学的な特性と役割

活性酸素種であるスーパーオキシド($O_2^{\cdot-}$)と一重項酸素($^1O_2$)は酸素をエネルギー励起することで生成する．そのため，その物理特性を活性化エネルギー量として表すことができる．図2.3には，スーパーオキシド($O_2^{\cdot-}$)と一重項酸素を生成させる特性を示した．

水分子と同様に，酸素分子の活性化エネルギーを調べると，酸素分子の結合解離エネルギーは式(2.7)に示したように，486 kJ mol^{-1}(5.03 eV)であった．そのため，酸素は自然条件下あるいは生理的な条件下では解離しない．

$$O_2 \longrightarrow \cdot O \cdot \tag{2.7}$$
118 kcal mol^{-1}(486 kJ mol^{-1})　　　　$\Delta E = 5.03$ eV

$$O_2 \longrightarrow O_2^{\cdot-} \tag{2.8}$$
-9.9 kcal mol^{-1}(41.4 kJ mol^{-1})　　　　$\Delta E = -0.43$ eV

$$O_2 \longrightarrow {}^1O_2 \tag{2.9}$$
38 kcal mol^{-1}(159 kJ mol^{-1}) ($^1\Sigma_g$)　　　　$\Delta E = +1.65$ eV
23 kcal mol^{-1}(96.2 kJ mol^{-1}) ($^1\Delta_g$)　　　　$\Delta E = +1.00$ eV

しかし図2.3に示したように，酸素活性化のエネルギーは酸素を 0 eV としたときの値で，基底一重項酸素(Δ^1O_2)は96.2 kJ mol^{-1}，励起一重項酸素(Σ^1O_2)は159 kJ mol^{-1}，スーパーオキシド($O_2^{\cdot-}$)は-41.4 kJ mol^{-1}である．これらから，酸素からスーパーオキシド($O_2^{\cdot-}$)を生成するエネルギーは，酸素分子を解離するエネルギーに比べて低いことがわかる．さらに，励起一重項酸素の分子内における電子配置から一重項酸素はラジカル分子としての性質をもっていることがわかる．常温プラズマ発生装置を使った酸素放電による最近の研究では，酸素分子を切断するために必要なエネルギーを加えると，原子状酸素($\cdot O \cdot : \Sigma O$)が生成し，次いで一重項酸素を生成することが確認されている[16]．

	基底状態酸素 $^3\Sigma_g$	基底一重項酸素 $^1\Delta_g$	励起一重項酸素 $^1\Sigma_g$	スーパーオキシドイオン $O_2^{\cdot-}$
エネルギー (kcal mol^{-1})	0	22.5	37.5	-9.9
平衡核間距離 (Å)	1.2074	1.2155	1.2268	1.28 (KO_2) 1.32〜1.35 (NaO_2)
結合解離エネルギー (kcal mol^{-1})	117.9	96	87	88.8 69.92

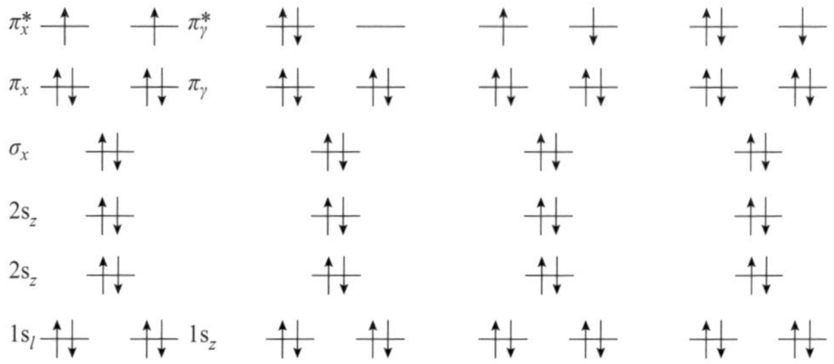

図2.3 各種酸素分子の物理的・化学的な性質および電子配置・軌道の模式図

　一重項酸素の特性を調べてみると，気体状態では非常に安定な分子として存在することがわかってきた．酸素分子の励起一重項と基底一重項の区別はされていないが半減期は数十分であった．同様の実験で，酸素プラズマ中にオゾンが生成することも認められており，こちらも半減期は数十分であった．このように，気体分子としての活性酸素およびフリーラジカルの性質については，未知の特性があることがわかる．

　さらに，一重項酸素やオゾンを水に溶解すると，性質が変化することも知られている．とくに，一重項酸素については計測法が確立していないため，物理的な特性については見直しが求められている．このように，酸素あるいは水由来の活性酸素およびフリーラジカルの生成機構で鍵を握る物質が，イオン解離とよばれている水分子であることがわかってきた．一重項酸素には基底状態の酸素($^1\Delta_g$)と励起状態の酸素($^1\Sigma_g$)が存在することは，蛍光・りん光スペクトルの観測から報告されている．

　図2.1の酸素における 4 電子還元反応の機構については，電子(e^-)の移動と水素イオン(H^+ あるいは H_3O^+)の付加反応として説明されているが，H^+ や電子(e^-)が何から供給されているかについての議論はない．

　同様に，水溶液中で生成するスーパーオキシド($O_2^{\cdot-}$)は，なぜヒドロペルオキシ

ドラジカル(HOO・)に変化するのであろうか. 図2.1に示したスーパーオキシド($O_2^{\cdot-}$)とヒドロペルオキシドラジカル(HOO・)の解離平衡が $pK_a = 5.4$ であるとして, ヒドロペルオキシドラジカル(HOO・)の酸化活性がpH 7.4の条件に比べて, 反応性がスーパーオキシド($O_2^{\cdot-}$)の1000倍であるとの議論がある. この議論は, pHによって酸化反応性が亢進することを根拠にしており, 分光学的な計測ではスーパーオキシド($O_2^{\cdot-}$)とヒドロペルオキシドラジカル(HOO・)の区別はできない. そのため, 二つの分子種が関与する酸化反応性についての科学的な根拠を示すためには, 酸-塩基反応の基本に立ち返る必要がある.

スーパーオキシド産生系(酵素系や化学系)では, 過酸化水素の生成(分光計測で紫外部に吸収スペクトルが観測される)が確認されており, 親水条件ではスーパーオキシド($O_2^{\cdot-}$)が2電子還元する. ここで重要なのは, スーパーオキシド($O_2^{\cdot-}$)は何と反応して過酸化水素を生成させるかを知る必要がある点である. 同様に, 一重項酸素の寿命が, 軽水中と重水中では10倍程度異なることも知られているが, なぜ, 軽水中で短寿命化するかという機構はわかっていない. このような反応機構の解明によって, 酸化ストレス傷害の謎を解くことができる.

酸素の4電子還元反応は, 電子(e^-)の授受による酸化還元反応と, プロトン(H^+)の付加反応で説明されている. しかしながら, スーパーオキシド($O_2^{\cdot-}$), ヒドロペルオキシドラジカル(HOO・), 過酸化水素(H_2O_2), ヒドロキシルラジカル(HO・)については定量的な計測方法が確立していないため, 図2.1の化学式の全体を説明するための議論はできていない. さらに, 一重項酸素の生成機構については, 4電子還元反応では説明されていない. 生体内における一重項酸素の生成機構はミエロペルオキシダーゼによって生成するといわれているが, 生体内でどのような酸化ストレス反応が引き起こされるかという議論は少ない[17].

生理的pHにおけるスーパーオキシド($O_2^{\cdot-}$)の酸化力は低いといわれている. 結論すれば, 生体内でスーパーオキシド($O_2^{\cdot-}$)は酸化ストレス反応にほとんど関与しないといえる. 活性酸素およびフリーラジカルによる酸化ストレス傷害説から考察すると, より反応性が高く, 酸化反応を引き起こす活性酸素種および活性窒素種の存在が予測される.

図2.1の4電子還元反応で生成する化合物の生成機構については電子を受け取る反応であるため, 活性酸素種および活性窒素種を生成するエネルギーとして, 分子の結合解離エネルギーとして説明できる. 換言すれば, 電気化学的なエネルギーが付与されると, 活性酸素種および活性窒素種は生成することになる.

表2.3には, 酸素活性化に関係する結合解離エネルギー(eV)を示した. 一重項酸

表2.3 活性酸素種および活性窒素種の生成に関与する結合解離エネルギー(eV)

反応	エネルギー
$O_2 \longrightarrow O_2^{\cdot-}$	$\Delta E^0 = -0.43$
$O_2 \longrightarrow O_2^{\cdot-} \longrightarrow H_2O_2$	$\Delta E^0 = -0.68$
$O_2 \longrightarrow O_2^{\cdot-} \longrightarrow H_2O_2 \longrightarrow 2H_2O$	$\Delta E^0 = -1.23$
$2H_2O \rightleftharpoons \{(H_3O)^+(HO)^-\}$	$\Delta G = +0.58$
$H_2O_2 \longrightarrow 2HO\cdot \longrightarrow 2H_2O$	$\Delta E^0 = +1.74$
$\{(H_3O)^+(HO)^-\} + O_2 \longrightarrow HO\cdot$	$\Delta E^0 = +0.13$
$O_2 + nH_2O \longrightarrow {}^1\Delta_g({}^1O_2)$	$\Delta E^0 = +0.90$
$O_2 + nH_2O \longrightarrow {}^1\Sigma_g({}^1O_2)$	$\Delta E^0 = +1.00$
$O_3 + nH_2O \longrightarrow O_2 + H_2O$	$\Delta E^0 = +2.07$

素の生成系としては,光励起による酸素分子の活性化で生じる一重項酸素と,次亜塩素酸の酸素分解系で生じる原子状酸素由来の一重項酸素,さらにヒドロキシルラジカル(HO・)と酸素が結合したヒドロトリオキシドラジカル(HOOO・)から生成する機構が考えられている.次亜塩素酸(HClO)については酸化クロライド(ClO$^-$)が活性酸素種および活性窒素種であるとの議論もあり,酸化反応機構については未解明である.酸素と水は,自然環境下で酸化還元エネルギーを得て,活性酸素種に形態を変化して,生体が恒常性を維持するための電子媒体としての役割を担う.役目を終えると,再び酸素と水に戻るという循環機構を保持している.

表2.3からは,電子媒体である酸素の特性を活かして,酸素の活性化が行われていることがわかる.スーパーオキシド(O$_2^{\cdot-}$)が最初の酸化生成物となるのは,より弱い(低い)エネルギーで生成するためである.

2.5 水分子の活性化の機構と物理的・化学的な因子

超音波科学では,水の分解機構に関してはキャビテーション理論が提唱され,高温高圧条件下で,水が分解しヒドロキシルラジカル(HO・)が生成すると報告されている.キャビテーション理論は水(H$_2$O)の結合解離エネルギー(約5 eV)から予想されており,数百度(500℃)あるいは数千気圧の条件では水が分解するという考え方である.ヒドロキシルラジカルの生成と並行して水素原子(H・)も生成することになる.しかし筆者らの実験では,水に0.2〜0.5 eVの電圧を付与すると,水中の水素原子やヒドロキシルラジカルが生成することが認められた.同様に,可視光を水に照射してもヒドロキシルラジカル(HO・)が生成する.このような実験事実は,

ヒドロキシルラジカル($HO\cdot$)を生成させる未知の物質が水中に存在することを示唆している。このように，水分子からの酸素活性化の情報は整理されているとはいえない[18〜20]。

酸素からスーパーオキシド($O_2^{\cdot -}$)を生成させるエネルギーは微弱であるため，身近な地球環境のなかでも容易に生じる。それでは地球環境を支配し，活性酸素種および活性窒素種を生成させる物理的なエネルギー場は，何によって誘起されるのであろうか。太陽から届く高出力の電磁波を吸収し，地球を守っているのが大気中の窒素と酸素であり，短い波長の電磁波(放射線)を窒素が，より長い電磁波(紫外線)を酸素が吸収している。

一方，地上に到達した電磁波(可視光線，赤外線)を吸収しているのが水である。超音波照射の研究では，水を媒体として，式(2.1)に示した水素原子と，ヒドロキシルラジカルが生成することが知られている。これまでの研究ではキャビテーション理論によって，超音波照射条件では高温，高圧状態が達成され，水の結合解離エネルギーを越えるエネルギー付与ができると説明されてきた。しかしながら，水温を0〜60℃の範囲で制御して超音波を照射すると，水素原子が生成する量は低温で多く，ヒドロキシルラジカルが生成する量は高温で増加した。そのため，安定な水溶液中には2種類の水分子が存在していると示唆された。筆者らは，この現象を説明するため，式(2.10)に示した二つの未確定の水分子，$(H_2O)^{\alpha}$と$(H_2O)^{\beta}$が存在していると結論した。

$$2H_2O \longrightarrow (H_2O)^{\alpha} + (H_2O)^{\beta} \qquad (2.10)$$

数多く報告されているように，水中の解離イオンの温度変化からイオン解離のエネルギー(エンタルピー)は55.6 kJ mol^{-1}(0.58 eV)である。解離イオン中には酸素が溶存しており，この会合体から微弱なエネルギーでヒドロキシルラジカル($HO\cdot$)が生成することも明らかになっている。

2.6　酸素の活性化と解離イオンの反応

活性酸素種および活性窒素種が生成する機構で，最も重要な反応が不均一化である。不均化反応は，スーパーオキシド($O_2^{\cdot -}$)と陽イオン(H^+あるいはH_3O^+)との反応で，水と酸素が生成する〔式(2.11)〕。

$$2O_2^{\cdot -} + 2H^+ \longrightarrow H_2O_2 + O_2 \qquad (2.11)$$

この不均化反応はpHによって異なり，酸性では速く，アルカリでは遅くなる．この現象は，スーパーオキシドの寿命がアルカリや疎水性の溶媒中では長くなることから明らかにされた．しかしながら，水の解離イオンの存在は，先に述べたように，水の電気抵抗値から求めた値であり，H^+もH_3O^+の存在も，分光学的には確認されていない．

そのため，一つの仮説として，式(2.12)のように説明されている．

$$H^+ + O_2^{\cdot -} \rightleftharpoons HOO\cdot \quad [pK_a(HOO\cdot) = 4.8] \tag{2.12}$$

さらに，$O_2^{\cdot -}$へのH^+の付加反応〔式(2.13)〕，HOO・どうしの反応〔式(2.14)〕からなると説明されている．

$$HOO\cdot + O_2^{\cdot -} + H^+ \longrightarrow H_2O_2 + O_2 \tag{2.13}$$
$$k = 1 \times 10^8 \text{ mol}^{-1} \text{ L s}^{-1}$$

$$HOO\cdot + HOO\cdot \longrightarrow H_2O_2 + O_2 \tag{2.14}$$
$$k = 8.6 \times 10^5 \text{ mol}^{-1} \text{ L s}^{-1}$$

しかし，H^+の存在が見直されると，不均一の現象にも見直しが必要となる．式(2.13)は実測値であるため，式(2.15)は不均一化の反応と解釈している．

$$O_2^{\cdot -} + nH_2O \longrightarrow HOOH + HO\cdot \tag{2.15}$$

これは酸化ストレス反応の根本原理にかかわる重要な反応である[16]．

2.7 電磁波エネルギーと結合解離エネルギーの関係

現代科学では，水はイオン解離していて水素結合でクラスター構造を形成しているとされ，とくにバルク水のクラスター構造については未解決の課題として取り扱われている．ここ数年，スーパーコンピュータの性能が向上し，計算化学的な手法で検証が進められている．そのため，水の解離機構は，式(2.3)で示すような単純な化学式では説明できない．水に酸素を溶解させる機構にもクラスター構造が関係している．そのため，水の特性を明らかにすることが，活性酸素種および活性窒素種の課題解決には必要である．水の水素結合は酸素原子と水素原子間での結合であるが，その詳細は明らかになっていない．酸素を溶解させた場合，水分子の水素がこの酸素と結合している可能性ある．そこで，最先端科学で述べられている水の概要について述べる．

超純水の場合，微弱なイオン解離によって電気伝導体となるため，電気的に分解が可能となる．イオン解離の活性化エネルギー(ΔH)は55.6 kJ mol^{-1}(0.58 eV)であるため，解離イオンが生じるといわれてきた．水を超音波で分解すると，水素原子とヒドロキシルラジカル(HO·)が生じることが明らかになっている．超純水に酸素が溶解すると，H_3O^+－O_2の水と酸素会合体からヒドロキシルラジカルが生成する．この現象は，紫外線(UV-B，UV-A)の照射でも起こる．それでは，微弱なエネルギーで生成した水素原子とヒドロキシルラジカルはどのようになるのであろうか．結果的には，いずれのプロセスにおいても過酸化水素(H_2O_2)となる．過酸化水素は安定な物質(1.77 eV)であるため，紫外線による分解と金属イオン(0.77 eV)との反応によって，ヒドロキシルラジカルが生成する．

　遠赤外線の場合に限れば，解離イオンとよばれる水のみが反応し，水自体の分解にはかかわらないことがわかる．ここで重要なのは，生体が光エネルギーを受け取る場合，固有の光を吸収することである．NASA(アメリカ航空宇宙局)の研究では，生体は遠赤外領域のテラヘルツ波を吸収することが報告されている．最近の計算化学を利用した研究によって，水のイオン解離は地球磁場で誘起される磁気的な共鳴現象であると示唆されている．さらに，磁場と温度によって解離イオンの量が変化するため，高温になるほどヒドロキシルラジカル(HO·)の生成量は増加する．最終的には，過酸化水素(H_2O_2)は分解して酸素と水素になるが，実験的には一重項酸素($^1O_2$)の生成は確認されていない〔式(2.16)〕.

$$2H_2O_2 \longrightarrow 2HOO\cdot + 2H\cdot(H_2) \longrightarrow 2H_2 + 2O_2 \qquad (2.16)$$

　これまで述べてきたように，電気的エネルギーあるいは光エネルギー，マイクロ波，ラジオ波や熱的エネルギー(高温，低温)など，物理的なエネルギーから活性酸素種および活性窒素種が生成するが，これらがイオン解離現象と水素結合に関係することを理解しておく必要がある．

2.8　自動酸化反応で酸素活性化をする有機化合物

　有機化合物から，どのようにして活性酸素種および活性窒素種が生成するのであろうか．基本は，有機化合物の酸化還元電位と，酸素を溶解した溶媒の示す電位に関係している．ルミノール，パラコート，ルシゲニン，6-OH-ドパミンなどの化合物を水に溶解すると，スーパーオキシド($O_2^{\cdot -}$)を生成する．先に述べた解離イオンと結合した酸素分子と有機化合物の間の電子的なやりとりによって，活性酸素種お

よび活性窒素種が産生する．パラコートの場合は，光エネルギーによって励起されるが，6-OH-ドパミンは水溶液のもつ酸化電位に依存し，自動酸化反応でスーパーオキシド($O_2^{\cdot -}$)が生成する．そのため，6-OH-ドパミンは酸化傷害性の高い化学物質といえ，取扱いには注意が必要となる．

一方，過酸化水素(H_2O_2)と同様に扱われている塩素系酸化物である次亜塩素酸(HClO)は，紫外線照射によってヒドロキシルラジカル(HO・)を生成することはなく，一重項酸素と塩素過酸化ラジカル(ClOO・)が生成している可能性が高い．

このように，酸化漂白剤とよばれる二つの酸化剤から生じる活性酸素種および活性窒素種には違いがあることを理解する必要がある．

さらに，化学的な活性酸素種および活性窒素種の生成に関与するのが金属イオンである．これらの金属イオンは水を溶媒として働くことが知られている．ここでも，酸化還元電位と酸素，過酸化水素，解離イオンの示すレドックスバランスによって活性酸素種および活性窒素種が産生する．

2.9 金属イオンの酸素付加体($M^+ - O_2^{\cdot -}$)

これまで，解離イオンと酸素の会合体について議論してきたが，金属イオン(M)と酸素の会合体の存在が重要な役割を果たしていることがわかる．

生体内において，活性酸素やフリーラジカルを生成させる金属酵素を表2.4に示

表2.4 活性酸素種および活性窒素種を産生させる酵素と金属中心

酵素	活性酸素・活性窒素の発生系	各種疾患
キサンチンオキシダーゼ	モリブデン(Mo)/鉄(Fe)	脳梗塞，心筋梗塞
シトクロム c レダクターゼ	鉄(Fe)	ミトコンドリア
NADPH オキシダーゼ	鉄(Fe)	免疫アレルギー疾患
チロシナーゼ	銅(Cu)/鉄(Fe)	パーキンソン，アルツハイマー型認知症
チロシナーゼ	銅(Cu)	しみ，ほくろ
セイヨウワサビ	鉄(Fe)	殺菌
シトクロム P450	鉄(Fe)	肝硬変
ミエロペルオキシダーゼ	鉄(Fe)	感染症予防
一酸化窒素合成酵素	鉄(Fe)	高血圧症，血圧調整
グルコースオキシダーゼ		糖尿病，腎疾患

した．これら金属酵素の多くが，式(2.17)に示した金属と酸素の複合体として働いていることがわかる．

$$M^+ + O_2 \longrightarrow M^{2+}\text{-}O_2^{\cdot -} \tag{2.17}$$

これまでの議論では，酸化ストレス傷害を引き起こすのは活性酸素およびフリーラジカルであるとしてきた．金属酵素付加体はフリーラジカル特性を示すことから，活性酸素種および活性窒素種として分類している．

2.10 フリーラジカルとしての性質をもつ気体分子

フリーラジカルは一つ以上の不対電子をもつ原子あるいは分子と定義されている．しかしながら，フリーラジカル特性をもつ分子種が存在することは知られていない．最近の研究では，水素，窒素，一酸化炭素，二酸化炭素もフリーラジカル特性をもつ四極子分子である．このような特性は，体内におけるエネルギー代謝にかかわる基本的な機構といえる．

酸素は電気的なエネルギーを吸収し，活性酸素種および活性窒素種を生成する．電池は一定の電圧をもっていて，通電すると物質に電子を付与し，スーパーオキシド($O_2^{\cdot -}$)を生成させる．最近，話題になることが多くなった神経細胞の電子伝達系も通電する物質を介して電気的な情報を伝達していることがわかる．最も電子を伝達する物質として考えられるのが溶存酸素である．溶存酸素の量は，水のpHや細胞を構成する脂質分子によって勾配がついており，電子情報の受け渡しをしているのが溶存酸素である可能性は高い．

このような電子伝達にかかわる物質として，フリーラジカル分子である一酸化窒素(NO)がある．四極子分子とよばれる窒素や二酸化炭素，水素も電子媒体としての特性をもっている．さらに，生体内ではNaやKのような必須ミネラルと，ZnやCu，Fe，Mo，Vなど微量ミネラルの多くが電子伝達物質としての役割を担っていることは知られていない．たとえば，認知症障害の患者の脳に蓄積している黒色色素中に鉄イオンが存在していることは知られているが，これが電子伝達系を抑制しているという考えはない．

それでは，最も簡単な活性酸素種について述べる．先に述べたように電気放電は活性酸素種および活性窒素種を生成させる最もシンプルな系である．水に一定電圧をかけると，陽極で活性酸素種および活性窒素種が，陰極で還元活性種が生成する．純粋な絶縁体なので通電しないため，無機イオンを溶解させると通電できる．生体

内には，Na$^+$，K$^+$，Cl$^-$をはじめ，さまざまな無機イオンが溶解している．そのため，体外から摂取した陽イオンや陰イオンのバランスによって，血液の酸化還元電位が変化する．このようなしくみで，溶解した酸素はスーパーオキシド($O_2^{\cdot -}$)を生成する．

2.11 まとめ

　21世紀の人類が直面する最大の課題は水と食糧の確保である．とくに，飲用できる淡水は地球上にある水のわずか約1％で，大気の循環システムや土壌への浸透サイクルのなかで浄化および再生されている．大気中の酸素濃度はおおよそ一定に保たれている．一方，水に溶解する酸素の濃度は温度の影響を受けやすく，酸素濃度が数％変化すると，自然界において好気性生物に与える影響は計り知れない．酸化ストレス研究は酸素と水を生物媒体とする現象であるが，地球環境の変化が密接にかかわっていることへの理解も必要である．

参考文献

1) 桜井 弘，『元素111の新知識』，講談社 (1997)，p. 65.
2) 中野 稔，戸垣博子，手老省三，池上雄作，『元素からみた生化学』，金芳堂 (2011)，p. 118.
3) 日本化学会 編，『〈CSJ カレントレビュー〉活性酸素・フリーラジカルの科学：計測技術の新展開と広がる応用』，化学同人 (2016)，p. 31.
4) M. Kohno, T. Mokudai, T. Ozawa, Y. Niwano, *J. Clin. Biochem. Nutr.*, **49**(2), 96 (2011).
5) Y. Matsumura, A. Iwasawa, T. Kobayashi, T. Kamachi, T. Ozawa, M. Kohno, *Chem. Lett.*, **42**, 1291 (2013).
6) Y. Mizuta, T. Masumizu, M. Kohno, A. Mori, L. Packer, *Biochem. Mol. Biol. Int.*, **43**, 1107 (1997).
7) 大瀧仁志，『イオンの水和』，共立出版 (1990)，p. 10.
8) S. Arrehnius, *Z. Physik. Chem.*, **11**, 808 (1983).
9) H. S. Harned, B. B. Owen, "The Physical Chemistry of Electrolyte Solution," Reinhold Publishing (1958), p. 638.
10) 中野 稔，浅田浩二，大柳善彦 編，『〈蛋白質核酸酵素 臨時増刊号〉活性酸素：生物での生成，消去作用の分子機構』，共立出版 (1988)，p. 14.
11) H. S. Harned, B. B. Owen, "The physical Chemistry of Electrolyte Solution," Reinhold Publishing (1958), p. 638.
12) K. Matsuo, Y. Takatsuji, M. Kohno, T. Kamachi, H. Nakada, T. Haruyama, *Electrochem.*, **83**, 721 (2015).
13) M. Eigen, L. De Maeyer, *Z. Electrochem.*, **59**, 986 (1955).
14) B. L. Trout, M. Parrinello, *Chem. Phys. Lett.*, **288**, 343 (1998).
15) P. L. Geissler, C. Dellago, D. Vhandler, J. Hutter, M. Parrinello, *Science*, **291**, 2121 (2001).
16) E. R. Lippincott, R. R. Stromberg, W. H. Grant, G. L. Cessac, *Science*, **167**, 1482 (1969).

17) M. S. Werthein, *J. Chem. Phys.*, **55**, 4291 (1971).
18) M. Sprik, J. Hutter, M. Parrinello, *J. Chem. Phys.*, **105**, 1142 (1996).
19) K. Liu, M. G. Brown, C. Carter, R. J. Saykally, J. K. Gregory, D. C. Clary, *Nature*, **381**, 501 (1996).
20) 日本化学会 編,『〈CSJ カレントレビュー〉活性酸素・フリーラジカルの科学：計測技術の新展開と広がる応用』, 化学同人 (2016), p. 14.

第3章

活性酸素およびフリーラジカルを生成させる物理的・化学的な因子

3.1 はじめに

　ヒトは，温度や気圧，電磁波，地球磁場などの自然環境下で恒常性を維持し，生命活動を営んでいる．そのため，自然条件を抜きにして酸化ストレス研究を語ることはできない．

　本章では，活性酸素およびフリーラジカルの成因となる自然条件に言及し，酸化ストレスが引き起こされる機構との関連性について解説する．活性酸素およびフリーラジカルを生成させる環境要因は何であろうか．これまでの研究において，温度，気圧，電圧，電磁波，磁場などが酸素や窒素や水などの活性化にかかわる物理的因子であることがわかっている．最新情報では，赤外線や遠赤外線などの電磁波がヒトの恒常性を維持するうえで有用であることもわかってきた．X線や放射線，紫外線はヒトに有害な電磁波であるが，微生物やウイルスなど病原菌を（直接あるいは間接的に）殺菌することができ，生活環境を保全するために重要な役割を担っている．一方，ヒト体内においても，活性酸素およびフリーラジカルは微生物の殺菌・減菌を担うことで，恒常性の維持に貢献している．

　それでは，ヒトに有害な環境因子あるいは有用な環境因子とは何であろうか．この課題について，物理的・化学的な観点から検証する．

3.2 活性酸素およびフリーラジカルの生成に関与する環境因子

　図3.1に示したように，紫外線，超音波，高温，電圧，放電，金属イオンなどの

3.2 活性酸素およびフリーラジカルの生成に関与する環境因子

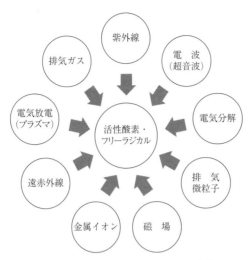

図3.1 酸素活性化に関与する物理的・化学的な因子

物理的な因子によって，酸素や窒素などの気体分子を媒体として，化学的因子となる活性酸素やフリーラジカルが生成する．活性酸素およびフリーラジカルの生成系は環境応用あるいは生体応用など，幅広い分野で利用されている[1〜8]．

とくに紫外線は，感染予防のための殺菌・滅菌技術として，水の浄化や空気清浄に利用されている．しかし，環境浄化技術を酸素の活性化と結びつけて説明されていることは少ない．その理由は，科学的な検証や理論の構築がなされていないためである．

生活環境とは，個人にとっては外界現象である．生活環境を分類すると，次のようになる．

（1）物理的な環境：空気，光，熱，放射線，磁場など
（2）化学的な環境：ガス，蒸気，粉塵，溶剤，金属など
（3）生物的な環境：細菌，ウイルス，寄生虫など
（4）社会的な環境：人との交流，家庭，学校，産業，都市など
（5）文化的な環境：生活習慣，宗教など

日常生活において，生命活動に直接関係する環境因子には，次のようなものがある．

（1）空気——気温，気流，気圧，大気汚染物
（2）土地——地温，磁気，土地成分（有機物，無機物）

酸化ストレスの研究では，環境因子と活性酸素およびフリーラジカルの生成と消去に結びつけて深耕することが求められる．

3.3 活性酸素およびフリーラジカルに関与する生物学的な因子

　自然環境の保全に関係しているのが，紫外線や放射線，赤外線，遠赤外線などの電磁波である．電磁波には波動性と粒子性の2面性がある．波動性とは生命物質に対して波動的なエネルギーを与え，分子や原子のレベルで共振現象を起こさせ，物質の特性を変化させたり発熱させたりすることである．一方，粒子性は金属や半導体などの自由電子や陽イオンなどに磁波的なエネルギーを与え，物質の特性を変化させることである．物質が電磁波エネルギーを吸収する現象は，自然環境が固有のエネルギー場を形成していることを意味する．

　電磁波と活性酸素およびフリーラジカルの関係については，紫外線や放射線の生体に与える影響について幅広く研究されてきた．とくに，紫外線や超音波，プラズマ放電を利用して湖沼や大気を浄化処理し，空気清浄に応用する技術開発が進められている[9〜16]．さらに，近年注目されているのが赤外線や遠赤外線（テラヘルツ波）の生体作用である．生物の多くは，つねに太陽光を起源とする電磁波にさらされている．なかでも，赤外線による保温効果や遠赤外線による酸素の活性化が期待される．ヒトの場合，育成波長とよばれる6〜100 μmの波長の遠赤外線は，吸収すると皮膚表面や深部体温の上昇，血流を上昇，血圧低下，神経細胞を刺激するといった効果について，議論がなされている．遠赤外線は効率よく水に吸収されるといわれているが，その機構は解明されていない．そのため，電磁波を吸収する生体内のエネルギー場の存在について，検証が必要となる．

3.3.1　ヒトの恒常性維持に関係する電磁波作用

　地球に到達する電磁波スペクトルの周波数は，図3.2に示したように超低周波（長波長側）からガンマ線（短波長側）にわたって広がっており，その規模は数千kmの長さから原子の幅をも下回る長さまで無限に広がっている．電磁波の波長，周波数とそのおおよその大きさ，特定波長領域の呼称などを図3.2の模式図に示した．

　太陽から放出される高出力の電磁波を吸収しているのが大気中の窒素と酸素であり，短い波長（放射線）の電磁波を窒素が，より長い電磁波（紫外線）を酸素が吸収している．たとえば，大気中の酸素は紫外線を吸収してオゾンが生成するが，その過程では一重項酸素（$^1O_2$）が生成し，より短波長のX線やガンマ線などの放射線は大

3.3 活性酸素およびフリーラジカルに関与する生物学的な因子 ● 51

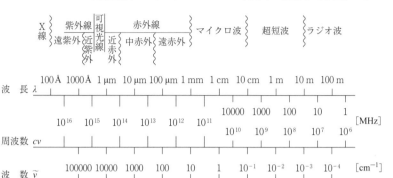

図3.2 電磁波の周波数と電磁波エネルギーの関係

気中の窒素に吸収され，活性窒素（窒素ラジカル）などの窒素酸化物を生成すること，さらには地上に到達した電磁波（赤外線，遠赤外線）を水が吸収していることなどが明らかにされている．したがって，地球環境に由来する生体の酸化ストレスが化学的・物理的な因子によって引き起こされることを理解するのは，酸化ストレス機構を解明するうえで重要だといえる．

酸化ストレス研究の一環として，超音波や紫外線を水に照射し，水中で生じる活性酸素およびフリーラジカルの生成機構を明らかにする研究もある．とくに，水の分解機構に水の解離イオン生成が関与していること，水に溶解した酸素から活性酸素・フリーラジカルである水素原子（H・）やヒドロキシルラジカル（HO・），一重項酸素（$^1O_2$）が生成すること，活性酸素・フリーラジカルが微生物殺菌に関与することなどについて報告されている[9, 10]．

3.3.2 紫外線から遠赤外線までの光の示す固有のエネルギー

電磁波エネルギーを吸収する物資が水や空気であり，これがヒトの酸化ストレスの原因になることはわかっている．ここでは，自然環境下で引き起こされる酸化ストレス反応を自然環境が誘起するエネルギーと生体が受けとるエネルギー受容体のバランスであると定義している．一方，生体における酸化ストレスの定義では，活性酸素およびフリーラジカルの酸化力と抗酸化物質の還元力のバランスとして説明できる．そのため，酸化ストレスの強さを酸化還元反応を制御する物理的な指標である酸化還元電位（エネルギー量）として表現することができる．

電磁波エネルギーの強さを知るために，電磁波の周波数とエネルギーの式（3.1）の関係を示した．図3.2に示した電磁波エネルギーを，周波数νに換算すると，光

子エネルギー(E)を求めることができる．すなわち電磁波スペクトルは，これらの等価な3種類の値によって表現される．これら三つの値は真空中において次のような関係にある．

$$E = h\nu \tag{3.1}$$

$$\lambda = \frac{c}{\nu} \tag{3.2}$$

c は真空中の光速であり $299,792,458(3 \times 10^8)$ m s^{-1} である．h はプランク定数である．$h = 6.626 \times 10^{-34}$ J s $= 4.13567 \times 10^{-15}$ eV s

式(3.1)より光子エネルギー(ΔH)と周波数(ν)，波長(λ)の関係が求まる．式(3.2)の周波数と波長の関係式から，さまざまな電磁波のエネルギーが計算できる．

$$\Delta E = 3.99 \times 10^{-10} \times 〔周波数(\mathrm{Hz}) : \nu〕 \tag{3.3}$$

$$\Delta E = 3.99 \times 10^{-10} \times (\nu = \frac{c}{\lambda}) = \frac{0.1197}{\lambda} \mathrm{m} \tag{3.4}$$

これらの値からの1.0 THz = 0.339 kJ mol^{-1} が求まる．また，1.0 eV = 96.4 kJ mol^{-1} である．

表3.1に，式(3.1)から式(3.4)を使って求められる紫外線，可視光線，赤外線，遠赤外線のもつ波長や波数，電磁波エネルギーの関係性を示した．表中にあるNASA(アメリカ航空宇宙局)で研究された育成波長とよばれる遠赤外線の示すエネルギー量は生体物質である水や酸素の活性化にかかわることを示唆している．

表3.1 電磁波の波長と周波数，エネルギーの関係

色	波長(nm)	周波数(THz)	エネルギー(eV)
紫外	180～400	1667～750	6.90～3.10
紫	380～450	789～667	3.26～2.76
青	450～495	667～606	2.76～2.51
緑	495～570	606～528	2.51～2.18
赤	620～750	483～400	2.00～1.65
近赤外	750～1500	400～200	1.66～0.83
遠赤外	4000～1000000	75～0.3	0.31～1.24
育成波長	4000～14000	75～21	0.31～0.89

3.3.3 電子媒体としての水を活性化する電磁波エネルギー

高齢化によって認知症問題で取りあげられることが多くなったのが神経細胞の電

子伝達系の話題である．好気性生物の多くは，酸素を媒体として電子を供給しているが，脳内では神経伝達物質のドパミンを介して電気的情報を伝達している．水中の溶存酸素の量はpHや細胞を構成する脂質分子の種類によって溶解する量が異なるため，電子の受け渡し量は変化する．電磁波が示す光子エネルギー（エネルギー量子）の単位は，取り扱う分野によってさまざまである．しかし，どれもトレーサビリティ（追跡可能性）があって，ジュール熱として表すことができる．式(3.1)から，遠赤外線効果を示す10 THz(1×10^{13} Hz)の周波数を波長に換算すると，式(3.5)のようになる．

$$\lambda = \frac{3 \times 10^8 \text{ m}}{1 \times 10^{13} \text{ Hz}} = 3 \times 10^{-5} \text{ m} = 30 \text{ μm} \tag{3.5}$$

ちなみに，紫外線254 nmの光を周波数に換算すると，式(3.6)のようになる．

$$\nu = \frac{c}{\lambda} = \frac{3 \times 10^8 \text{ m}}{254 \times 10^{-9} \text{ m}} = 1.15 \times 10^{15} \text{ Hz} (1150 \text{ THz}) \tag{3.6}$$

このように，電磁波の光子エネルギーを求めると，遠赤外作用の研究で用いるTHz(テラヘルツ)帯，超音波殺菌に用いる1.65 MHzのラジオ波帯，加熱調理する電子レンジでは2.45 GHzのマイクロ波帯を利用していることがわかる．これらの電磁波エネルギーは，いずれも水分子を活性化し，ヒドロキシルラジカルの生成と関連させて述べることができる．電磁波エネルギーと物質の結合解離エネルギーとの関係により，活性酸素およびフリーラジカルの生成に関与する電磁波の役割がわかる．

3.3.4 電磁波エネルギーを吸収した水と気体分子の変化[17, 18]

物理的なエネルギーで活性化する分子種は水分子である．水の結合解離エネルギーは約5.1 eVである．化学実験では，乾電池(2.5 eV)を使って電気分解をしている．気体分子である酸素と水素の生成は確認できるが，水を分解するエネルギーには達していない．しかし，超音波分解の実験を行うと，図3.3に示すESR(electron spin resonance)スペクトルが観測される[9]．

図3.4に，1650 kHz(50 W)の超音波を25℃で1分間照射したときに観測されるESRスペクトルを示した．超微細分裂の解析によって，図中にはDMPO(5,5′-dimethyl-1-pyrroline N-oxide)-HとDMPO-OHの2種類のESRスピン付加体の信号が観測されている．水の分解で，水素原子(H・)とヒドロキシルラジカル(HO・)が生成することが示された[9]．

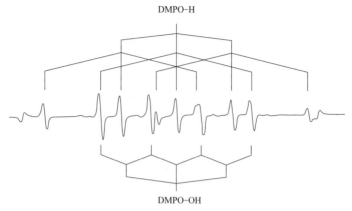

図3.3 アルゴンガスで飽和させた水に超音波照射して観測された ESR スペクトル

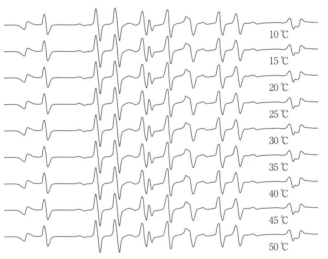

図3.4 アルゴンガスで飽和させた水の超音波分解で観測された
ESR スペクトル

　水の分解で生じる DMPO-OH および DMPO-H のスピン付加体の信号は，水の温度に依存して可逆的な変化を示した．観測された ESR 信号の温度変化は図3.5に示した．図3.5の DMPO-H は温度に依存して減少し，DMPO-OH は温度に依存して増加することが示された．

　図3.3～図3.5から明らかなように，水中には超音波で分解されるおもに二つの分

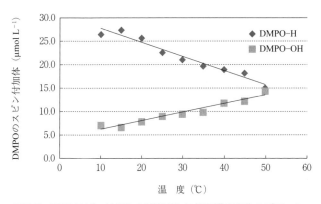

図3.5 ESRスピン付加体の温度変化に伴う濃度変化のプロット

子種が存在する.さらに,スペクトルの変化からDMPO-HとDMPO-OHを発生させる性質の異なる水分子も存在する.これまでの超音波による水分解の機構はキャビテーション理論で説明されてきた.これは,水の直接分解が生じることを前提とした理論で,水分解の機構を $H_2O \longrightarrow H\cdot + HO\cdot$ (5 eV)として説明している.しかし,一方でこの報告では,水溶液中の二つの特性の異なる水分子の存在が示唆されている.そこで,解離イオン平衡のエネルギーと二つのフリーラジカル生成に関係する活性化エネルギーを求めると,式(3.7)~式(3.9)のようになった[9].

$$2H_2O \rightleftharpoons (H_3O)^+(HO)^- \quad +55.8 \text{ kJ mol}^{-1}(+0.58 \text{ eV}) \quad (3.7)$$

$$(H_3O)^+(HO)^- \longrightarrow HO\cdot \quad -12.8 \text{ kJ mol}^{-1}(-0.13 \text{ eV}) \quad (3.8)$$

$$(H_3O)^+(HO)^- \longrightarrow H\cdot \quad +10.9 \text{ kJ mol}^{-1}(+0.11 \text{ eV}) \quad (3.9)$$

これらの式から,超音波実験に使用した装置の出力と,水の結合解離エネルギーの関係を求めることができる.電磁波の波長固有のエネルギー量と仕事量(W:ワット)で表される電磁波エネルギー(出力)の関係を調べると,水の結合解離エネルギーの10%程度で分解する.この結果から,式(3.7)~式(3.9)に示した活性化エネルギーの値は,水中の解離イオンの結合解離平衡に関係していることが示された.

それでは,より波長の短いX線や放射線は何を吸収しているのであろうか.そこで,短波長の宇宙線が地上には到達しない理由を考えてみた.宇宙線のエネルギー計算によると,大気中の窒素ガスは短波長の電磁波を吸収している.窒素の酸化還元結合解離エネルギーは約10 eV,一方酸素の結合解離エネルギーは約5 eVと,水と同程度である.実際に,酸素や窒素の分解を常温プラズマ発生装置を用いて行

表3.2 電磁波エネルギーとエネルギー吸収媒体

活性酸素およびフリーラジカルの成因	エネルギー吸収媒体
放射線	窒素, 酸素, 水
紫外線	窒素, 酸素, 水
可視光	水, 解離イオン
赤外線	解離イオン, 溶存気体
遠赤外線	解離イオン, 溶存気体
ラジオ波, マイクロ波	解離イオン, 溶存気体
電解電圧	水, 金属イオン
放電電圧	酸素, 窒素

うと,高圧放電によって窒素は分解し,その過程で活性窒素種が生成し,窒素からアンモニアや窒素酸化物も生成することがわかってきた〔式(3.10)〕.

$$\begin{aligned} &N_2 \longrightarrow {}^4N \\ &{}^4N + nH_2O \longrightarrow NH_4OH \\ &{}^4N + O_2 \longrightarrow NO \longrightarrow NO_2 \longrightarrow NO_2^- \end{aligned} \quad (3.10)$$

同様に,酸素の放電で生じるオゾンや一重項酸素の産生も確認されている〔式(3.11)〕.

$$\begin{aligned} &O_2 \longrightarrow 2\,{}^3O \\ &2\,{}^3O \longrightarrow {}^1O_2 \longrightarrow O_2 \\ &O_2 + 2\,{}^3O \longrightarrow O_3 \end{aligned} \quad (3.11)$$

式中の^4Nや^3Oは気体の紫外部の分光測定で確認されている.

ここで示したように,大気中の酸素と窒素,水ともに地球環境の保護因子(抗酸化因子)であることがわかった[14, 15].

表3.2に,放射線,紫外線,赤外線,遠赤外線,マイクロ波,ラジオ波などの電磁波と電磁波を吸収する電子媒体(生物媒体)の関係を示した.

3.3.5 生物媒体としての役割を担う水の特性を変化させる気体分子

水は,自然条件下(常温,常圧,自然光,地球磁場)で,固有のエネルギー場を形成している.水の解離イオン濃度は水温に依存して上昇する.同様に,溶存気体の濃度も変化する.このときの活性化エネルギー(エンタルピー:ΔH)は次のとおりである.

3.3 活性酸素およびフリーラジカルに関与する生物学的な因子

$$2H_2O + O_2 \xrightarrow{\Delta E} 2H_2O - O_2 \qquad (3.12)$$
$$\Delta E = -16.5 \text{ kJ mol}^{-1}$$

$$2H_2O + N_2 \xrightarrow{\Delta E} 2H_2O - N_2 \qquad (3.13)$$
$$\Delta E = -11.8 \text{ kJ mol}^{-1}$$

水の結合解離エネルギー(ΔH)は，+28.1 kJ mol^{-1}である．このエネルギーに相当する周波数は2.145 THz，波長は6.4 μmとなる．一方，溶存酸素が水分子から放出されるエネルギーは-16.5 kJ mol^{-1}なので，波長を換算すると約3.8 μmとなる．同様に，溶存窒素の放出されるエネルギーは-11.8 kJ mol^{-1}では2.7 μmとなる．このように，計算化学から求めたエネルギー量は遠赤外線を吸収する物質の結合エネルギーや溶存酸素，溶存窒素に関係することを示唆している．ただし，どのような形で水と結合しているかは明らかにされていない．

さらに溶存酸素濃度は，水の違い，たとえばpHや含まれる有効塩素濃度によって特性が変化する(図3.6)．強酸性水は蒸留水より酸素の溶解度が高く，アルカリイオン水や水道水は溶存酸素量の温度変化が少ないといった特徴がある[8]．このような水にエネルギーが付与されると，溶存酸素の変化が観測される．遠赤外線効果が水への吸収であると仮定すれば，酸素代謝に関係することが予想される．

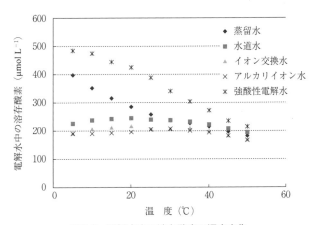

図3.6 電解水中の溶存酸素の温度変化
強酸性電解水，アルカリイオン水は3％食塩水の電気分解(10分)で得た水を使用．コントロールとして蒸留水，常水として水道水を用いている[8]．

3.3.6 遠赤外線がなぜ,育成波長とよばれるのか

　黒体輻射の原理によって室温より高い熱源である体温を吸収し,体温の上昇分だけ遠赤外線光（6〜20 μmの遠赤外線）をヒトの体内の水に照射することとなる.ヒトは,室温や自然光などを吸収して遠赤外線を放射することになる.これは,遠赤外線効果とよばれ,遠赤外線には末梢血中の水分子を励起し,酸素を放出することで,末梢血流を増加させる効果を示す.一方,ヒトの発している遠赤外線を吸収し,脳内の深部温度を低下させる.このことによって,交感神経が刺激され,アドレナリンが誘導されて,全身の温度（体温）が上昇する.体内に入ったウイルスや細菌,異物などから自分自身の体を守る力が低下すると,多くの疾病を引き起こす.おもに白血球がその役割を担う.ヒトの免疫機構は図3.7に示したように説明されている.免疫というのは実体的な言葉で,感染や病気,あるいは望まれない侵入生物を回避するために十分な生物的な防御能力をもっている状態を指す.

　免疫に関与する活性酸素およびフリーラジカルの生成機構は幅広く議論されているが,どのような活性分子種が関与するかについては,明らかにされていない.とくに,白血球細胞は活性酸素種であるスーパーオキシド（$O_2^{\cdot-}$）〔式（3.14）〕やヒドロキシルラジカル（HO・）〔式（3.15）〕,一重項酸素（$^1O_2$）を生成することで,ウイルスや細菌,異物などを酸化的に分解しているといわれているが,活性窒素種の一酸化窒素の生成との関係も議論されていて,機構解明は混沌とした状態にある[19〜21].

　免疫力については,免疫細胞の数なのか,免疫細胞の機構なのかについての議論がされていないことも問題である.テラヘルツ波には免疫力を高める効果があるといわれているが,テラヘルツ波が水および水に溶解している酸素にエネルギーを与え,活性酸素の産生が検証できれば,免疫力の亢進の機構が明らかになる〔式（3.16）〕.そこで,酸素からスーパーオキシドや過酸化水素を産生するエネルギーとそれに応答する波長周波数が計算できる.エネルギー計算から,遠赤外線によってスーパーオキシドを産生できることが示唆される.

図3.7　ヒトのもつ免疫力

$$O_2 \rightleftarrows O_2^{\cdot -} \tag{3.14}$$
$$\Delta E = -0.43 \text{ eV} = 3 \text{ μm} = 10.3 \text{ THz(中遠赤外領域)}$$
$$O_2 + 2H^+ + 2e \rightleftarrows H_2O_2 \tag{3.15}$$
$$\Delta E = -0.68 \text{ eV} = 1.8 \text{ μm} = 16.4 \text{ THz(中遠赤外領域)}$$
$$H_2O_2 + 2H^+ + 2e \rightleftarrows H_2O + O_2 \tag{3.16}$$
$$\Delta E = +1.77 \text{ eV} = 0.7 \text{ μm} = 295 \text{ THz(近赤外,紫外領域)}$$

遠赤外線は酸素からスーパーオキシドを産生し,免疫力を高める作用を示す可能性がある.

3.4　有機物質における活性酸素およびフリーラジカルの化学的な成因

表3.3に示したように,農薬や抗がん剤,解熱鎮痛剤,抗菌剤,抗結核剤などの有機化合物中に活性酸素およびフリーラジカルを産生させる物質が存在することが知られている.自動酸化とよばれるこれら有機化合物の反応も,酸化還元電位で制御されていることは知られていない.これらのエネルギーを生みだす条件として,光や熱,磁場,気圧などの環境因子が関係することが必要となる.

この場合にも,生体内で生じている酸化ストレス反応と同様に,ごく微弱のエネルギー場の存在が重要となる.換言すると,酸素分子の活性化機構が重要である.活性酸素およびフリーラジカルを産生する電子媒体が酸素と水であることは,生体内あるいは生体外の反応でも共通である.

表3.3　活性酸素およびフリーラジカルの生成に関係する有機化合物とその機能

酸素から始まる4電子還元反応は重要で,電子媒体となる物質が過酸化水素,硝酸,亜硝酸などとなる	麻酔剤	ハロセン
	抗がん剤	アドリアマイシン(ドキソルビシン),ダウノルビシン,マイトマイシンC,ブレオマイシンなど
	解熱・鎮痛・抗炎症剤	アセトアミノフェン(パラセタモール),アミノピリン,アスピリン
	抗菌剤	ニトロフラントイン
	抗結核剤	イソニアジド,イプロニアジド
	抗生物質	マイトマイシンC,クロラムフェニコール
	精神安定剤	クロルプロマジン
	抗原虫剤	メトロニダゾール
	その他	四塩化炭素,エタノール,フェニルヒドラジン,ブロモベンゼン,バルビツール,クロロキン,パラコート,アクリロニトリル,ディルドリン,DDT,BHCなど

3.4.1 自動酸化でスーパーオキシドを生成させる化合物

パラコートは，細胞内に入ると NADPH などから電子(酸素)を奪ってパラコートラジカルとなる．パラコートラジカルが酸化(nH_2O)されて元のパラコートイオンに戻る際に活性酸素が生じ，細胞内のタンパク質や DNA を破壊し，植物を枯死させる．パラコートは触媒的に何度もこの反応を繰り返すので，少量でも強い毒性を示す．NADPH は動物体内にもあるため，同様の反応を起こす．パラコートは，肺に能動的に蓄積する性質があるため，致死量を摂取すると最終的に間質性肺炎や肺線維症が起こる．

6-ヒドロキシドパミン(6-OH-DA)は，神経科学においてドパミン作動性ニューロンおよびノルアドレナリン作動性ニューロンを選択的に変性除去するために用いられる神経毒である．6-OH-DA は，ドパミンおよびノルアドレナリンの再取り込み輸送体によってニューロンに取り込まれる．ここでは，チロシナーゼ酵素の基質となるため，酸化中間体のドーパキノンラジカルを生成させる．ドーパキノンラジカルと酸素との反応によってスーパーオキシド(O_2^-)の産生が認められている．

自動酸化ではないが，リボフラビンに紫外線を照射すると，スーパーオキシドが産生する．さらに，エネルギー代謝系におけるユビキノンについてもキノンラジカルを経由してスーパーオキシドを生成することが認められている．ここで，抗がん剤のアドリアマイシン，マイトマイシンがユビキノンに代わる基質として働く．そのため，薬物代謝に関係する体内酵素が基質とする化合物や，その類縁化合物の多くがスーパーオキシドを産生する．スーパーオキシドの産生は，ヒドロキシルラジカル(HO・)，過酸化水素(H_2O_2)，一重項酸素($^1O_2$)などを連鎖的に生成するため，生体内の酸化ストレス傷害を引き起こすことになる．

3.4.2 酸化ストレス傷害を増幅する有機化合物

喫煙ガスや焼き魚，脂質食品などに含まれる過酸化ラジカルは体内で水を媒体として不活性化する．その過程でヒドロキシルラジカルや一重項酸素が産生する．そのほかに，酸化ストレス傷害を増強する化合物には糖代謝物である α-アルデヒド化合物であるグリオキサール，メチルグリオキサール，ピルビン酸などがある．これらは糖代謝機構で産生する．このようなアルデヒド化合物は自己酸化反応をしないが，活性酸素のヒドロキシルラジカルと反応して，過酸化ラジカルやアルコキシルラジカルを生成し，細胞膜障害を亢進する．

体内でのヒドロキシルラジカルの生成には免疫細胞(NADPH オキシダーゼ)がかかわっているが，体外では紫外線と水の反応によって生成する．このような生理的

な現象から，ヒドロキシルラジカルの生成が糖尿病合併症である視神経障害や，末梢血管の炎症，脳梗塞や心筋梗塞の発症に関係することが示唆されている．

3.5 無機イオンと金属イオンにおける活性酸素およびフリーラジカルの化学的な成因

生命の発生と進化，そして存続の過程には，現代科学の水準からみて，28種類の元素が必須である．通常，生体必須という言葉は，とくにことわらない場合にはヒトの生命維持に必要な元素である．栄養学におけるミネラルあるいは無機質は必須元素から水素，炭素，窒素，酸素を除いたものをいう．必須元素は，11種類の主要元素と17種類の微量元素とに分けられる．主要元素は，比較的どこでも存在していてそれほど摂取に困らないような元素で，またそれだけ必要とする量も多い．微量元素は，必要量が微量な元素である．生体内には，比較的大量に存在する元素であるC, H, N, O, S, P, Ca, K, Na, Cl, Mg の11種類と，微量にしか存在しない無機元素である As, Co, Cr, Cu, F, Fe, I, Mn, Mo, Ni, Pb, Se, Si, Sn, V, Sr, Zn の17種類がある．電解質ミネラルは体重の約3％を占め，Ca, P, S, K, Na, Cl, Mg の7種類の準主要元素や，Fe, Zn, Cu, I, Se, Mn, Mo, Cr, Co の9種類の微量ミネラルが必須栄養素として恒常性維持の働きをしている[22]．

これらは，細胞膜の機能を保つ役割を果たしている．主要なミネラルは，体液の酸化還元電位を変化させる役割を担っているので，活性酸素種および窒素活性種の生成機構に関係する．それでは，酵素の機能はどのようにして生まれるのであろうか．それに関係するのが，ミネラルとよばれる微量金属の存在である(表3.4)．金属イオンは生体内では合成できないので，食事を通じて摂取する必要がある．

活性酸素およびフリーラジカルの研究では，Fenton 反応や Haber-Weiss 反応といった金属イオンの関与する反応が重要であるといわれてきた．この場合，生体内に存在する銅イオンや鉄イオンが想定されているが，血液や組織中で金属イオンが単独で存在することはない．酸化ストレス反応に関与する金属イオンでとくに注目されているのが鉄イオンで，酸素運搬にかかわるヘモグロビンやミオグロビン，酸化還元制御に関係するトランスフェリン(Fe)がある．一方，セルロプラスミン(Cu)，活性酸素産生にかかわるモリブデン(Mo)，スーパーオキシドジスムターゼの銅(Cu)やマンガン(Mn)，亜鉛(Zn)なども酸化ストレス反応に関与している．表3.4に，活性酸素およびフリーラジカルの生成と消去に関係する生体内の金属化合物について示した．

表3.4 酸素活性化の酵素と金属イオン

活性酸素および活性窒素の産生系	
酵素タンパク質系	金属イオン
キサンチンオキシダーゼ	モリブデン(Mo)
NADPH-シトクロム P450レダクターゼ	鉄イオン(Fe)
NADH デヒドロゲナーゼ	鉄イオン(Fe)
NADPH オキシダーゼ	鉄イオン(Fe)
チロシナーゼ(I)(動物)	鉄イオン(Fe)/銅イオン(Cu)
チロシナーゼ(II)(植物)	鉄イオン(Fe)
セイヨウワサビオキシダーゼ	鉄イオン(Fe)
シトクロム P450	鉄イオン(Fe)
ミエロペルオキシダーゼ	鉄イオン(Fe)
一酸化窒素合成酵素	鉄イオン(Fe)
グルコースオキシダーゼ	鉄イオン(Fe)
抗酸化酵素系	
スーパーオキシドジスムターゼ	銅(Cu)/亜鉛(Zn)
	マンガン(Mn)
カタラーゼ	鉄(Fe)
グルタチオンオキシダーゼ	セレン(Se)
トランスフェリン	鉄(Fe)
セルロプラスミン	銅(Cu)

ここで重要なのは,金属イオンが固有の酸化還元電位をもっている点である.表3.5は金属イオンの標準酸化還元電位を示している.表3.5に示した金属酵素や金属タンパク質の示す酸化還元反応も金属イオンの酸化によって酸素が還元されるように,電子媒体となる酸素とイオン解離した水との相対的なエネルギーで表すことができる.

遷移金属イオンのなかで,電子スピンの総和が奇数となる原子は不対電子をもつことになり,フリーラジカルとして定義される.必須元素は生物が摂取することで得る生命維持に欠かせない元素である.これらの多くを占める遷移元素は,d軌道あるいはf軌道が部分的に電子により占領されている元素である.遷移元素の場合は,d電子数の変化に伴い固有の性質をもつため,周期表の族から単純に性質を予測することが難しくなり,元素ごとに多彩な性格を発揮することが知られている.

表3.6には遷移金属イオンの1個から10個の不対電子をd軌道に配列している.表3.6の不対電子が奇数個である場合は,不対電子をもつフリーラジカルとして分

3.5 無機イオンと金属イオンにおける活性酸素およびフリーラジカルの化学的な成因

表3.5 金属イオンの示す標準酸化還元電位[23]

反応	$E°$ (V)	反応	$E°$ (V)
$Li^+ + e^- \rightleftharpoons Li$	−3.04	$Cu^{2+} + 2e^- \rightleftharpoons Cu$	0.34
$Cs^+ + e^- \rightleftharpoons Cs$	−3.02	$[Fe(CN)_6]^{3-} + e^- \rightleftharpoons [Fe(CN)_6]^{4-}$	0.36
$Rb^+ + e^- \rightleftharpoons Rb$	−2.99	$Cu^+ + e^- \rightleftharpoons Cu$	0.52
$K^+ + e^- \rightleftharpoons K$	−2.92	$(1/2)I_2 + e^- \rightleftharpoons I^-$	0.53
$Ba^{2+} + 2e^- \rightleftharpoons Ba$	−2.90	$O_2 + 2H^+ + 2e^- \rightleftharpoons H_2O_2$	0.68
$Sr^{2+} + 2e^- \rightleftharpoons Sr$	−2.89	$Fe^{3+} + e^- \rightleftharpoons Fe^{2+}$	0.77
$Ca^{2+} + 2e^- \rightleftharpoons Ca$	−2.87	$Hg_2^{2+} + 2e^- \rightleftharpoons 2Hg$	0.79
$Na^+ + 2e^- \rightleftharpoons Na$	−2.71	$Ag^+ + e^- \rightleftharpoons Ag$	0.80
$Mg^{2+} + 2e^- \rightleftharpoons Mg$	−2.34	$2Hg^{2+} + 2e^- \rightleftharpoons Hg_2^{2+}$	0.91
$(1/2)H_2 + e^- \rightleftharpoons H^-$	−2.23	$(1/2)Br_2 + e^- \rightleftharpoons Br^-$	1.09
$Al^{3+} + 3e^- \rightleftharpoons Al$	−1.67	$IO_3^- + 6H^+ + 6e^- \rightleftharpoons I^- + 3H_2O$	1.09
$Mn^{2+} + 2e^- \rightleftharpoons Mn$	−1.18	$2IO_3^- + 12H^+ + 10e^- \rightleftharpoons I_2 + 6H_2O$	1.20
$Zn^{2+} + 2e^- \rightleftharpoons Zn$	−0.76	$O_2 + 4H^+ + 4e^- \rightleftharpoons 2H_2O$	1.23
$Fe^{2+} + 2e^- \rightleftharpoons Fe$	−0.44	$(1/2)Cl_2 + e^- \rightleftharpoons Cl^-$	1.36
$Cr^{3+} + 3e^- \rightleftharpoons Cr$	−0.41	$(1/2)Cr_2O_7^{2-} + 7H^+ + 3e^- \rightleftharpoons Cr^{3+} + (7/2)H_2O$	1.36
$Cd^{2+} + 2e^- \rightleftharpoons Cd$	−0.40		
$Ti^{3+} + e^- \rightleftharpoons Ti^{2+}$	−0.37	$MnO_4^- + 8H^+ + 5e^- \rightleftharpoons Mn^{2+} + 4H_2O$	1.52
$Ni^{2+} + 2e^- \rightleftharpoons Ni$	−0.26	$Au^{3+} + 3e^- \rightleftharpoons Au$	1.52
$H_3PO_4 + 2H^+ + 2e^- \rightleftharpoons H_3PO_3 + H_2O$	−0.20	$Ce^{4+} + e^- \rightleftharpoons Ce^{3+}$	1.74
$Sn^{2+} + 2e^- \rightleftharpoons Sn$	−0.14	$H_2O_2 + 2H^+ + 2e^- \rightleftharpoons 2H_2O$	1.77
$Pb^{2+} + 2e^- \rightleftharpoons Pb$	−0.13	$(1/2)S_2O_8^{2-} + e^- \rightleftharpoons SO_4^{2-}$	2.05
$H^+ + e^- \rightleftharpoons (1/2)H_2$	0.00	$O_3 + 2H^+ + 2e^- \rightleftharpoons O_2 + H_2O$	2.07
$Sn^{4+} + 2e^- \rightleftharpoons Sn^{2+}$	0.15	$(1/2)F_2 + e^- \rightleftharpoons F^-$	2.85
$Cu^{2+} + e^- \rightleftharpoons Cu^+$	0.16	$(1/2)F_2 + H^+ + e^- \rightleftharpoons HF$	3.03
$S_4O_6^{2-} + 2e^- \rightleftharpoons 2S_2O_3^{2-}$	0.17		

鵜沼英朗, 尾形健明,『〈理工系基礎レクチャー〉無機化学』, 化学同人(2007), p. 52.

表3.6 遷移金属類の電子配置と電子スピンの総和

d 電子配置		d^1	d^2	d^3	d^4	d^5	d^6	d^7	d^8	d^9
金属イオン		Ti^{3+} V^{4+}	V^{3+} Cr^{4+}	V^{2+} Cr^{3+} Mn^{4+}	Cr^{2+} Mn^{3+}	Fe^{3+} Mn^{2+} Cr^+	Mn^+ Fe^{2+} Co^{3+}	Fe^+ Co^{2+} Ni^{3+}	Co^+ Ni^{2+} Cu^{3+}	Ni^+ Cu^{2+}
電子スピンの総和 S	高スピン状態	$\frac{1}{2}$	1	$\frac{3}{2}$	2	$\frac{5}{2}$	2	$\frac{3}{2}$	1	$\frac{1}{2}$
	低スピン状態	$\frac{1}{2}$	1	$\frac{3}{2}$	1	$\frac{1}{2}$	0	$\frac{1}{2}$	1	$\frac{1}{2}$

類し,奇数個の場合でも五つのd軌道に一つずつ配置されたときは常磁性となる.スピン量子数の数で,遷移金属イオンの特性が表されていることがわかる.

3.6 まとめ

ヒトは自然環境下で生命活動を営んでいる.そのため,日常生活における物理的・化学的な条件が恒常性維持にかかわっている.しかし,気温や気圧,光などの作用を厳密に議論することは少ない.さらに,最近,地球磁場が生体作用に密接に関係していることが認められ,幅広い議論がされている.

参考文献

1) 日本化学会 編,『〈CSJ カレントレビュー〉活性酸素・フリーラジカルの科学:計測技術の新展開と広がる応用』,化学同人 (2016).
2) 中野 稔,浅田浩二,大柳善彦 編,『〈蛋白質 核酸 酵素 臨時増刊号〉活性酸素:生物での生成,消去作用の分子機構』,共立出版 (1988).
3) 中野 稔,戸垣博子,手老省三,池上雄生,『元素からみた生化学』,金芳堂 (2011).
4) 赤池孝章,末松 誠,『活性酸素—基礎から病態解明・制御まで』,医歯薬出版 (2013).
5) 山本雅之 監,赤池孝章,一条秀憲,森 泰生 編,『〈実験医学増刊〉活性酸素・ガス状分子による恒常性制御と疾患』,30, 17,羊土社 (2012).
6) 河野雅弘,造水技術,19, 1 (1993).
7) 生命・フリーラジカル・環境研究会 編,『水と活性酸素』,オーム社 (2002).
8) ウォーター研究会 編,『強酸性電解水の基礎知識』,オーム社 (1997).
9) M. Kohno, T. Mokudai, T. Ozawa, Y. Niwano, *J. Clin. Biochem. Nutr.*, **49**(2), 96 (2011).
10) A. Miyaji, Y. Gabe, M. Kohno, Y. Inoue, T. Baba, *Biochem. Biophys. Res. Commun.*, **483**, 178 (2017).
11) T. Takamatsu, K. Uehara, Y. Sasaki, H. Miyahara, Y. Matsumura, A. Iwasawa, N. Ito, M. Kohno, T. Azuma, A. Okino, *PLoS One*, **10**(7), e0132381 (2015).
12) K. Matsuo, Y. Takatsuji, M. Kohno, T. Kamachi, H. Nakada, T. Haruyama, *Electrochemistry*, **83**, 721 (2015).
13) A. Iwasawa, K. Saito, T. Mokudai, M. Kohno, T. Ozawa, Y. Niwano, *J. Clin. Biochem. Nutr.*, **45**(2), 214 (2009).
14) T. Suzuki, T. Noro, Y. Kawamura, K. Fukunaga, M. Watanabe, M. Ohta, H. Sugiue, Y. Sato, M. Kohno, K. Hotta, *J. Agric. Food Chem.*, **50**, 633 (2002).
15) H. Ikai, K. Nakamura, M. Shirato, T. Kanno, A. Iwasawa, K. Sasaki, Y. Niwano, M. Kohno, *Antimicrob. Agents Chemother.*, **54**, 5086 (2010).
16) T. Kanno, K. Nakamura, H. Ikai, T. Mokudai, E. Hayashi, M. Kohno, *Prosthodont. Res. Pract.*, **7**, 138 (2008).
17) 大瀧仁志,『イオンの水和』,共立出版 (1990).
18) 永山國昭,『〈シリーズ・ニューバイオフィジックス Ⅱ:2巻〉水と生命—熱力学から生理学へ』,共立出版 (2000).
19) H. Nakagawa, N. Ikota, T. Ozawa, T. Masumizu, M. Kohno, *Biochem. Mol. Biol. Int.*, **45**, 1129

(1998).
20) M. Tada, E. Ichiishi, R. Saito, N. Emoto, Y. Niwano, M. Kohno, *J. Clin. Biochem. Nutr.*, **45**, 309 (2009).
21) N. Yaekashiwa, E. Sato, K. Nakamura, A. Iwasawa, A. Kudo, T. Kanno, M. Kohno, Y. Niwano, *Arch. Oral Biol.*, **57**, 636 (2012).
22) 桜井 弘,『〈講談社ブルーバックス〉元素111の新知識』, 講談社 (1997).
23) 鵜沼英朗, 尾形健明,『〈理工系基礎レクチャー〉無機化学』, 化学同人 (2007), p. 52.

第4章

生体内への酸素の取込みと排出のしくみ

4.1 はじめに

　好気性生物である動物や植物は，酸素(O_2)を効率よく利用することにより進化を遂げてきた．ヒトは，生体外からタンパク質，脂質，炭水化物(糖質)などの三大栄養素を摂取し，酸素(O_2)を効率よく利用し，炭水化物や脂質を酸化的に分解してエネルギーを産生し，生命活動を維持している．しかし，ヒトの体を構成する組織や細胞のほとんどは，酸素(空気)の存在する外界とは直接接触していないため，酸素を外界から生体内へ取り込み，体のすみずみまで供給するとともに，組織や細胞で生成する二酸化炭素(炭酸ガス，CO_2)を生体外へ排泄する特殊なしくみ(呼吸器系)を備えている．

　呼吸器系とは，外界から生体内へ酸素を取り入れ，酸素を消費してエネルギー代謝を行い，その結果生じた二酸化炭素を生体外へ排泄する全行程のことである．呼吸器系には二つあり，一つは外界の空気を気道にとおして肺胞に導き，酸素を大量に血液中に取り込ませる過程で，この過程は内呼吸あるいは組織呼吸とよばれている．もう一つは血液によって組織から肺胞内に移行してきた二酸化炭素を多く含む空気を，気道をとおして外界に排出する過程で，外呼吸とよばれる．毛細血管まで運ばれてきた酸素の多くは，細胞外液中，さらには細胞内に移行してエネルギー代謝によって消費される．一方，この過程で生じた二酸化炭素は細胞外液中に移行して，細胞血管中の血液へと拡散する[1,2]．

　酸素(O_2)は，一つの分子中に二つの不対電子(e^-)をもつ特異な分子種で，生体内に電子(e^-)を送り込む電子媒体としての役割を担っている．生体内に取り込ま

れた酸素(O_2)は電子(e^-)の授受を繰り返し，熱エネルギーを産生するほかに体内酵素の酸化還元媒体として利用され，活性酸素およびフリーラジカルの産生を経て，最終的には水(H_2O)と二酸化炭素(CO_2)に分解され，呼気や糞便，尿，汗の形で生体外に排出される[3〜5]．そのため，ヒトの恒常性維持に必須の分子種である酸素の動的な挙動を知ることが，酸化ストレス研究の課題解決には必要である．

4.2 酸素は，どのように生体内へ運搬されるのか

ヒトは，大気中の酸素(O_2)を血液中のヘモグロビンや組織中のミオグロビンに結合させて末梢細胞に供給している．呼吸器系における酸素の運搬機構は，肺胞に入る空気中に含まれる酸素が肺胞を取り巻く毛細血管内に拡散していき，血液により組織に運ばれ，細胞の毛細血管から組織液中に拡散し，最終的には細胞膜を通過して細胞内に入り消費される．その一方で，細胞で産生される二酸化炭素(CO_2)は，これと逆の経路をとり細胞から肺胞気中へと排出される（詳細は第8章）．

酸素が生体内に取り込まれる機構の研究では，デンマークのC. Bohrが1903年に発表した"Bohr効果"が有名である．Bohr効果は，「二酸化炭素や水素イオンの濃度が高くなると，ヘモグロビンとの結合が緩くなって，酸素が解離しやすくなる現象」のことである[6]．酸素分圧とヘモグロビンの酸素結合度(%)の関係を示す曲線をヘモグロビンの解離曲線という．

Bohrによれば，ヘモグロビンと酸素の結合は，図4.1に示したヘム構造のもつ鉄

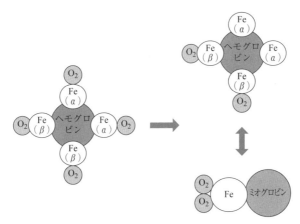

図4.1 呼吸系において金属タンパク質が酸素(O_2)を運搬する機構

イオンとの間で行われ，その結合度は酸素分圧によって変わるとされている．血液の酸素分圧が上がれば酸素と結合するヘモグロビン量は増加し，酸素分圧が下がれば酸素と結合するヘモグロビン量は減少し，この曲線は緩いS字型を描く（図8.28を参照）．

このほかにも，ヘモグロビンと酸素の結合に影響を与える因子として，二酸化炭素の濃度に依存したpH変化や血液の温度がある．Bohrは，このような生理的な現象を説明するため，血液や組織には"何か酸素を運ぶ機構"があって，分圧の低い気相から分圧の高い血液相に能動的に移動させるのではないかという説を提案した．しかし現在ではこの説は否定され，肺胞での酸素移動は分圧勾配による"分子拡散説"で説明されている．

本章では，活性酸素およびフリーラジカルを研究する過程で，自動酸化反応や虚血再灌流障害に関与する酸素の動的な挙動を明らかにする．とくに，酸素や二酸化炭素には金属タンパク質に結合する力が存在する．そこで，生体分子間の結合は地球磁場で引き起こされる磁気エネルギーで誘起されていると仮定し，量子化学理論に基づいて計算化学的な手法で調べたところ，分子拡散理論に代わる"生体分子の磁気的な結合と気体分子の運搬機構"が明らかにされた[7]．

4.3 活性酸素およびフリーラジカルと体内酸素分布の関係

ここ数十年の間，活性酸素およびフリーラジカルの引き起こす酸化ストレス反応について幅広い議論がされてきた[8~10]．しかし，活性酸素およびフリーラジカルを生成させる原因物質である酸素分子の動的挙動との関連性については，それほど深く議論されていない．たとえば，生体内で酸素が不足すると生体障害を引き起こすが，多すぎてもトラブルの原因（酸化ストレス）になるといわれている．このような問題を解決するには，生体内の酸素分子の量を求め，その動的な挙動を明らかにする必要がある．そこで，現状を把握するため生体内の酸素分布の計測法を検討した．

生体内の酸素分布を表すには，濃度と分圧という二つの方法がある．たとえば，大気中の酸素濃度は20.8%であるが，これを分圧(mmHg)で表すことができる．つまり，気体分子が何種類かの混合状態である場合，その量を特定の気体の分圧で表す方法がとられる．生体内の酸素や二酸化炭素は，単体の気体あるいは溶存気体，タンパク質結合気体など，さまざまな存在形態をとっている．そこで，気体分子の濃度の求め方について，次に示す．

気体の重さ(W)は式(4.1)で体積(V)に変換できる．

$$V = \frac{W}{M} \times \frac{RT}{p} \tag{4.1}$$

式中の W は重さで単位は mg，M は気体分子の質量で単位は g，R は気体定数で0.0821，T は絶対温度，p は気圧で1013 mbar(760 mmHg)，$1\,\mathrm{m}^3$ = 1000 L である．通常，気体分子の濃度はパーセント(%)，ppm(parts per million)，mg m^{-3} などの単位で表される．そのため，単位の異なる大気中の気体分子について濃度を変換する必要があり，それぞれの濃度は，(1)～(5)に変換される．

(1) % ⟶ ppm ： ppm = % × 10000　　1 ppm = 0.0001%
(2) ppm ⟶ % ： % = ppm × 1/10000
(3) mg L^{-1} ⟶ % ： % = mg L^{-1} × 22.4/M × (273 + T)/273 × 1/10 × 1013/p
(4) ppm ⟶ mg m^{-3} ： mg m^{-3} = ppm × M/22.4 × 273/(273 + T) × p/1013
(5) % ⟶ mg L^{-1} ： mg L^{-1} = % × M/22.4 × 273/(273 + T) × 10 × p/1013

(5)の式では，1気圧(760 mmHg = 1013 mbar)の気体分子の量を，%表示から mg L^{-1} あるいは mol 濃度に換算できる．式中の T は温度を示している．生体内の気体濃度は，一般に圧力で示される．このとき，大気圧の温度は25℃(298 K)で，大気圧1気圧，体内温度37℃(310 K)として計算した．

4.4　ヒトの生体内の酸素と二酸化炭素の濃度分布

図4.2には，ヒトの生体内の酸素(O_2)と二酸化炭素(CO_2)の濃度を気体分圧量で示している．図中の酸素および二酸化炭素の分圧量は，いくつかの成書によっては数値に違いがあるため，一部補正を加えている．

大気中には20.8%濃度の酸素が含まれているとし，前節の(5)の式を使い濃度換算すると，272.2 mg L^{-1} となる．一方，海水に溶解する酸素濃度は8.3 mg L^{-1} であった．生体内の酸素はヘモグロビンやミオグロビンに結合して存在する．このように，さまざまな形態をとる酸素濃度を求めることが酸素の体内動態を知るうえで重要である．そのため，通常，図4.2のように気体分圧で示された酸素濃度を%濃度に変換し，さらにモル濃度に換算して比較した．この結果から，生体内のヘモグロビンやミオグロビンの濃度との関連性についても明らかにできる[11～14]．

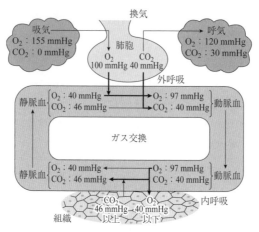

図4.2 酸素と二酸化炭素の体内動態

4.5 生体内の酸素と二酸化炭素の運搬機構の解明

　空気中の酸素(O_2)が，どのような形で生体内に取り込まれ，どのように拡散し，代謝過程を経て二酸化炭素(CO_2)と水になって生体外に排出されるかを明らかにすることは，生物の生体内で産生する活性酸素およびフリーラジカルと，それらの分子種によって引き起こされる酸化ストレス機構の解明につながる．

　図4.1に示したように，ヘモグロビンでは分子内の四つの鉄と四つの酸素が結合するが，ミオグロビン分子では一つの鉄と二つの酸素が結合する．そのため，一つの分子が運搬している酸素量には違いが生じる．そこで，量子化学を基本とした磁気共鳴理論を導入し，分子間の磁気的相互作用を計算化学的なアプローチによって検証した．生体内の酸素や二酸化炭素の濃度分布を計算化学的な手法で再現することによって，$O_2 \longrightarrow$ エネルギー代謝 $\longrightarrow CO_2 + H_2O$ への変換機構について調べた．

　表4.1に，生体内の酸素と二酸化炭素の分圧量を濃度換算している．濃度計算から，空気中の酸素濃度は8.56 mmolの97％が吸気によって肺胞に取り込まれる．その一方，吸気された酸素量の75％が排出される．肺胞に取り込まれた酸素の61％が，肺動脈血として心臓に運搬されていることが示された．ここで，心臓動脈中の酸素が肺動脈より減少するのは，Bohr理論によって肺組織で生成した二酸化炭素が結合するためであるとされてきた．しかし，心臓静脈血中の酸素は心臓動脈血中の42％

4.5 生体内の酸素と二酸化炭素の運搬機構の解明

表4.1 大気中および生体内における酸素と二酸化炭素の濃度分布

呼吸器系	酸素(mmHg)	二酸化炭素(mmHg)	酸素(mmol)	二酸化炭素(mmol)
大気中	159.1	0.3	8.56	0.015
呼気(吸気)	155	0.2	8.51	0.02
肺動脈(肺胞)	100	40	5.17	2.06
動脈血(心臓)	97	40	5.02	2.06
静脈血(心臓)	40	46	2.07	2.38
末梢細胞	30〜80	50	1.55〜4.13	2.59
呼気(排気)	120	30	6.21	1.55
海水の溶存酸素	4.8	0	0.26	0

で，動脈血によって細胞まで運搬された酸素は細胞や組織に移行していることがわかる．この量は大気中の酸素量と呼気で排気する酸素量の差とほぼ一致している．

一方，二酸化炭素の大気中濃度は 0.015 mmol であるが，呼気中(排気)の濃度は 1.55 mmol である．血液が肺胞から心臓に移行したとき，二酸化炭素量は 2.06 mmol となるため，ヘモグロビンが二酸化炭素の運搬にかかわっているとの説明もできる．しかし，静脈血中の二酸化炭素濃度も 2.06 mmol であり，末梢組織や細胞中の濃度も，2.59 mmol である．この結果は，肺胞細胞中で生成する二酸化炭素が動脈血や静脈血で運搬され，肺胞で生体外に放出される"未知の運搬機構"の存在が明らかになった．

呼吸器系の酸素濃度変化から，肺動脈や心臓動脈で運搬された酸素は心臓静脈血中で半減していることがわかる．これは，血液中のヘモグロビンから組織のミオグロビンに移行した酸素は，5.02 − 2.07 = 2.95 mmol となるが，この量的な変化は，ミオグロビンに結合した酸素量として説明できる．さらに，末梢細胞周辺(閉鎖系)での溶存酸素濃度には勾配があり，最小濃度は電解質を含む組織水に溶解した酸素濃度，モデル実験では海水に溶解させた酸素濃度と同じである．

一方，二酸化炭素(CO_2)は血液に溶解して運搬される．本章の磁気エネルギー量に関する計算では，二酸化炭素(CO_2)は水分子に溶解して運搬される．ただ，脚注に記した Henderson-Hasselbalch の理論*とは見解が異なる[15]．

---

* 血中 p_{CO_2} 分圧と pH の関係：血中 p_{CO_2} と pH は互いに無関係ではなく，次のような化学平衡が成り立っている．$CO_2 + H_2O \rightleftharpoons H_2CO_3 \rightleftharpoons H^+ + HCO_3^-$ すなわち，p_{CO_2} が上昇すると化学反応が右に移動し，血中 H^+ イオン濃度は上昇し，pH は低下する．一方，p_{CO_2} が下降すると化学反応が左に移動し，血中 H^+ イオン濃度は減少し，pH は上昇する．これを定量的に理解するために変形すると，pH = 6.1 + log[HCO_3^-](mM)/0.03 × p_{CO_2}(mmHg)となる．これを Henderson-Hasselbalch の式という．

4.6 地球磁場で誘導される生体分子の磁気エネルギー[16, 17]

先の体内酸素の濃度分布はどのように制御されているか．ここではヒトの生体内ヘモグロビンやミオグロビンと酸素(O_2)および二酸化炭素(CO_2)，水(H_2O)の三つの分子種の示す磁気的な性質について説明する．生体分子間の結合が磁気的な相互作用であるとの仮説に基づき，Bohr量子理論に基づく化学計算よって，生体分子間の結合機構を検証した．水には気体分子の酸素(O_2)，窒素(N_2)，水素(H_2)などを溶解させる性質がある．これらの生体関連物質に共通する性質として，磁気的な特性を示すことがあげられる．たとえば，水(H_2O)や酸素(O_2)，水素(H_2)などの分子種は，固有の磁荷を示す．さらに，水(H_2O)は双極子モーメントを示す反磁性物質である．一方，酸素(O_2)はBohr磁子を示す常磁性物質である．水素(H_2)や窒素(N_2)は四重極分子であり，二酸化炭素(CO_2)は無極性分子で，磁気的な特性を示す点で共通している．また，ヘモグロビンやミオグロビンの活性中心にある鉄イオンは常磁性特性を示す．

電磁気学では同名の磁荷の間には斥力が，異名の磁荷の間には引力が働き，その力の大きさは電荷の量の相乗積に比例し，その間の距離の二乗に反比例すると説明されている．

これらの情報をもとに，生体分子間が磁気的あるいは電気的エネルギーによって結合し，定常状態を保っているのではないかとの考えに基づき，磁気共鳴理論を応用して計算を行い，磁気的特性を示す分子間の相互作用(結合性)についての可能性を調べた．報告では，自然環境下に存在する生体分子が地球磁場の影響を受けているとの仮説を立てて，計算化学的な手法を用いている[7]．一つの仮定として，反磁性物質であって双極子分子である水(H_2O)の核磁気共鳴エネルギーと水に溶解している酸素の示す常磁性共鳴エネルギーを求め，これらの関係を調べると，さらに常磁性分子どうしが結合する機能の存在も予想できた．磁気エネルギーを計算する条件として，気圧と磁場を一定とした．この計算では，気圧は1気圧，磁場は5.72×10^{-5} Tである．先の報告では計算磁場を4.5×10^{-5} Tとしていたが，磁場強度を見直して，この値とした[7]．この磁場の値は，図4.3に示した現在の地球上の磁場強度の範囲である．

4.6.1 地球磁場で誘導される生体分子の磁気エネルギーの計算方法

水(H_2O)は一つの分子に二つのプロトンをもつ双極子分子である．一方，酸素(O_2)は，一つの分子に二つの電子をもつ不対電子分子である．H_2Oの水素核と酸素の

4.6 地球磁場で誘導される生体分子の磁気エネルギー

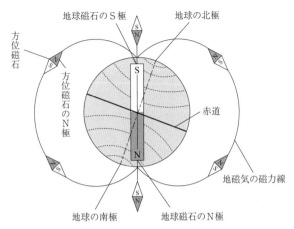

図4.3 地球環境における磁場強度（26〜80 μT）

不対電子の磁気量子数は，$I = ±1/2$，$S = ±1/2$と表される．これらの分子が磁場中に置かれたときのスピン角運動量は，$I = \{I(I+1)\} \times 1/2$，$S = \{S(S+1)\} \times 1/2$と表される．これら磁気特性を示す二つの物質は磁場存在下でZeeman分裂し，ラジオ波帯あるいはマイクロ波帯の電磁波によって共鳴する．H_2Oの核磁気共鳴（nuclear magnetic resonance；NMR）を観測するときの共鳴は式(4.2)のように表される．

$$E(\text{NMR}) = \left(\frac{\mu n}{I}\right)H_0 = \gamma p \hbar H_0 \quad (4.2)$$

一方，常磁性物質の電子スピン共鳴（electron spin resonance；ESR）を観測する共鳴は式(4.3)で表される．

$$E(\text{ESR}) = \left(\frac{\mu e}{S}\right)H_0 = \gamma e \hbar H_0 \quad (4.3)$$

式中の核磁気能率（μn）とBohr磁子（μe）は，それぞれ$\mu n = 5.05 \times 10^{-27}$ J T^{-1}，$\mu e = 9.27 \times 10^{-24}$ J T^{-1}である．陽子（プロトン）の磁気回転比はγ_p，電子の磁気回転比γ_eと表される．$\gamma_p = 2.675 \times 10^8$ C kg^{-1}，$\gamma_e = 1.759 \times 10^{11}$ C kg^{-1}である．

式(4.2)，式(4.3)を用いて，磁場中に置かれた反磁性物質のH_2Oや常磁性物質のO_2，ヘモグロビン，ミオグロビン，四極子分子であるCO_2の磁気共鳴エネルギー量を求めた．ここに示した$E(\text{ESR})$，$E(\text{NMR})$は磁場の存在で誘起されるZeeman分裂に伴うエネルギーの量であり，電荷（正電荷，負電荷）をもつ物質固有のエネル

ギー量である．このエネルギー量は磁場のほかに温度，気圧，光など自然条件の影響を強く受ける．

4.6.2 生体内の酸素が示す磁気共鳴エネルギー

一つの不対電子をもつ物質(常磁性物質)の示す共鳴エネルギー(ΔE)は，スピン量子数 $S = \pm 1/2$ として式(4.3)に導入して求めることができる．酸素(O_2)は二つの不対電子をもつ分子種であるため，スピン量子数 $S = \pm 1$($|S| = 2$)とし共鳴エネルギーを求めた．計算のパラメータであるスピン角運動量 S は $S = \{S(S+1)\} \times 1/2 = 2.45$ とした．呼気中の酸素の示す磁気エネルギー量は，式(4.4)となる．

$$\Delta E(O_2) = \left(\frac{\mu e}{S}\right) \times H_0 = 2.16 \times 10^{-28} \text{ J} \tag{4.4}$$

この値を用いて，大気中および体内酸素の示す磁気エネルギー量を求めることができる．表4.1に示したように大気中の酸素濃度は8.56 mmol L^{-1}であるので，空気中の酸素の示す磁気エネルギーの強さは，次のようになる．

$$\Delta E(\text{大気}O_2) = 2.16 \times 10^{-28} \times 8.56 \times 10^{-3} \times 6.02 \times 10^{23}$$
$$= 1.11 \times 10^{-6} \text{ J/サンプル}$$

同様に，肺胞で吸気された酸素濃度は，8.51 mmol L^{-1}であるので，次のように示せる．

$$\Delta E(\text{吸気}O_2) = 1.106 \times 10^{-6} \text{ J/サンプル}$$

一方，呼気で排出される酸素濃度は6.21 mmol L^{-1}であるので，磁気エネルギーの強さは，次のとおりである．

$$\Delta E(\text{排気}O_2) = 8.07 \times 10^{-7} \text{ J/サンプル}$$

同様の計算で，次の値が求められる．

$$\Delta E(\text{肺動脈}O_2) = 6.72 \times 10^{-7} \text{ J/サンプル}$$
$$\Delta E(\text{心臓動脈血}O_2) = 6.52 \times 10^{-7} \text{ J/サンプル}$$
$$\Delta E(\text{心静脈血}O_2) = 2.69 \times 10^{-7} \text{ J/サンプル}$$
$$\Delta E(\text{末梢血液}O_2) = 2.01 \times 10^{-7} \text{ J/サンプル} \sim$$
$$5.89 \times 10^{-7} \text{ J/サンプル}$$

これらのエネルギー量はごく微弱であるため,さまざまな環境因子の影響を受ける.

4.6.3 生体内の二酸化炭素の示す磁気エネルギー計算

二酸化炭素(CO_2)は,極性分子ではないが負の電荷の四重極モーメントをもち,その強さは-4.2である.ここでは,二酸化炭素が常磁性分子としての特性を示すと仮定して,スピン角運動量Sを求め,$S = 4.67$として呼気中の二酸化炭素の示す磁気エネルギーを求めると,式(4.5)となる.

$$\Delta E(CO_2) = \left(\frac{\mu e}{S}\right) \times H_0 = 1.14 \times 10^{-28} \text{ J} \tag{4.5}$$

心臓動脈血中の二酸化炭素濃度は2.06 mmolであるので,次のようになる.

$$\Delta E(\text{心臓動脈血}CO_2) = 1.14 \times 10^{-28} \times 2.06 \times 10^{-3} \times 6.02 \times 10^{23}$$
$$= 1.41 \times 10^{-7} \text{ J/サンプル}$$

同様に計算すると,次の値が求められた.

$$\Delta E(\text{心臓静脈血}CO_2) = 1.63 \times 10^{-7} \text{ J/サンプル}$$
$$\Delta E(\text{末梢細胞}CO_2) = 1.78 \times 10^{-7} \text{ J/サンプル}$$

さらに,呼気中の二酸化炭素濃度は1.55 mmolであるので,次のように示せる.

$$\Delta E(\text{呼気中}CO_2) = 1.06 \times 10^{-7} \text{ J/サンプル}$$

これらの計算から,動脈,静脈,末梢細胞中の二酸化炭素が示す磁気エネルギー量はほぼ同じ濃度である.酸素と二酸化炭素がもつ物質固有の磁気エネルギーを比較すると,$\Delta E(O_2) = 2.16 \times 10^{-28}$ J,$\Delta E(CO_2) = 1.14 \times 10^{-28}$ Jと,酸素の示す磁気エネルギー量が二酸化炭素の約2倍であることがわかった.このことは,静脈血で肺胞まで運搬された二酸化炭素が酸素との交換に関与することを示唆している.

4.6.4 ヘモグロビン,ミオグロビン,水分子の示す磁気エネルギー計算

ヒトの血液中のヘモグロビン量は,男性で13.5〜17.5 g dL^{-1},女性では11.3〜14.5 g dL^{-1}である.ヘモグロビン(Hb)の平均分子量は64,500である.ヘモグロビン量を濃度に換算すると,男性は2.09〜2.71 mmol,女性では1.75〜2.24 mmolとなる.1分子のヘモグロビンは四つのサブユニットからなる四量体構造をとってお

り，それぞれのサブユニットが中心にポルフィリンを配位子とするヘム鉄を含んでいる．酸素(O_2)を結合したヘモグロビンをオキシヘモグロビン(動脈血)とよび，酸素を外したヘモグロビンをデオキシヘモグロビン(静脈血)とよぶ．

血液中のデオキシヘモグロビンの鉄イオン(Fe^{2+})の示す磁気エネルギーを，式(4.6)から求めると，ヒトのヘモグロビン量の濃度を男女の平均濃度(150 g L^{-1}) 2.32×10^{-3} mol として計算した[18]．

$$\Delta E(\text{Hb}) = \left(\frac{\mu e}{S}\right) \times H_0 = 1.19 \times 10^{-28} \text{ J} \tag{4.6}$$

図4.4に示したデオキシヘモグロビンのFe^{2+}の電子状態は，中間スピン状態をとっており，スピン量子数 $S = \pm 2$ であるので，スピン角運動量(S)は $S = |S(S+1)| \times 1/2 = 4.47$ となる．この値から，血液ヘモグロビンにおける鉄の示す磁気エネルギーが示される．

ここで，ヘモグロビンの濃度は 2.32×10^{-3} mmol L^{-1} であるが，ヘモグロビンには四つのサブユニットの鉄(Fe)が存在するため磁気エネルギーは次のようになる．

$$\Delta E(\text{Hb}) = 6.64 \times 10^{-7} \text{ J/サンプル}$$

この計算から，大気中のO_2の示す磁気エネルギーは，ヘモグロビンの鉄の示す磁気エネルギー量の1.67倍であることを示している．この結果は，呼気で取り込まれたO_2が，肺胞の毛細血管で動脈血中のヘモグロビンと磁気的に結合することを示している．

ヘモグロビンで組織まで運搬された酸素が組織へ移行する機構についても同様の計算を行った．心筋組織中のミオグロビン(Mb)濃度から磁気エネルギーを計算した．ミオグロビンのFeは高スピン状態 $S = \pm 2$ であるので，共鳴エネルギーの差を計算すると，スピン角運動量，$S = |S(S+1)| \times 1/2 = 4.47$ となるので，式(4.7)のように表せる．

$$\Delta E(\text{Mb}) = \left(\frac{\mu e}{S}\right) \times H_0 = 1.19 \times 10^{-28} \text{ J} \tag{4.7}$$

心筋組織のミオグロビンの示す磁気エネルギー計算を行った．ミオグロビンの濃度は 4.34×10^{-3} mol として計算した．その結果，心筋中のミオグロビンの示す磁気エネルギー量は次のように表せる．

$$\Delta E(\text{心筋中Mb}) = 3.10 \times 10^{-7} \text{ J/サンプル}$$

4.6 地球磁場で誘導される生体分子の磁気エネルギー ● 77

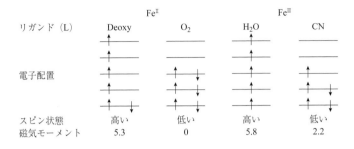

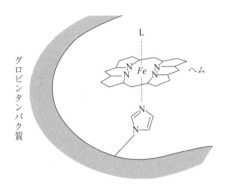

図4.4 ヘモグロビン分子の鉄イオンと磁性

ヘモグロビンとミオグロビンに含まれる一つのFeが示す磁気エネルギーの強さを比較すると, Hbは1.67×10^{-7} J/サンプルであり, ミオグロビンの磁気エネルギーは3.10×10^{-7}と, 1.86倍となった[19]. その結果, ヘモグロビンで運搬されたO_2が組織中のミオグロビンに置換される機構には, 磁気エネルギーが関与することが明らかとなった.

4.6.5 水分子の体内濃度と磁気エネルギー

体液中に存在する水のクラスター分子(nH_2O)と溶存酸素の磁気エネルギー強度の計算を行った. 静磁場中(5.72×10^{-5} T)に置かれた双極子分子であるH_2Oの双極子モーメントは$I_D = 1.85$である. 水中のプロトン核のスピン量子数$I_D = |\mu_D(\mu_D + 1)| \times 1/2 = 2.30$を用いると, 式(4.7)のようになる.

$$\Delta E(H_2O) = \left(\frac{\mu n}{I_D}\right)^{-1} \times H_0 = 1.26 \times 10^{-31} \text{ J} \tag{4.7}$$

式(4.8)の値から，H_2O の濃度が1.74 mol L^{-1}(32クラスター，25℃)であるとすると，H_2O の示す反磁性磁場エネルギー(+)は次のようになる[20]．

$$\Delta E(1.74 \text{ mol L}^{-1} \text{ H}_2\text{O}) = 1.32 \times 10^{-7} \text{ J/サンプル}$$

大気中の酸素が25℃で水中に溶存する酸素濃度は，0.258 mmol L^{-1}であった．したがって，溶存酸素の示す共鳴エネルギーは式(4.3)から次のように示せる．

$$\Delta E(\text{water-air}) = 3.35 \times 10^{-8} \text{ J/サンプル}$$
$$\Delta E(\text{water-O}_2) = 1.71 \times 10^{-7} \text{ J/サンプル}$$

水に溶解した酸素の示す磁気エネルギー量は，水の示す反磁性エネルギーの25.4%であった．水に100%酸素を溶解させ，飽和酸素濃度を求めると，1.10 mmol L^{-1}となり，nH_2O の示す反磁性磁場の強さと溶存酸素の示す常磁性磁場の強さが同一であった．先に述べたように，O_2, N_2, H_2などの気体分子種が水に溶解する機構にも磁気的な結合が関与している．四重極分子である窒素(N_2)の磁気エネルギーを求めると，nH_2O に溶解する活性化エネルギー(Δh)の差と一致していた．

4.7　磁気的な結合による気体分子の新たな運搬機構

表4.2には，計算化学で求めた生体内のヘモグロビン，ミオグロビン，酸素，二酸化炭素の磁気エネルギー量を示した．

表4.2　ヒトの体内における酸素と二酸化炭素が示す磁気エネルギー量

呼吸器系	酸素(J/サンプル)	二酸化炭素(J/サンプル)
大気中	1.11E-06	1.03E-09
呼気(吸気)	1.11E-06	—
肺動脈血	6.72E-07	1.41E-07
心動脈血	6.52E-07	1.41E-07
心静脈血	2.69E-07	1.63E-07
組　織	2.69E-07	1.78E-07
末梢細胞	2.01E-07	1.78E-07
海水の溶存酸素	3.35E-08	—
水の飽和溶存酸素	1.39E-07	—
呼気(排気)	8.07E-07	1.41E-07

表4.3には，計算化学で求めたヘモグロビン，ミオグロビン，水のクラスター分子の示す磁気エネルギー量を示した．ヘモグロビンとミオグロビンは常磁性分子の磁気エネルギーであるが，水クラスターに関しては反磁性磁場エネルギーである．

表4.3　血液中ヘモグロビンと組織中ミオグロビンおよび水の磁気エネルギー量

物　質	濃度(mol L^{-1})	磁気エネルギー（J/サンプル）
ヘモグロビン	2.32×10^{-3}	6.68E-07
ミオグロビン	4.34×10^{-3}	3.10E-07
32 H_2O	1.74	1.32E-07

4.8　ま　と　め

（1）生体分子間の結合解離には，地球磁場で誘起された磁気エネルギーが関与する．

（2）大気中の酸素(O_2)の磁気エネルギーは，血中のヘモグロビン分子のもつ四つの鉄が示す磁気エネルギーの1.67倍であった．そのため，酸素(O_2)は肺胞で血液中のヘモグロビンに磁気的に結合している（収着作用）可能性がある．

（3）肺動脈血中のヘモグロビン分子の四つの鉄は，酸素(O_2)で飽和状態にある．肺胞から心臓に送られた酸素(O_2)は，心臓動脈中のヘモグロビン分子に含まれる二つの鉄に結合して運搬している計算となる．

（4）ミオグロビン分子に含まれる一つの鉄が示す磁気エネルギー量は，ヘモグロビン分子中の一つの鉄が示す磁気エネルギー量の約2倍となった．そのため，ヘモグロビンからミオグロビンへO_2が移動している可能性が高い．この現象は，これまで大気中の酸素がヘモグロビン分子の一つのヘムに結合すると，その情報がサブユニット間で伝達され，タンパク質の四次立体構造が変化し，ほかのヘムの酸素結合性が増え，より酸素と結合しやすくなると説明されている．この現象をヘム間相互作用といい，酸素運搬効率を高めている．

（5）末梢細胞中の酸素の磁気エネルギー量は水分子の示す反磁性エネルギーと一致しており，二酸化炭素(CO_2)と同様に，反磁性の水分子と常磁性分子のO_2が結合する可能性がある．

（6）血液中と組織中の二酸化炭素(CO_2)の磁気エネルギー量は，クラスター構

造をもつ水分子の磁気エネルギーとほぼ一致し，二酸化炭素(CO_2)は体液中の水に溶解して運搬されている．二酸化炭素(CO_2)の運搬機構はカルバミノヘモグロビン(carbaminohemoglobin)によると説明されてきたが，肺動脈のヘモグロビンは酸素で飽和している．このため，クラスター構造をもつ水分子による磁気的な結合であり，見直しが求められる．

(7) 静脈血で肺胞まで運ばれた二酸化炭素(CO_2)は，大気中の酸素(O_2)との磁気エネルギーと水の示すエネルギーの強さの差によって置き換わり大気中に排出される．

以上のことから大気中の酸素は，ヘモグロビンと酸素の磁気的な結合によって生体内に運ばれ，ミオグロビンと磁気的に結合して末梢組織まで移動し，反磁性エネルギーをもつ水を介して末梢細胞に運ばれる．一方，細胞内に産生した二酸化炭素(CO_2)は体液中の溶存酸素と置き換わり，静脈血に溶解し，肺胞まで運搬され，最後に呼気によって体外へ排出される．このように，恒常性維持機構は地球磁場で誘起される磁気的な結合理論で説明できる．

参考文献

1) 喜邑冨久子，根来英雄，『シンプル生理学』，南江堂 (1988).
2) 岩瀬義彦，森本武利 編，『やさしい生理学(改訂第4版)』，南江堂 (2001).
3) 工藤 翔，二村田朗，『血液ガステキスト(第2版)』，文光堂 (2003).
4) 山本雅之 監，赤池孝章，一条秀憲，森 泰生 編，『〈実験医学増刊〉活性酸素・ガス状分子による恒常性制御と疾患』，**30**, 17, 羊土社 (2012).
5) 中野 稔，戸垣博子，手老省三，池上雄作，『元素から見た生化学』，金芳堂 (2011).
6) C. Bohr, K. Hasselbalch, A. Krogh, *Arch. Physiol.*, **16**, 402 (1904).
7) 河野雅弘，畠山 望，蒲池利章，宮本 明，*J. Comput. Chem. Jpn.*, **15**, 233 (2016).
8) 日本化学会 編，『〈CSJ カレントレビュー〉活性酸素・フリーラジカルの科学：計測技術の新展開と広がる応用』，化学同人 (2016).
9) 赤池孝章，末松 誠，医学のあゆみ，**247**, 9 (2013).
10) 中野 稔，浅田浩二，大柳義彦，『活性酸素』，共立出版 (1988), p. 26.
11) 鵜沼英郎，尾形健明，『〈理工系基礎レクチャー〉無機化学』，化学同人 (2007), p. 52.
12) 工藤翔二，村田 朗，『血液がテキスト』，文光堂 (2003).
13) S. S. Alpert, G. Banks, *Biophys. Chem.*, **4**, 287(1976).
14) G. Gros, B. A. Wittenberg, J. T. Thomas, *J. Exp. Biol.*, **213**, 2713 (2010).
15) K. Masuda, K. Truscott, P. C. Lin, U. Kreutzer, Y. Chung, R. Sriram, T. Jue, *Eur. J. Appl. Physiol.*, **104**(1), 41 (2008).
16) L. J. Henderson, *Am. J. Physiol.*, **21**(4), 173 (1908).
17) N. Bloembergen, E. M. Purcell, R. V. Pound, *Phys. Rev.*, **73**, 679 (1948).
18) F. Bloch, *Phys. Rev.*, **70**, 460(1946).
19) T. A. Albright, J. K. Burdett, M.-H. Whangbo, "Orbital Interraction in Chemistry," Wiley-Intersciences (1985), p. 464.

20) P. L. Geissler, T. van Voorhis, C. Dellago, *Chem. Phys. Lett.*, **324**, 149 (2000).

第5章

酸化ストレス反応を引き起こす活性窒素種の役割

5.1 はじめに

窒素と酸素がいろいろな整数比で結合した多様な化合物は,通常,窒素酸化物とよばれており,**活性窒素種**(reactive nitrogen species;RNS)は,その窒素酸化物に含まれている.表5.1に,窒素酸化物とよばれている化合物を示した.このなかで,図5.1に示すように不対電子をもつ一酸化窒素(NO)と二酸化窒素(NO_2)が活性窒素種とよばれ,フリーラジカルである.

活性窒素種のなかでも,生体との関連についてはNOが主たる役割を担っていると考えられるので,ここではNOを中心に述べたい.

表5.1 窒素酸化物の種類

窒素の酸化数	酸化物
+5	N_2O_5
+4	NO_2, N_2O_4
+3	N_2O_3
+2	NO, N_2O_2
+1	N_2O

図5.1 窒素酸化物の電子構造

5.2 一酸化窒素の化学

一酸化窒素(NO)は,常温では無色・無臭の気体で,二原子分子であるが,低温

5.2 一酸化窒素の化学

では二量体 N_2O_2 の割合が増し,液体および固体では N_2O_2 として存在する[1]．

窒素原子は7個,酸素原子は8個の電子をもっているので,NOの分子内には15個の電子がある．複数の原子が集まって分子が形成されると,その分子に固有の電子配置がつくられる．NO分子が生成されたときの電子配置と分子軌道を図5.2に示した．図5.2からわかるように,NO分子はπ^*軌道(反結合性π軌道)に不対電子をもっている．このような不対電子をもつ分子をフリーラジカルといい,一般には反応性が高く,寿命が短い．NOのπ^*軌道の電子は比較的容易に失われて,ニトロシルイオン(NO^+)を生じる．除かれた電子は反結合性軌道からでていくので,結合はNOよりもNO^+の方が強い[2]．またNOは,通常,図5.3に示すような共鳴構造をとっていると考えられる[3]．

このように,NOは不対電子を1個含むラジカルであるが,ラジカルのなかではNOは比較的安定で反応性も低いことが知られている．NOは生体内で生成されて

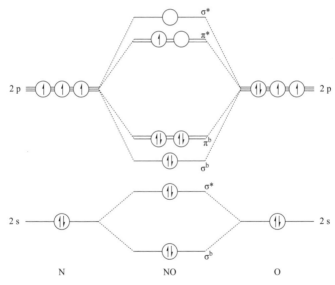

図5.2 一酸化窒素(NO)の分子軌道と電子配置
1s軌道は省略．b：bonding orbital(結合性軌道)．*：antibonding orbital(反統合性軌道)．

$$N^{\cdot+}-O^- \longleftrightarrow \cdot N=O \longleftrightarrow N^-=O^{\cdot+} \longleftrightarrow N\equiv O\cdot$$

図5.3 一酸化窒素(NO)の共鳴構造

も，ほかのラジカルに比べ，反応性は低く，寿命も長い．NOは生体内にある化学的に安定な化合物とは反応しない．ただし，反応の相手がラジカルや金属イオンの場合には，NOは高い反応性を示す．したがってNOの生理作用は，ラジカルまたは金属イオンとの反応から開始されると考えられる．

水中でのNOは酸素分子と水の関与で，最終的には亜硝酸イオンに酸化される〔式(5.1)〕[1]．脱酸素水中の飽和NO濃度は，1.46 mmol L^{-1}であるが，酸素が溶解すると減少する．

$$4NO + O_2 + 2H_2O \longrightarrow 4NO_2^- + 4H^+ \tag{5.1}$$

NOの水中での拡散係数(3.3×10^{-5} cm^2 s^{-1})[4]を用いて，空気によって飽和された酸素(約280 μmol L^{-1})を含む水中でNOが半減するまでに移動する距離(拡散距離)を求めると，NO濃度が1 μmol L^{-1}のときには拡散距離は約2 mmとなる[1]．この拡散距離はほかのラジカル，たとえば同一条件下，スーパーオキシド($O_2^{\cdot -}$)では約100 μm，ヒドロキシルラジカル(HO・)では約1 μmと比べてかなり大きい．

生体内でNOはNO合成酵素(NO synthase；NOS)によって合成されるが，ほとんどの生物の細胞種がNOSをもっていることが明らかにされている．したがって，すべての細胞がNOの影響下にあるといえる．また，NOは電荷が中性の小さな分子であるので，細胞膜をとおって自由にほかの細胞内に拡散し，細胞情報伝達因子として働くことができる．

NOは，ラジカルとして生体内の多様な反応にかかわり，多種類の細胞内でそれぞれの細胞機能に影響を及ぼすなど多彩な役割を果たしている．そこで，次にNOの生体内での役割および病気との関連について述べてみたい．

5.3 生体内での一酸化窒素の生成

われわれ哺乳動物は，通常，生体内でL-アルギニンから一酸化窒素(NO)をつくる酵素，一酸化窒素合成酵素(NOS)をもっている．図5.4に示したように，NOはNOSの働きによりL-アルギニンと2分子の酸素を消費しながら，NADPH(還元型ニコチンアミドアデニンジヌクレオチドリン酸，reduced nicotinamide adenine dinucleotide phosphate)を還元剤としてつくられる．この反応では，L-アルギニンのグアニジノ基が酸化されてNOとなり，酸素が還元されて水となる．NOSのように基質(L-アルギニン)を酸化する酵素は，一般には別の酵素から電子をもらい基質を酸化するのであるが，NOSは一つの酵素のなかに還元部位と酸化部位の両方

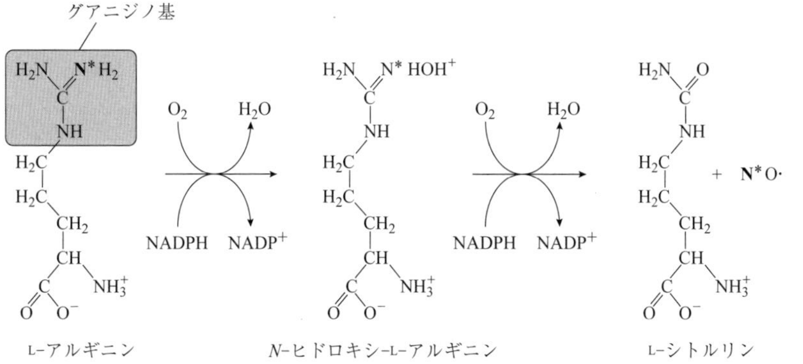

5.3 生体内での一酸化窒素の生成 ● 85

図5.4 生体内での一酸化窒素の生成反応
＊の印は，このNがNOに使われたことを示している．

をもつ特異な酵素である(図5.5)．

NOSには，細胞中に常時存在し，必要に応じてNOをつくる構成型NOS (constitutive NOS；cNOS)と，通常は存在しないがエンドトキシンや炎症性のサイトカインなどの刺激によって遺伝子が活性化されてつくられる誘導型NOS (inducible NOS；iNOS)の2種類が存在する．さらに，cNOSにも2種類あり，血管内皮細胞(endothelial cell)でみつかった内皮型NOS (endothelial NOS；eNOS)と，

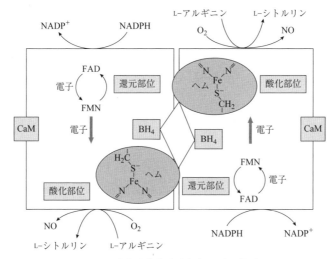

図5.5 一酸化窒素合成酵素(NOS)の模式図
CaM：カルモジュリン，BH_4：テトラヒドロビオプテリン．

神経細胞(neuronal cell)でみつかった神経型NOS(neuronal NOS；nNOS)である．これら三つの酵素(eNOS, nNOS, iNOS)は，最初に発見された細胞以外にも，ほかの多くの細胞でみつかっている．

　構成型と誘導型で最も異なっている点が，カルシウムイオン(Ca^{2+})依存性である．NOを産生するために，構成型NOSはCa^{2+}を必要とし，誘導型は必要としない．構成型NOSを含む細胞は細胞外からの刺激によりカルシウムの通路(チャネル)を開く．Ca^{2+}が細胞内に入りカルモジュリン(calmodulin；CaM)に結合し，さらに生成したCa^{2+}-CaMが酵素に結合して酵素が活性化される．それに対して，活性化されたマクロファージなどに存在する誘導型NOSは，Ca^{2+}-CaMを結合した状態で生成される．このように誘導型NOSには，細胞内に存在している微量のCa^{2+}濃度でCa^{2+}-CaMが強く結合しており，誘導された酵素は常時活性化されている．細胞内で活性化されている状態で，nNOSとiNOSは2分子結合した二量体(図5.5)であることが知られている[1]．

5.4　生体内における一酸化窒素の化学

　前述したように，生体内には3種類の一酸化窒素合成酵素(NOS)がある．生体内で一酸化窒素(NO)がつくられる量やつくられ方はNOSの種類によって異なる[5]．構成型NOSは刺激因子により活性化されるとNOを生成するが，その量は少ない．たとえば，eNOSをもつ内皮細胞を刺激すると，およそ$7〜70$ nmol L^{-1}程度のNOが生成される[6]．一方iNOSは，エンドトキシンであるリポ多糖(lipopolysaccharide；LPS)により誘導され，活性化されてNOを生成する．マウスにLPSを投与すると，NO濃度は徐々に上昇し，約$6〜7$時間後に最大となるが，24時間内に生成されるNO量は，約150 μmol L^{-1}と見積もられている[7]．

　生体内で生成されたNOは酸素により酸化され，二酸化窒素(NO_2)を生成し，最終的には亜硝酸(NO_2^-)になると考えられている．しかしながら，血液中ではNOは酸素と結合したヘモグロビンとの反応により，硝酸(NO_3^-)に酸化されるので，血液中には硝酸(NO_3^-)の濃度が高いことが知られている．

　このようにNOはいくつかの酸化過程をとおって酸化されるが，これはNOの存在する環境によって引き起こされる．たとえば，NOの近傍にヘモグロビン，スーパーオキシド($O_2^{\cdot-}$)，金属イオンや金属タンパク質などの存在で酸化過程は違ってくる．

　NOとスーパーオキシド($O_2^{\cdot-}$)とが生体内で反応すること[8]は，スーパーオキシド

($O_2^{\cdot-}$)を分解する酵素,Cu/Zn-スーパーオキシドジスムターゼ(superoxide dismutase;SOD)をNOが産生する組織に加えると,NOの寿命が延びることから明らかになった.NOはスーパーオキシド($O_2^{\cdot-}$)と反応して,ペルオキシナイトライト($ONOO^-$)を生成する〔式(5.2)〕[9].

$$NO + O_2^- \longrightarrow ONOO^- \tag{5.2}$$

この反応の生成速度は$6 \times 10^9 \text{ mol}^{-1} \text{ L s}^{-1}$と非常に速く,SODとスーパーオキシド($O_2^{\cdot-}$)との反応速度($2 \times 10^9 \text{ mol}^{-1} \text{ L s}^{-1}$)よりも速いので,生体内でNOとスーパーオキシド($O_2^{\cdot-}$)が共存すると必ず$ONOO^-$が生成される.$ONOO^-$は酸性では水素と結合し,速やかに硝酸イオンに変わる〔式(5.3)〕.ここで重要なのは,体内酵素のSOD濃度と体内で生成するNO濃度である.

$$ONOOH \longrightarrow NO_3^- + H^+ \tag{5.3}$$

NOは金属イオン(とくに鉄イオンを含むヘモグロビンやミオグロビン)にきわめて結合しやすいので,NOSによって生成されたNOの近傍に金属酵素や金属タンパク質があれば,NOは速やかに金属イオンに結合する.NOが金属に結合すると,NOの不対電子は金属側に移るので,金属に結合したNOは,結合前のNOとは異なる電子状態となる.その結果,NO-金属結合をもつ生体成分は,生体内でニトロキシルイオン(NO^-)あるいはニトロソニウムイオン(NO^+)を反応の相手に与える化合物になる.さらに,生体内でNOが金属タンパク質や金属酵素に結合すると,金属酵素の活性化や金属酵素の活性抑制などに関与することになる.

5.5 生体内における一酸化窒素の分析

生体内での一酸化窒素(NO)の機能を知るためには,生体内のいろいろな部位でのNOの存在,濃度,分布などの情報が必要である.しかし,生体内でつくられるNOの濃度はきわめて低く[6],寿命も短いので,NOの濃度や分布を調べることは非常に難しい.生体内ではNOは水に溶けているので,大気中のNOの分析法をそのまま適応することはできない.生体内でのNOの測定法は以下に示すような条件を満たすことが必要である[1].

(ⅰ)感度が高いこと(高感度),(ⅱ)NOのみを検出できること(特異的,選択的),(ⅲ)濃度を測定できること(定量性),(ⅳ)いろいろな試料中のNOを測定できること(高適用性),(ⅴ)簡単に操作ができること(簡便性),(ⅵ)リアルタイム測定が

可能なことなどである．もちろん，この条件をすべて満たす方法は存在しないので，適宜，分析試料に対応する適当な分析法を選ぶ必要がある．

　生体内のNOの分析法には，NOそのものを測る方法と，NOが生体内で酸化されて生じる亜硝酸イオン(NO_2^-)や硝酸イオン(NO_3^-)を測る方法がある．NOの酸化物を測る方法は間接的であるが，亜硝酸イオン(NO_2^-)や硝酸イオン(NO_3^-)は安定な物質であるので操作が容易であり，亜硝酸イオン(NO_2^-)や硝酸イオン(NO_3^-)がNOに由来することが明らかな場合や，全身での変化を血液や尿で測定するときには有効である．表5.2と表5.3には代表的なNOの分析法と亜硝酸イオン(NO_2^-)および硝酸イオン(NO_3^-)の分析表をそれぞれ示した．

　生体内でのNO測定は，低濃度のNOを高感度で測定するために，NO以外の物質をNOと誤って測定してしまう可能性もある．実際に測定されたNOが，生体内でつくられたNOによるのか，それ以外の要因によるのかを確認するためには，一

表5.2　生体内の一酸化窒素(NO)の分析方法

測定法	原理	検出限界	特徴
化学発光法	オゾン化学発光法(NOとオゾンの反応による化学発光の測定)	1～10 pmol L^{-1}	高感度，生体試料からNOを気体として採取することが必要
吸光光度法	NOとオキシヘモグロビン，またはミオグロビンとの反応で起こる吸光度変化の測定	10 nmol L^{-1}	簡便，NO以外にオキシヘモグロビンと反応するものがある(特異性がない)
電極法	電気的にNOを酸化したときに生じる電流変化を測定	10 nmol L^{-1}～1 μmol L^{-1}	高感度，リアルタイムでの測定ができる，再現性・安定性に問題あり
電子スピン共鳴(ESR)法	NOをスピントラップ剤に捕捉し，ESRで測定	50 nmol L^{-1}～1 μmol L^{-1}	さまざまな試料に適用できる，リアルタイムで in vivo 測定が可能，トラップ剤の毒性が問題

表5.3　生体内の亜硝酸イオン(NO_2^-)と硝酸イオン(NO_3^-)の分析法

測定法	原理	検出限界	特徴
吸光光度法	グリース法(ジアゾカップリング法)：グリース試薬とNO_2^-との反応により生成するアゾ色素の吸光度を測定	1 μmol L^{-1} 10 μmol L^{-1}(HPLCで分離したとき)	簡便，リアルタイムの測定はできない
蛍光光度法	NO_2^-とジアミノナフタレン(DAN)との反応で生成されるナフタレントリアゾールの蛍光を測定	10 nmol L^{-1}	高感度，DANはセレンなどの金属イオンとも反応(特異性に問題)

注：硝酸イオン(NO_3^-)は亜硝酸イオン(NO_2^-)に還元して測定．DAN：2,3-ジアミノナフタレン．

酸化窒素合成酵素(NOS)の活性を抑える試薬(NOS阻害剤)を用いることが必要である．NOS阻害剤を加えたときに測定値が大きく減少すれば，もとの測定値はNOS由来と考えられる．このようなコントロール実験は，NOS由来のNOであることを確認するために必要である．

5.6 一酸化窒素の生体に対する作用

簡単な二原子分子の気体の一酸化窒素(NO)が生体内に存在し，いろいろな役割を果たしていることが知られてから，すでに30年以上が過ぎている．当初，単純なNO分子が生体内に存在し，生体機能の維持や調節に深く関係しているという発表は，信じがたいものであった．しかし，その後NOの生理的および病理的役割に関

表5.4 一酸化窒素(NO)の体のなかでの作用

器官および組織		NOが正常の状態	NOの産生異常	
			NO不足	NO過多
循環器系	血管	血圧調節，血小板凝集，粘着抑制	動脈硬化，高血圧，脂質異常症	敗血症ショック
	心臓	冠血流維持・調節	心不全，心筋梗塞，虚血性心疾患，冠動脈痙攣	
脳神経系		神経伝達，記憶，学習，視覚，臭覚，痛覚	虚血性脳血管障害	神経細胞障害，痙攣，知覚過敏
消化器系	肝臓	肝循環制御，肝障害抑制	肝硬変	
	膵臓	微少血管の血流調節，分泌調節		インスリン分泌能低下，β細胞破壊，膵炎，インスリン依存糖尿病
	消化管	血流調節，蠕動運動，腸管平滑筋弛緩，粘膜保護		粘膜障害，潰瘍性大腸炎
呼吸器系	気管	気管の弛緩，気管支絨毛運動，粘液分泌		気管支喘息，気管支拡張症
	肺	血流調節	肺高血圧症	
腎・泌尿器系	腎臓	腎循環調節，糸球体ろ過，レニン分泌，排尿調節	腎不全	ネフローゼ腎炎，頻尿
生殖系		陰茎勃起，排卵調節，子宮筋弛緩	勃起不全	
免疫系		抗菌作用，抗腫瘍作用		敗血症ショック，自己免疫疾患，急性炎症，慢性炎症，リウマチ

して行われてきた多くの研究成果から，現在ではNOは生体内で重要な生理的および病理的役割を果たしていることは間違いない．表5.4にはこれまでに明らかにされているNOの生体内での作用をまとめて示した[10]．表5.4からNOは体によい働きと悪い働きの二面性があることがわかる．

NOの特性は中性なので，水のなかでも油や脂肪のなかでも自由に動き回れる性質をもっていることである．このことは，ある細胞でつくられたNOが，別の細胞の細胞膜を通過して，細胞のなかを拡散し，機能を発揮することができる．このような細胞間の情報伝達にかかわっている物質は，通常細胞膜上の受容体を刺激して作用するが，NOは受容体を介さずに直接情報を別の細胞に伝えることができる．

5.7 生体内での一酸化窒素の役割

5.7.1 血圧調節

血管系は体のなかのあらゆる細胞と密接な関係をもっている．したがって，血管系でつくられる一酸化窒素(NO)は全身的な調節に関与している．

血管系に関与しているおもな一酸化窒素合成酵素(NOS)としては，血管内皮細胞に存在する構成型，平滑筋細胞に存在する誘導型がある．誘導型酵素は病的状態のときにつくられるので，血管系の生理作用に関係しているのはおもに構成型酵素である．

血管内皮細胞につねに存在している構成型NOS(eNOS)は，細胞外からの化学的刺激，血流あるいは拍動によって生じる物理的刺激(ずり応力)によってNOをつくる．内皮細胞は通常，このずり応力によって持続的にNOをつくっている．内皮細胞でNOがつくられる経路とNOにより血管が拡張する機構の概略を図5.6に示す．内皮細胞に対する刺激に伴って細胞外からカルシウムイオン(Ca^{2+})が流入したり，あるいは細胞内のCa^{2+}イオンが動員されることにより，細胞内Ca^{2+}イオン濃度が高まると，Ca^{2+}イオンはカルモジュリン(CaM)と結合してeNOSを活性化し，L-アルギニンからNOを産生する．隣接する平滑筋細胞に拡散していったNOは，細胞内の可溶性グアニル酸シクラーゼを活性化してサイクリックGMP(サイクリックグアノシン3′,5′—リン酸，cyclic guanosine 3′,5′-monophosphate；cGMP)をつくらせる．生成したcGMPはセカンドメッセンジャーとして生理活性を発現し，最終的にCa^{2+}イオンの濃度の低下とともに平滑筋が弛緩し，血管が拡張する．また，図5.6に示したように末梢神経の終末で神経型NOS(nNOS)によりつくられたNOも血管平滑筋に作用して血管拡張作用を起こす．このように血管系でのNOの最も

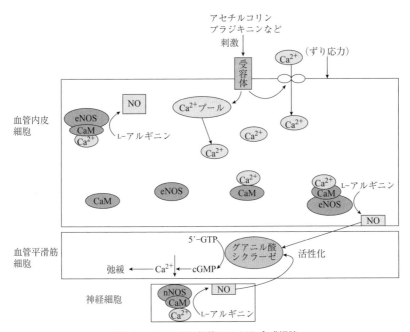

図5.6　いろいろな細胞での NO 合成経路
CaM：カルモジュリン，GTP：グアノシン 5′-三リン酸，cGMP：サイクリック GMP.

重要な生理作用は，血管を拡張して血圧を調節することである．

5.7.2　免疫系での役割

　免疫を担っている細胞の一つであるマクロファージは，生体のほとんどの細胞に分布しており，異物や老廃細胞を捕食して消化する機能をもつ．血液中，肺胞中，腹腔中には遊走性のマクロファージが存在し，肝臓のクッパー細胞，脳のグリア細胞，腎臓のメサンギウム細胞などは定着性のマクロファージやマクロファージ様細胞などが存在する．また，マクロファージやマクロファージ様細胞には誘導型 NOS (iNOS) が存在している．iNOS はリポ多糖 (LPS) に代表されるエンドトキシンや抗炎症性サイトカインなどの刺激によりつくられるので，iNOS の量は刺激の直後から時間とともに徐々に増加する．それに伴ってつくられた NO の濃度は刺激後 6～7 時間で最大となり，その状態がしばらく続く．この間に iNOS がつくる NO 濃度の総計は構成型の内皮型 NOS (eNOS) や神経型 NOS (nNOS) からの NO 濃度の数百倍程度になる．

この高濃度の NO は，iNOS をつくることのできる細胞の性格から明かなように NO は生体にとっての異物である病原菌や腫瘍細胞の攻撃につかわれる．NO は金属イオンやラジカルと強く反応するが，マクロファージなどでつくられる NO はこの性質を使って，病原菌や腫瘍細胞が増えるのを抑えたり，細胞を殺したりしている．NO は攻撃相手の細胞膜を自由に通過して細胞内に侵入し，ミトコンドリアの呼吸鎖のなかに位置する金属酵素や金属タンパク質，核のなかの DNA 合成にかかわる酵素と反応して，その活性を抑えることにより目的を達成している．

5.8 一酸化窒素が関与する病気

表5.4に示したように体のなかでの一酸化窒素(NO)の産生量が多すぎても，少なすぎても病気と結びつく．NO が生理的な役割を果たしているときは，通常，低濃度である．したがって，NO の少なすぎるときの病気は，NO の生理作用の低下によってもたらされるものである．NO の不足が原因なのか不足した結果によるのかはっきりしないが，NO 不足が関与する病気としては，高血圧，脂質異常症，動脈硬化，心不全，冠動脈痙攣，インポテンツなどがあげられる．これらの病態は，それぞれの部位で NO が果たすべき作用が低下したことにより説明される．

一方，NO が多すぎる場合の病気としては，NO の生理作用の異常な上昇だけでなく，NO の拡散性により作用範囲が大きくなることも考慮する必要がある．すなわち，局部にとどまらず広範囲の疾患を発症させることもある．ここでは，代表的な病態を紹介したい．

敗血症は，体内に侵入した病原菌が血流を介して全身に感染した状態である．この状態になると当然全身のマクロファージ，マクロファージ様細胞の誘導型一酸化窒素合成酵素(iNOS)が NO をつくり病原菌を攻撃する．この状態は生体の防御機能として正常な反応であるが，過剰に NO が生成されると，余った NO は血管平滑筋を弛緩させる．その結果，血管は拡張され，急激な血圧低下によりショック状態を引き起こす(敗血症ショック)．同時に，肝臓や腎臓などの主要な臓器も障害を起こす．本症でみられる血圧低下はカテコールアミンなどの昇圧物質に抵抗性であることなど，本症を改善するための治療法に決定的なものはなく，死亡率が高い．iNOS 阻害剤が治療薬として注目されているが，適切なものはまだみつかっていない．

5.9 一酸化窒素が関与する医薬品

ニトログリセリンをはじめとする亜硝酸薬は狭心症の特効薬として最も古くから現在に至るまで不可欠な治療薬として用いられている．爆薬の原料であるニトログリセリンが心臓病の治療薬として使われ始めたいきさつは，心臓病(虚血性心疾患)の坑夫が鉱山に入ると，症状が軽快したことを契機とするといわれている．亜硝酸薬が狭心症に有効な機序は直接的に狭窄部を拡張させるわけではなく，冠動脈起始部の拡張作用による冠血流量の増加と静脈拡張による心臓の酸素消費量の減少によると考えられている．亜硝酸薬はニトロソチオール(R-SNO)を経て一酸化窒素(NO)を遊離させ，全身的には動脈より静脈の拡張作用が強い．亜硝酸薬は，溶解性が高く，狭心症の発作時には速効性の必要があるため舌下投与にて口腔内血管からの直接吸収により効果を発揮する．最近ではスプレー吸入，軟膏あるいは貼布など皮膚吸収型も用いられている．図5.7には現在，日本で使われている医薬品を示している．

前述の医薬品はNOをだす薬であるが，逆に生体内で過剰に生成される，あるいは生成されたNOを減らす医薬品の開発が行われている．生体内の過剰なNOを減らす薬には，一酸化窒素合成酵素(NOS)の活性を抑える医薬品(NOS阻害剤)と生成されたNOを消す医薬品(NO消去剤)がある．

NOS阻害剤はNOSの酵素反応のいろいろな段階で反応が進まないようにするものである．図5.5に示したようにNOSがNOを合成する際にはいろいろな物質が関与している．すなわち，一つはL-アルギニン，NADPH，テトラヒドロビオプテリ

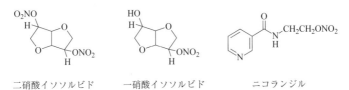

図5.7 体のなかで一酸化窒素を遊離する医薬品
日本で承認されている医薬品をあげた．

ン(BH_4), カルモジュリン(CaM)などの基質を供給しないか, あるいはこれらの物質と競合して酵素の作用を抑制する物質(競合阻害剤)を加えることにより, 酵素の活性を阻害する方法である. もう一つは, NOSの活性部位であるヘムが酸素を活性化してL-アルギニンを酸化するので, 酵素の活性部位であるヘムに酸素以外の配位子が強く結合するため, 酸素は活性を失うことによりNOの生成を阻害する方法である. 実際, 敗血症でiNOSにより過剰に生成されたNOによると考えられる病気の治療にNOS阻害剤が用いられたが, 症状の改善がみられた反面, さまざまな副作用が認められた. その原因の一つとして, NOS阻害剤が誘導型NOS(iNOS)だけでなく構成型NOS(cNOS)にも同時に作用してしまうためと考えられている.

一方, NOS消去剤としてはNOと高い反応性を示す化合物が考えられる. 前に述べたようにNOはラジカルと金属イオンに対し, 高い親和性をもっている. 生体内では, スーパーオキシド(O_2^-)などのラジカルやヘモグロビンなどの金属タンパク質が存在し, 素早くNOと反応して, NOを消去するので, これらは内因性のNO消去剤と考えられる. また薬としてのNO消去剤として, NOトラップ剤であるPTIO(2-phenyl-4,4,5,5-tetramethylimidazoline-3-oxide-1-oxyl)や鉄の錯体などが考えられているが, まだ研究段階である.

5.10 おわりに

環境大気中に, 気体として存在し, 二原子分子である一酸化窒素(NO)と酸素(O_2)はどちらも不対電子をもつラジカルである.

酸素(O_2)は生物にとって不可欠なものと誰もが思い, 何の疑問も抱かなかったが, 酸素(O_2)が活性酸素に変わることにより, さまざまな病態の発症に関係するとわかってきたため, 従来「酸素は善玉分子」と考えられていた酸素分子が生体にとって好ましくない「悪玉分子になる」ことが明らかになった.

一方, 一酸化窒素(NO)は大気汚染関連の窒素酸化物の一つで, 悪玉分子以外の何物でもないといわれてきたが, 本章でみてきたように最近では, 一酸化窒素(NO)は生命活動に必須の「善玉分子である」ことがわかってきた.

このように一酸化窒素(NO)も酸素(O_2)も科学の歴史のなかで, 境遇が大きく変わったことが理解されたと思う.

簡単な分子であり, 生物に対する作用が十分に理解されていると考えられている物質についても, 新たな知見により, これまで常識と考えられていたことが覆されるようなことがあるかもしれない.

参考文献

1) 吉村哲彦,『NO(一酸化窒素)』, 共立出版 (1998).
2) 三浦ゆり, 小澤俊彦,『〈化学総説 30〉NO―化学と生物』, 日本化学会 編, 学会出版センター (1996), p. 3.
3) 日本化学会 編,『窒素酸化物』, 丸善 (1977).
4) J. R. Lancaster, Jr., *Proc. Natl. Acad. Sci. USA*, **91**, 8137 (1994).
5) M. A. Marletta, *Trends Biochem. Sci.*, **14**, 488 (1989).
6) 横山秀克, 河西奈保子, 平松 緑, 吉村哲彦, 末永智一, 内田 勇, 小林長夫, 土橋宣昭, 森 則夫, 丹羽真一, 生物物理, **35**, 123 (1995).
7) Y. Suzuki, S. Fujii, Y. Numagami, T. Tominaga, T. Yoshimoto, T. Yoshimura, *Free Radic. Res.*, **2**, 293 (1998).
8) R. E. Huie, S. Paclmaja, *Free Radic. Res. Commun.*, **18**, 195 (1993).
9) 吉村哲彦, 藤井敏司,『〈別冊医学のあゆみ〉NO のすべて』, 平田結喜緒 編, 医歯薬出版 (1996), p. 3.
10) 小澤俊彦, 都薬雑誌, **33**, 4 (2011).

第 II 部
抗酸化反応の測定

第 6 章　活性酸素およびフリーラジカルの計測方法

第6章

活性酸素および
フリーラジカルの計測方法

6.1 はじめに

　ヒトは恒常性を維持するため，肉や魚などからタンパク質やアミノ酸，脂質を，穀物や野菜，果物から炭水化物(糖質)やミネラルを食事から摂取している．炭水化物(糖質)や脂質はエネルギー代謝に使われ，ミネラルは細胞内の酸素代謝や免疫機構に，アミノ酸は細胞や組織の構成分子となる．酸素代謝は生命活動を維持する恒常性維持の機構の一つであるが，その過程で生成するのが"活性酸素およびフリーラジカル"である．

　活性酸素およびフリーラジカルが生体内で過剰に生成すると酸化ストレス傷害を招くことになる．そのため，活性酸素およびフリーラジカルが生体内のどこでどのように生成し，どのように反応して生体に作用するかを明らかにすることは，生命科学分野における重要課題の一つである．本章では，活性酸素およびフリーラジカルの測定方法を紹介し，抗酸化機構の研究にどのように応用するかについて述べる．

6.2 活性酸素およびフリーラジカルの関係する抗酸化測定の意義

　抗酸化機構の研究では，酸化ストレス反応によって引き起こされる生体傷害の機構を理解していることが大切である．図6.1には，酸素を活性化する機構(活性酸素およびフリーラジカルの生成機構)を示した．

　図中には，ヒトの生体内で生成し酸化傷害に関係すると考えられている7種類の活性酸素およびフリーラジカル〔酸素(O_2)，スーパーオキシド($O_2^{\cdot-}$)，過酸化水素

(H_2O_2),ヒドロキシルラジカル(HO・),ヒドロトリオキシドラジカル(HOOO・),ヒドロトリオキシ酸(HOOOH),一重項酸素($^1O_2$)}と,その関連化合物である金属イオン(Fe^{2+},Fe^{3+}),解離イオン{$(H_3O)^+(HO)^-$}を記載している.

図6.2は,図6.1に示した活性酸素およびフリーラジカルによって酸化される生体内物質とその酸化生成物を記述した.脂質(LH),タンパク質(PH),糖質(SH),核酸(NH),脂質過酸化ラジカル(LOO・),脂質過酸化物(LOOH),タンパク質重合体(P-P),糖質酸化物(SOH),核酸酸化物(NOH)を示している.

図6.1の①〜⑥は酸素の活性化機構を示しており,図6.2の⑦〜⑨は活性酸素種および活性窒素種によって引き起こされる酸化反応機構,⑦ 脂質酸化反応,⑧ 糖質分解反応,⑨ 核酸分解反応を示している.さらに,⑩では酸素が反応を増幅する脂質の自動酸化反応を表している.

活性酸素およびフリーラジカルのなかでヒドロキシルラジカルと一重項酸素は酸化反応性が高く,酸化ストレス傷害を引き起こす分子種である.図6.2に,ヒドロ

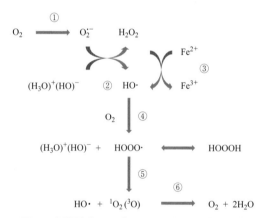

図6.1 活性酸素およびフリーラジカルの生成機構

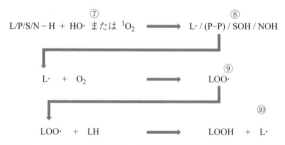

図6.2 活性酸素およびフリーラジカルで引き起こされる酸化傷害の機構

6.2 活性酸素およびフリーラジカルの関係する抗酸化測定の意義

キシルラジカルと一重項酸素で誘起される酸化ストレス反応の機構を示している．ただ，図6.1，図6.2には，オキシダーゼの反応を亢進する過酸化水素を基質として働く金属酸素付加体（MOO・）については記述していない．一方，酸化ストレス傷害を抑制する抗酸化機構の研究では，①～⑥で生成した活性酸素およびフリーラジカルの抑制と，⑦～⑩に示した酸化ストレス反応の抑制が目的となる．

最近の研究では，脂質の過酸化反応，タンパク質やアミノ酸の酸化変性，糖質の分解，核酸の分解などに関与する活性酸素およびフリーラジカルが同一分子でないことが明らかにされている．そのため，酸化ストレス傷害を引き起こす分子や酸化ストレス傷害を抑制する分子種の研究に必要な情報を整理した．

たとえば，図6.1の活性酸素およびフリーラジカルの生成機構では，次のようにまとめられる．

（1）スーパーオキシドは水中の解離イオンと反応してヒドロキシルラジカルを生成する．

（2）金属イオン（$Fe^{+2/+3}$）は過酸化水素と反応してヒドロキシルラジカルを生成する（Haber-Weiss反応あるいはFenton反応とよばれる）．

（3）ヒドロキシルラジカルは溶存酸素と反応して一重項酸素を生成する．

さらに，P450やNADPHオキシダーゼ系，チロシナーゼオキシダーゼなどの酵素に酸素が結合して，金属酸素付加体による酸素ストレス反応を引き起こす機構の存在も無視できない．

一方，図6.2の⑦～⑩に示した活性酸素およびフリーラジカルで引き起こされる酸化反応を整理すると，次のようになる

（4）タンパク質やアミノ酸の酸化変性はヒドロキシルラジカルや一重項酸素によって引き起こされる．タンパク質やアミノ酸の分解機構では，メチオニンやチロシンが分解してドパミンやメラニンを生成することや，含硫アミノ酸である還元型グルタチオンが酸化型グルタチオンに変化する重合化反応が知られている．とくに，還元型グルタチオンはヒドロキシルラジカルと一重項酸素の両方に反応する．一方，酸化型グルタチオンはヒドロキシルラジカルのみと反応する．

（5）糖質とヒドロキシルラジカルの反応は選択的ではないが，糖質の代謝分解物であるα-アルデヒド化合物（ピルビン酸，グリオキサール，メチルグリオキサール，2,3-デオキシグルコソン）などは炭素ラジカル（R・）の生成を促し，自動酸化反応を亢進する．

（6）核酸分解では，プリン体であるアデニン，ヒポキサンチン，キサンチン，

表6.1 活性酸素およびフリーラジカルで生じる生体内の代謝生成物

脂質分解物	炭水化物(糖質)分解物	核酸分解物
脂質炭素ラジカル	ピルビン酸	アデニン
脂質過酸化ラジカル	2,3-デオキシグルコソン	グアニン
脂質過酸化物	グリオキサール	グアノシン
脂質アルコキシルラジカル	メチルグリオキサール	ヒポキサンチン
アルデヒド化合物	Amadori 化合物	キサンチン
二酸化炭素	二酸化炭素	尿酸
水	水	アンモニア

尿酸などを産生する．プリン体の一部はキサンチンオキシダーゼの基質として働き，スーパーオキシド反応を助長する（7章参照）．

（7）脂質過酸化反応を亢進する自動酸化反応は，活性酸素種で分解された脂質ラジカルに酸素が反応することで，酸化分解反応が数十倍となる．

表6.1に，脂質や炭水化物(糖質)，核酸などの酸化生成物を示した．脂質の酸化反応は，おもに一重項酸素と二酸化窒素で引き起こされ，糖質と核酸の酸化反応にはヒドロキシルラジカルが関与している可能性が高い．さらにオキシダーゼとよばれる金属酵素は，酸素や過酸化水素の付加体を形成して，脂質や糖質，タンパク質の代謝反応を亢進する．

このように，酸化ストレス傷害の機構を活性酸素生成との関係で精査すると，活性酸素およびフリーラジカルの種類によって役割分担されていることがわかる．その理由は，活性酸素およびフリーラジカルを生成する機構の多くが生体内で産生される異物代謝にかかわっており，恒常性の維持の役割を担っているためと考えられる．

6.3 抗酸化酵素の役割を補完する抗酸化物質

動物は生体内の抗酸化酵素によって活性酸素およびフリーラジカルの生成量を調整し，恒常性を維持している．一方，植物(穀物，野菜，果物)はより過酷な酸化ストレスを受ける環境で生育しているため，動物が保持していない酸化ストレス傷害を抑制する機構を備えている．植物の抗酸化酵素にはペルオキシダーゼやチロシナーゼなどがある(14章)．このような酵素の多くは感染菌の殺菌や，害虫の忌避に利用されている．さらに植物の体内代謝に関係するペルオキシダーゼには過酸化水素を分解する機構がある．また，チロシナーゼはアミノ酸やポリフェノール類の分

表6.2 活性酸素およびフリーラジカルを消去する抗酸化物質

- ビタミンC
- ビタミンE
- ビタミンK
- 還元型ユビキノンQ
- アミノ酸(20種)
- 還元型グルタチオン(GSH)
- 酸化型グルタチオン(GSSG)
- マンニトール(糖質)
- ビタミンB_1, B_6
- ビタミンA
- αリポ酸
- カロテノイド(β-カロテン, ルテイン, アスタキサンチン, リコピン)
- ポリフェノール(アントシアニン, ケルセチン, ルチン, カテキン, イソフラボンなどのフラボノイドなど)

解酵素でもある.

その結果, 表6.2に示した抗酸化能をもつビタミンA類, ビタミンB類, ビタミンE, ビタミンC, ビタミンKのほか, ポリフェノール類などの機能性物質を産生している. 動物は植物のもつ抗酸化物質を摂取することで, 図6.1や図6.2に示した酸化ストレス反応の抑制を図っている.

6.4 酸素と活性酸素およびフリーラジカルの科学

四つの活性酸素種および活性窒素種は, 酸素から生成し, 生体成分と異なった反応性を示す. 生体に対して酸化的傷害を与えるのみならず, 生体の恒常性を維持するためにもさまざまな役割を果たしている. ここでは, 酸素(O_2)と四つの活性酸素種, スーパーオキシド($O_2^{\cdot -}$), 過酸化水素(H_2O_2), ヒドロキシルラジカル(HO・), 一重項酸素($^1O_2$)の特徴をまとめた.

6.4.1 酸素 (O_2)

酸素は, 通常, 大気中に20.8%(156 mmHg)含まれている. 大気中の酸素を濃度で表すと, 9.28 mmol L^{-1}となる. 酸素は溶媒中に溶ける性質があり, 大気条件では, 蒸留水には常圧, 室温下で約8 ppm(0.25 mmol L^{-1})が, 海水には約4 ppm(0.125 mmol L^{-1})が溶解する.

酸素は, 金属タンパク質のヘモグロビンやミオグロビンによって生体内に運搬・貯蔵され, 細胞や組織に供給される. 生体内に取り込む酸素量は, 酸化ストレス傷

害に関係し，老化や健康寿命，平均寿命を決定する物質であるともいわれている．

活性酸素およびフリーラジカルの生体作用を議論する場合に，*in vivo*(生体内)，*in vitro*(体外)の実験によって異なる結果が導かれる．実験が開放系か閉鎖系で行われたかによっても違いがでる．さらに，親水環境と疎水環境でも違ってくる．そのために，溶存酸素の計測法は重要で，とくに疎水系での新たなO_2の計測技術開発が期待されている．

6.4.2 スーパーオキシド($O_2^{\cdot -}$)

スーパーオキシド($O_2^{\cdot -}$)とHOO・は，O_2の酸化あるいは還元により生成する．生体内で生成する機構は，細胞膜や酵素の示す酸化還元電位に関係しており，電位が－150 mV以下，＋150 mV以上になると，酸素が酸化あるいは還元されて$O_2^{\cdot -}$が生成する．水の酸化還元電位は解離イオン濃度に関係しており，水素の酸化還元電位をゼロとすると，酸性側でプラス電位，アルカリ側でマイナス電位をもつ．

水溶液中ではヒドロペルオキシドラジカル(HOO・)と共存し，解離平衡を保っている．解離平衡定数(pK)は4.8と報告されており，pH 4.8で両者が同量存在する計算($O_2^{\cdot -}$：HOO・＝500：500)となる．生理的な条件(pH 7.4)では，両者の比は$O_2^{\cdot -}$：HOO・＝1000：1の割合となり，ほとんどが$O_2^{\cdot -}$として存在する．pHの調整をHClあるいはNaOHで行うと，$O_2^{\cdot -}$は$O_2^{\cdot -}$Na$^+$として存在する．またpHを酸性，たとえばpH 2.8にすると，$O_2^{\cdot -}$Na$^+$：HOO・＝1：1000となり，ほとんどがHOO・となる．このようにスーパーオキシドとヒドロペルオキシドは異なる酸素化合物で，化学的な反応性も異なる．

$O_2^{\cdot -}$は不安定であるといわれているが，水溶液中では，$O_2^{\cdot -}$どうしが互いに反応し，過酸化水素となる．この化学反応を不均化反応とよんでいる．不均化反応は，pHに依存しており，アルカリで非常に緩やか($0.3\ mol^{-1}\ L\ s^{-1}$)，中性のpH 7付近では非常に速く($2 \times 10^7\ mol^{-1}\ L\ s^{-1}$)，酸性側でややゆっくり($7.5 \times 10^6\ mol^{-1}\ L\ s^{-1}$)であると報告されている．これは，・OONaとHOO・の解離平衡と関係しており，pHが変化すると両者の存在割合が変化し，不均化反応の速度が変わると考えられる．また，有機溶媒中(dimethyl sulfoxide；DMSO)にKO$_2$を溶解させて生成させた$O_2^{\cdot -}$は，アルカリ条件下と同様，不均化反応は緩やかで比較的安定に存在する．

$O_2^{\cdot -}$の脂質などとの反応性($10^2\ mol^{-1}\ L\ s^{-1}$)は低い．また，$O_2^{\cdot -}$は金属酵素であるスーパーオキシドジスムターゼ(superoxide dismutase；SOD)，セイヨウワサビペルオキシダーゼ(horse radish peroxidase；HRP)，カタラーゼ，2,3-ジオキシゲナーゼなどと反応する．また，$O_2^{\cdot -}$は細胞膜を通過できないが，HOO・は膜を透過する．

さらに，O_2^{-}と解離イオンとの反応でO_2^{-}が消失する速度は8.9×10^7 mol^{-1} L s^{-1}以上である．

6.4.3 ヒドロキシルラジカル($HO\cdot$)

$HO\cdot$は過酸化水素に紫外線を照射すると生成する．金属イオンとの反応では，塩化チタン($TiCl_3$)と過酸化水素との反応で生成することが研究されているが，最もよく知られているのは，Fenton反応とよばれる二価の鉄イオンと過酸化水素との反応で生成する．金属イオンとしては，銅や亜鉛，マンガン，コバルト，アルミニウムなどと過酸化水素との反応でも生成する．また，超音波を用いると水中の解離イオンが分解して生成する．この水の分解反応は，放射線や紫外線の照射系でも同様である．

$HO\cdot$は反応性が高く，ほとんどの化学物質と反応するように考えられている．$HO\cdot$が均一な水溶液中に生成すると，$HO\cdot$どうしの反応で過酸化水素となり消滅する（$3 \sim 5 \times 10^9$ mol^{-1} L s^{-1}）．そのため，酸化傷害性は少ないと考える研究者もいる．しかし生体傷害を引き起こす反応は，過酸化水素の生成より速い反応である．実際に調べてみると，アミノ酸をはじめ金属イオンなどの生体関連分子とは非特異的な反応をする．細胞膜を透過するかどうかの情報はないが，細胞膜上にある糖質やタンパク質と反応する．

$HO\cdot$は，非特異的な反応などにより存在寿命が短いことから測定が難しく，定性，定量に困難さが伴う．そのため，分光分析法による計測は限られた条件下でのみ行われている．現在の分光学では，溶液中で$HO\cdot$を選択的に測定し定量できるのは，電子スピン共鳴（electron spin resonance；ESR）装置を用いたスピントラップ法のみである．

6.4.4 一重項酸素($^1O_2$)

一重項酸素($^1O_2$)は二つの電子配置を取る．一つは，p_π軌道上で電子が対をつくっている基底一重項状態($^1\Delta_g$)と，もう一つは異なる二つのp_π軌道にそれぞれが逆向きの電子として存在する励起一重項状態($^1\Sigma_g$)である．$^1\Sigma_g$は非常に不安定で，速やかに$^1\Delta_g$に変化するといわれている．そのため$^1O_2$の研究では，$^1\Delta_g$のみを対象にされている．

$^1O_2$は励起状態にあるので，さまざまな化合物と反応して速やかに基底状態の酸素となる．$^1O_2$の自発的な消滅は，$HO\cdot$に比べ緩やかである（存在時間が長い）．$^1O_2$は，アミノ酸のヒスチジン，トリプトファン，およびメチオニンなどと反応する（$3 \times$

10^7 mol^{-1} L s^{-1}).還元型グルタチオン(GSH)でも消去される.不飽和炭素をもつ β-カロテンも^{1}O$_2$を選択的に消去する.これは一種の酸化反応である.

^{1}O$_2$の選択的な観測法として,蛍光や化学発光などの観測装置が用いられる.とくに,1269 nmの波長の光は^{1}O$_2$固有のものであり,定性としては信頼性の高い観測法である.

6.4.5 過酸化水素(H_2O_2)

過酸化水素(H_2O_2)は$O_2^{\cdot-}$やHO・と比べると非常に安定な化合物である.生体内でも一定量が存在しており,カタラーゼ,グルタチオンペルオキシダーゼのような酸化酵素により分解され,酸素と水になる.過酸化水素の生成機構は二つあり,$O_2^{\cdot-}$の不均化反応とHO・どうしの重合反応である.通常は$O_2^{\cdot-}$を経由して生成する可能性が高い.H_2O_2は細胞膜を自由に通過できるため,細胞全体に広く分布している.生体内では,肝臓で2.5 μmol L^{-1} s^{-1},葉緑素では48 μmol L^{-1} s^{-1}が常在するといわれている.H_2O_2の定量法は酵素を使った分光学的な計測法がよく知られている.最近では,酸素電極を用いる方法も考案されている

6.5 酸素と活性酸素およびフリーラジカルの測定法

酸化ストレス傷害の研究には,活性酸素およびフリーラジカルの計測と,それを応用した抗酸化計測がある.そのため,活性酸素およびフリーラジカルを選択的に測定することが望まれている.測定項目を大別すると,(1)〜(8)に分類される.

(1) 酸素濃度の定性・定量
(2) スーパーオキシドの定性・定量
(3) ヒドロキシルラジカルの定性・定量
(4) 一重項酸素の定性・定量
(5) 過酸化水素の定性・定量
(6) 脂質酸素ラジカルの定性・定量
(7) DPPH(2,2-diphenyl-1-picrylhydrazyl)法(吸光度,ESR法)
(8) 活性酸素およびフリーラジカルの競争反応理論

そのほかに,HPLC(high performance liguid chromatography),LC-MS(liquid chromatography-mass spectrometry),GC-MS(gas chromatography-mass spectrometry)による組成分析装置を用いた抗酸化物質(ポリフェノール類,アミノ酸,糖質,核酸)の定量的分析法が考案されている.

表6.3　活性酸素およびフリーラジカルを計測する方法

項目(方法)	文献	項目(方法)	文献
スーパーオキシド		一重項酸素	
シトクロム c 法	1	ウミホタルルシフェリン法	16
NBT(nitroblue tetrazolium)法	2	発光測定法	17, 18, 19, 20, 21
エピネフリン法	3	過酸化水素測定法	
亜硝酸法	4	ペルオキシダーゼ法	22
ルミノール法	5, 6	カタラーゼ法	23
ESR法	7, 8, 9	蛍光法	24, 25
ヒドロキシルラジカル		ESR法	26
ESR法	10, 11, 12	窒素酸化物	
ジメチルスルホキシド法	13	吸光度法(Griess法)	27
サルチル酸法	14	蛍光法	28
パラニトロソジメチルアニリン法	15	ESR法	29, 30

表6.4　脂質酸化反応を計測する方法

項目(方法)	文献	項目(方法)	文献
脂質過酸化ラジカル		SOD様活性	
蛍光法	31, 32, 33	血液	38, 39
ESR法	34	体液	40
過酸化脂質		皮膚	41
化学発光法	35, 36, 37	抗炎症剤	42

　表6.3, 表6.4には, これまで考案されてきた活性酸素およびフリーラジカルの計測法に関連する論文を示した.

　表6.3は, 酸素の活性化に伴う活性酸素およびフリーラジカルの計測法について紹介している. 表6.4は活性酸素およびフリーラジカルによる脂質酸化反応で生成する酸化生成の計測方法を紹介している.

　酸化ストレス傷害の研究には計測方法が重要である. しかし, 短寿命の活性酸素およびフリーラジカルの計測に制約があることから, 新たな複合計測法の確立が望まれる. 新たな評価計測技術としてゲノム解析やメタボローム解析方法などが考案されつつある.

6.6 酸素と活性酸素およびフリーラジカルの応用計測の実際

　活性酸素およびフリーラジカルは，キサンチンオキシダーゼやNADPHオキシダーゼ，シトクロム c レダクターゼ，チロシンオキシダーゼ，セイヨウワサビペルオキシダーゼなどによって産生させることができる．そのなかで，キサンチンオキシダーゼとNADPHオキシダーゼは酸素分子を活性化し，スーパーオキシド（$O_2^{\cdot-}$）を産生するため，抗酸化研究に幅広く応用されている．

　一方，チロシン-チロシナーゼ反応系では反応中間体として，フェノール化合物のキノンラジカルが生成し，このフリーラジカル分子と解離イオンや溶存酸素とが反応して，ヒドロキシルラジカルが生成する．さらに，ミトコンドリア中のユビキノンオキシダーゼによっても活性酸素種が産生する．$O_2^{\cdot-}$や一重項酸素（$^1O_2$）は，光増感反応によって産生することもある．

　一方，これら発生系を応用して，抗酸化物質の計測法として，ESR法，ルミノール化学発光法，蛍光法，分光計測法〔シトクロム c 法，NBT（nitroblue tetrazolium）法〕を検証されている．

6.6.1 溶存酸素の測定と応用

　酸化ストレスの研究では溶存酸素の動的挙動の解明が重要である．そのため，酸素を選択的に計測する技術が開発されている．

　これまでにさまざまな酸素センシング法が開発されている．電極を利用した酸素センサーには，半導体表面への酸素分子の吸着による電気抵抗の変化を測定する半導体酸素センサー，ジルコニアの酸素イオン導電性を利用したジルコニア酸素センサー，酸素分子の電極での電気化学的還元による電流値を測定するクラーク型酸素電極などがある．これらの酸素センサーは簡便に酸素濃度を計測できる．半導体酸素センサーは気相中の酸素ガスの濃度測定に使用され，ジルコニア型は高温下での酸素濃度測定に利用されている．とくにジルコニア酸素センサーは，気相酸素の電極反応によって生じた酸化物イオン（O^{2-}）による酸素濃淡電池形成に伴う起電力を測定することで酸素のセンシングを行う．自動車の空燃比制御用のセンサーとして用いられるなど，最も多用されているセンサーである．

　バイオの分野でよく利用されている水晶振動子マイクロバランス法も，もともとはガスセンサーとして開発された方法である．水晶振動子の表面に薄膜を固着し，電圧を印加すると一定の周波数で振動する．ガス分子の吸着によって，この特性周波数が変動するため，酸素濃度計測が可能となる．

溶存酸素の測定では，クラーク型酸素電極がよく利用されている．カソード，アノードおよび電解液により電極が構成されており，さらに酸素透過性膜がカソード表面を覆うという構造である．酸素は，酸素透過性膜を通過し，カソード表面で電気化学的に還元され，このときの電流を測定することで酸素濃度を測定する．外部電源による低電位電解を利用した酸素の還元を利用したポーラログラフ法や外部電源を利用しない電子反応を用いたガルバニ電池式がある．

生体内の酸素濃度イメージングでは，ピモニダゾール（pimonidazole）を用いた低酸素マーカーがよく利用されている．これは2-ニトロイミダゾールの還元反応を利用した呈色反応であり，低酸素濃度環境下でピモニダゾールが細胞内で還元され，タンパク質のシステイン側鎖のチオール基と化学結合する．この反応は酸素により阻害されるため，低酸素環境下でのみ反応が進行する．そのためリアルタイムの酸素濃度モニタリングに適していない．

^{18}F-フルオロミソニダゾール（^{18}F-fluoromisonidazole；FMISO）や^{64}Cu-ジアセチル-ビス（N4-メチルセミカルバゾン）^{64}Cu-diacetyl-bis（N4-methylsemicarbazone；^{64}Cu-ATSM）は，がん診断法の一つである陽電子放出断層撮影法（positron emission tomography；PET）の低酸素検出プローブとして利用されている．とくに^{64}Cu-ATSMは膜透過性やコントラストが高い．PETは細胞レベルから人体レベルまで広範囲に利用されており，三次元的なイメージングが可能である．

ESR法は磁気モーメントをもつ遷移金属錯体，不対電子分子，三重項分子や有機フリーラジカルを検出する分光法の一つである．酸素検出プローブとしてトリアリルメチル（triarylmethyl；TAM）が用いられている．この測定方法は，酸素濃度に応じて線幅が変化する現象を利用している．

酸素分子によるりん光の消光を利用した光学酸素センサーは，流体分野での表面圧（酸素濃度）イメージングや細胞内の酸素濃度イメージングに利用されている．基底状態にある色素分子に励起光を照射すると，色素分子は励起一重項状態に遷移する．励起一重項状態の色素分子は無放射遷移で，または蛍光を発して基底状態に戻る．多環芳香族炭化水素やポルフィリン，ルテニウムやイリジウム化合物といった金属錯体では，励起一重項状態から励起三重項状態への禁制遷移が一部解け，励起三重項状態が生成する．励起三重項状態から基底状態へは無放射遷移で，あるいはりん光を発して遷移する．三重項状態から基底状態への遷移は禁制遷移であるため，その確率は低く，りん光寿命は$10^{-5} \sim 10$ sと蛍光寿命よりも長いことが知られている．

このように，励起三重項状態は長寿命であるため，ほかの分子との間で電子移動

やエネルギー移動などが進行する．たとえば，励起三重項状態の色素分子と酸素分子との間でエネルギー移動が進行すると，一重項酸素が生成する．この酸素分子へのエネルギー移動に伴い，分子は励起から基底状態へ戻る．このような消光現象により，りん光の強度や寿命が減少する．つまり，りん光強度あるいはりん光寿命を測定することで，酸素濃度のセンシングが可能となる．

6.6.2 スーパーオキシドの計測と応用[1~9]
(a) スーパーオキシドの産生系

スーパーオキシドの産生系にはヒポキサンチン-キサンチンオキシダーゼ系と，光増感物質を用いた化学的な生成系が用いられている．前者は生体傷害を論じる場合に有用で，そのため標準物質としてスーパーオキシドジスムターゼ(SOD)が用いられる．一方，化学系で合成された抗酸化物質の評価では後者が用いられており，標準物質として，トロロックス(Trolox；6-hydroxy-2,5,7,8-tetrametylchroman-2-carboxylic acid)やビタミンCを用いることがある．

スーパーオキシドを産生させる実験では，リン酸緩衝液(phoshate buffer solution；PBS)を使ってpHを7.4に調整する．リン酸緩衝液を使い，ヒポキサンチンの溶液($2\,\text{mmol}\,L^{-1}$)とキサンチンオキシダーゼ($0.4\,\text{U}\,\text{mL}^{-1}$)の溶液を調整する．2倍希釈のスピントラップ剤(3,4-dihydro-2,2-dimethyl-2H-pyrrole 1-oxide；DMPO)の水溶液($4.45\,\text{mol}\,L^{-1}$)を用いる．ジメチルスルホキシド(DMSO)の添加によって，二次的に生成するヒドロキシルラジカルの産生を抑制すると同時に，スーパーオキシド信号を安定化する方法がとられている．

観測手段としては電子スピン共鳴(ESRあるいはEPR)装置が用いられる．化学的にスーパーオキシドを生成させる方法として，リボフラビンに紫外線UV-A(365 nm)照射し生成させる方法が考案されている．実験では23 $\text{mmol}\,L^{-1}$リン酸緩衝液(PBS)を使って，pHを7.4に調整する．2倍に希釈したDMPOの水溶液($4.45\,\text{mol}\,L^{-1}$)を調製する．

(b) スーパーオキシド計測の問題点

キサンチンオキシダーゼの反応を用いたSOD活性の測定では，スーパーオキシドを直接消去する場合と酵素反応を阻害する場合がある．そのため，ヒポキサンチン-キサンチンオキシダーゼの生成系と光増感によって産生させる実験系を併用することが望ましい．さらに計測方法は，ESR-スピントラップ法，シトクロムc法，ルミノール化学法を用いてもよいが，相関性についての確認が必要となる．

図6.3はキサンチンオキシダーゼを用いた場合のESRとシトクロムc法との比較

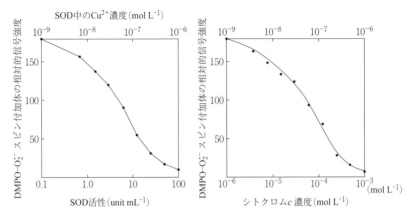

図6.3 ESR法によるシトクロム c 試薬とSOD試薬の消去機能の相関性

結果で,両者がよい一致をしていることがわかる.活性分子種の計測では,このような地道な確認実験が必要となる.

図6.3では,ヒポキサンチンとキサンチンオキシダーゼを用いて,同一濃度条件下で発生させたスーパーオキシドのESR信号のシトクロム c とSODの消去率の測定値を示している.

6.6.3 ヒドロキシルラジカルの産生と消去能計測[10〜15]

ヒドロキシルラジカル計測法として,分子選択性が高く,定量性に信頼性の高いESR-スピントラップ法と,蛍光色素を使った計測法が考案されている.ここでも,ヒドロキシルラジカル(HO・)の産生によってさまざまな制約を受ける.

(a) ヒドロキシルラジカルの測定と応用

ヒドロキシルラジカルを生成させる方法として,過酸化水素(H_2O_2)に紫外線を照射して生成させる方法が考案されている.その場合,5 mmol L^{-1} に調製した過酸化水素溶液を準備しておく.過酸化水素溶液に紫外線(254 nm)を照射し,ヒドロキシルラジカルを生成させる.生体応用としては,硫酸第一鉄イオンと過酸化水素を反応させヒドロキシルラジカルを生成させる方法も考案されている.

さらに,超純水に超音波を照射しヒドロキシルラジカルを産生させる方法が考案されている.この方法は過酸化水素を用いないことが特徴で,選択制の高い,消去能の測定法である.

6.6.4 一重項酸素の測定と応用[16~21]

一重項酸素の計測は化学発光法がよく知られている．とくに，基底一重項酸素を直接測定する方法は，一重項酸素の生成を確認するうえで重要な分光法である．しかしながら，化学発光法で用いる標準物質がないので定量的な議論ができない．そのため，一重項酸素と酸化剤を反応させたESR法が考案されており，この方法について説明する．

(a) 一重項酸素の産生と消去能計測

光増感剤のプロトポルフィリンやメチレンブルー(methyleneblue)をリン酸緩衝液(PBS)で調製した後，一重項酸素捕捉剤であるTMPD(N, N, N', N'-tetramethyl-p-phenylenediamine) や TPC(2,2,5,5-tetramethyl-3-pyroline-3-carboxamide)を用い，ESR装置で計測する方法が考案されている．

6.6.5 過酸化水素の測定と応用[22~25]

表6.3に過酸化水素の測定法を記載した．生体内で発生した過酸化水素は，通常カタラーゼによって分解されるが，過剰に産生された場合，さらに強力な活性酸素へと変化し，組織に障害を与えるといわれている．．過剰に産生された過酸化水素を消去することができれば，組織の障害が抑えられるため，活性酸素による老化などを抑制することが可能となる．また，SOD用作用評価試験と組み合わせることにより，メカニズム的な抗酸化素材の開発が可能となる．ESR法を用いた過酸化水素の計測法が考案されている．

6.6.6 ペルオキシドラジカルの計測と応用[30~37]

ORAC(oxygen radical absorbance capacity)は，蛍光物質であるフルオレセイン(fluorescein)を蛍光プローブとして使用し，一定の活性酸素の存在下，これにより分解されるフルオレセインの蛍光強度を経時的に測定し，その変化を指標として抗酸化力を測定する方法である．この反応系に抗酸化物質が共存するとフルオレセインの蛍光強度の減少速度が遅延するため，標準物質であるTrolox存在下のフルオレセインの減少速度の遅延度合いと比較して，標準物質に換算した試料の抗酸化力を算出している．

(a) ペルオキシドラジカル，アルコキシルラジカルの選択的な消去能

ABAP〔2,2'-azobis(2-amidinopropane)〕試薬より 生成した炭素ラジカル(R・)は酸素と反応してペルオキシドラジカル(ROO・)を形成する．ペルオキシドラジカルはルミノール(LH)と 反応して425 nmを中心とする化学発光を呈する．サンプル

中に含まれる抗酸化物質は，ペルオキシドラジカルをトラップするため抗酸化物質の量に応じて，化学発光の立ちあがりに遅延が生じる．この化学発光の遅延の大小によって，ペルオキシドラジカルの消去活性を算出することができる．一方ESR法では，DMPOと反応してスピン付加体を形成する．ESR法では，炭素ラジカルとペルオキシドラジカルを分別して計測できるという特徴をもつ．

6.7 活性酸素およびフリーラジカルに対する抗酸化物質の標準化

多くの成書では抗酸化活性が高い，低いといった議論がなされている．それでは，何をもって抗酸化力を高いといっているのであろうか．多くの抗酸化物質は，ヒトの生体内にある抗酸化酵素が，酸化ストレス反応によって破綻することを補うために摂取されている．図6.4に示したように，抗酸化酵素であるSODやカタラーゼ，グルタチオンレダクターゼなどの活性(反応性)は，$1.0 \sim 6.0 \times 10^9$ mol^{-1} L s^{-1}値で制御されている．さらに，一重項酸素の消去能もほぼ同様の値を示す．その結果四つの活性酸素に対する消去力は，物質の濃度と反応性(二次反応速度)で表すことができる．

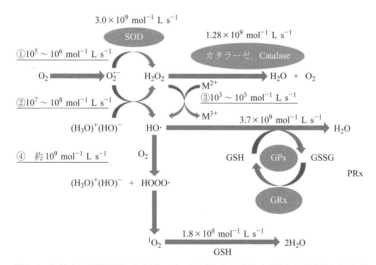

図6.4 生体内で活性酸素およびフリーラジカルの産生を抑制する酵素と反応性
SOD：スーパーオキシドジスムターゼ，GPx：グルタチオンペルオキシダーゼ，GSH：還元型グルタチオン，GSSG：酸化型グルタチオン，PRx：ペルオキシレドキシン，GRx：グルタレドキシン．

図6.4中の①〜④で示した反応性は，活性酸素およびフリーラジカルが生成する速度を示している．一方，抗酸化酵素の平均的な二次反応速度定数を示している．また，図中には，生体内酵素が活性酸素およびフリーラジカルを消去する反応速度を示している．図6.4からは抗酸化酵素が過剰な活性酸素およびフリーラジカル生成を抑制する機構がわかる．図中のように抗酸化酵素が欠損していると，ヒドロキシルラジカルと一重項酸素が生成する．一方，酵素が働くと，活性酸素の多くが酸素と水に変換されることになる．

体外から摂取する抗酸化物質の多くは，これらの酵素の機能破綻を補うために働く．そのため，抗酸化物質の機能を知るには抗酸化物質の二次反応速度と，その濃度の情報が必要となる．

6.7.1 スーパーオキシド($O_2^{\cdot-}$)消去能

表6.5に，ESR法で決定された代表的なスーパーオキシド消去物質の二次反応速度を示した．キサンチンオキシダーゼで発生させたスーパーオキシドをスピントラップ剤のDMPOで捕捉し，その生成量を求めて決定している．脚注(欄外)に示した競争反応を用いると，スピン付加体の信号を50%消去する濃度50%(IC_{50})が求まる．

〈脚注〉**ESRスピントラップ法による活性酸素消去反応の速度論的研究**

ESRスピントラップ法は活性酸素ラジカルとさまざまな生体関連物質の速度論的な研究に応用されている．ここではESRスピントラップ法の観測結果から，活性酸素種(ROS・)と抗酸化物質(AOX)の二次反応速度定数(k_2)を競争反応の取扱いから解析する手法を概説する．

まず，ラジカル捕捉剤であるDMPOとROS・からDMPO-ORSを生成する反応〔式(1)〕の二次反応速度定数をk_1とする．さらに，AOXとROSの反応で酸化生成物(products)を生成する反応〔式(2)〕の二次反応速度定数をk_2とする．ESRスピントラップ反応系にAOXが共存すると，ROS・に対するDMPOとAOXの反応が競争的に進行する．

$$\text{DMPO} + \text{ROS·} \xrightarrow{k_1} \frac{\text{DMPO-ROS}}{\text{ROS}} \qquad (1)$$

$$\text{AOX} + \text{ROS·} \xrightarrow{k_2} \text{生成物} \qquad (2)$$

式(1)と式(2)の時間tにおける反応速式は，式(3)，式(4)のように示せる．ここで，$[\text{DMPO}]_t$，$[\text{AOX}]_t$，および$[\text{ROS·}]_t$は，時間tにおけるそれぞれの濃度である．

$$\frac{d[\text{DMPO-ROS}]}{dt} = k_1 [\text{DMPO}]_t [\text{ROS·}]_t \qquad (3)$$

$$\frac{d[\text{生成物}]}{dt} = k_2 [\text{AOX}]_t [\text{ROS·}]_t \qquad (4)$$

ROS・に対してDMPOが十分量存在するとき($[\text{ROS·}]_t \ll [\text{DMPO}]_t$)，$[\text{DMPO}]_t$は$[\text{DMPO}]_0$に等しいと近似できる．また，抗酸化物質の濃度$[\text{AOX}]_t$も$[\text{AOX}]_0$に等しいと近似すると式(5)と式(6)が得られる．なお，$[\text{DMPO}]_0$と$[\text{AOX}]_0$はそれぞれの初濃度である．↪

6.7 活性酸素およびフリーラジカルに対する抗酸化物質の標準化

表6.5 それぞれの抗酸化物質のスーパーオキシド消去能

活性酸素種	抗酸化物質	二次反応速度($mol^{-1} L s^{-1}$)
スーパーオキシド($O_2^{\cdot-}$)	Cu/Zn-SOD	1.60×10^9
	Mn-SOD	2.10×10^9
	Fe-SOD	3.00×10^9
	ペルオキシダーゼ(HRP)[a]	2.40×10^6
	フェリシトクロム c	4.80×10^6
	ピロガロール	4.30×10^6
	セルロプラスミン	8.10×10^5
	L-アスコルビン酸	4.30×10^5
	エピネフリン	1.40×10^5
	カタラーゼ	9.60×10^5
	アドレナリン	1.40×10^5
	(+)-カテキン	6.40×10^4
	アセトアミノフェン	1.40×10^4
	アロプリノール	1.70×10^4
	トロロックス(Trolox)	1.40×10^4
	ジンゲロン	3.50×10^2

a) HRP：セイヨウワサビペルオキシダーゼ．

$$\frac{d[\text{DMPO-ROS}]}{dt} = k_1 [\text{DMPO}]_0 [\text{ROS} \cdot]_t \tag{5}$$

$$\frac{d[\text{生成物}]}{dt} = k_2 [\text{AOX}]_0 [\text{ROS} \cdot]_t \tag{6}$$

AOXを含まないコントロール溶液におけるDMPO-ROSの濃度をI_0，AOXが共存する場合のDMPO-ROSの濃度をIとして両式を整理すると，式（7）と式（8）が得られる．

$$I = k_1 [\text{DMPO}]_0 [\text{ROS} \cdot]_t \tag{7}$$

$$I_0 - I = k_2 [\text{AOX}]_0 [\text{ROS} \cdot]_t \tag{8}$$

ここで，IがI_0の50%に減少するAOXの濃度をIC_{50}とすると，両式は等しくなるので，k_1とk_2の関係式，式（9）および式（10）が得られる．

$$k_2 = k_1 \frac{[\text{DMPO}]_0}{IC_{50}} \tag{9}$$

$$\frac{k_2}{k_1} = \frac{[\text{DMPO}]_0}{IC_{50}} \tag{10}$$

式（9）はESRスピントラップ法からAOXのk_2値を評価するうえで重要な関係式である．たとえば，キサンチンオキシダーゼ(xanthine oxidase；XOD)から生成する$O_2^{\cdot-}$をDMPO-O_2^-として検出し，その信号強度(Y_0)がSOD(superoxide dismutase)などの抗酸化物質の添加量に依存して減少する過程のスペクトルを定量的に計測している．そして，DMPO-O_2^-の信号強度が半減するSODの濃度(IC_{50})をStern-Volmer型のプロットによって解析し，式（9）からk_2を評価している．このようにDMPOを使用したESRスピントラップ法はk_2値の評価に有用であるが，定量的なESR測定を遂行するには高い技術が必要である．

$$k_2 = k_1 \times \frac{[\text{DMPO}]}{[\text{IC}_{50}]} \tag{6.1}$$

このとき，DMPOとスーパーオキシドの二次反応速度は$k_2 = 18.6 \ \text{mol}^{-1} \ \text{L} \ \text{s}^{-1}$を示した．

表6.5から明らかなように，植物由来の抗酸化物質のスーパーオキシド消去能は低いことがわかる．しかし，体内酵素の多くは高分子物質で質量は大きく，濃度に換算すると，SODの場合には低分子化合物の約100倍であるので，濃度換算では，$10^7 \ \text{mol}^{-1} \ \text{L} \ \text{s}^{-1}$程度の反応となる．そのため，抗酸化物の量を増やすことで，生体内の抗酸化能を補完することが可能となる．ただ，摂取した場合に体内へ吸収されるかが問題となる．これらを配慮すると，アスコルビン酸（ascorbic acid）の優位性が際立っている．

6.7.2 ヒドロキシルラジカル(HO・)消去能

表6.6には，ESR法で決定された代表的なヒドロキシルラジカル消去物質の二次反応速度を示している．Fenton反応で発生させたヒドロキシルラジカルをスピントラップ剤のDMPOで捕捉し，その生成量を求め決定している．脚注に示した(p.114参照)競争反応を用いて，50%(IC_{50})を求めることで決定される．

表6.6 それぞれの抗酸化物質のヒドロキシルラジカル消去能

活性酸素種	抗酸化物質	二次反応速度($\text{mol}^{-1} \ \text{L} \ \text{s}^{-1}$)
ヒドロキシルラジカル (HO・)	L-トリプトファン	1.50×10^{10}
	メチオニン	1.30×10^{10}
	グルタチオン（酸化型）	8.50×10^9
	ヒスチジン	5.00×10^9
	シスチン	4.50×10^9
	フェニルアラニン	3.90×10^9
	グルタチオン（還元型）	3.70×10^9
	リジン	3.50×10^9
	L-アルギニン	3.50×10^9
	尿酸	6.90×10^9
	グルタミン	5.40×10^8
	L-アスコルビン酸	5.70×10^8
	マンニトール	1.70×10^8

$$k_2 = k_1 \times \frac{[\mathrm{DMPO}]}{[\mathrm{IC}_{50}]} \tag{6.2}$$

このとき,DMPOとヒドロキシルラジカルの二次反応速度は$k_2 = 2.6 \times 10^9\ \mathrm{mol^{-1}\ L\ s^{-1}}$を示した.

6.7.3 一重項酸素($^1\mathrm{O}_2$)消去

表6.7は光増感剤のプロトポルフィリンやメチレンブルー(methyleneblue)に光照射し生成させた一重項酸素を,スピン捕捉剤であるTMPDを用いて,ESR装置で測定し求めた抗酸化物質の二次反応速度を示している.

スピントラップ剤であるTMPDで捕捉し,その生成量を求めている.脚注(p.114参照)に示した競争反応を用いて,50%(IC_{50})を求めることで決定される.

$$k_2 = k_1 \times \frac{[\mathrm{TMPD}]}{[\mathrm{IC}_{50}]} \tag{6.3}$$

このとき,TMPDと一重項酸素の二次反応速度は$k_2 = 3.2 \times 10^5\ \mathrm{mol^{-1}\ L\ s^{-1}}$を示した.表6.7にはこれまで計測されている一重項酸素を消去する二次反応速度について整

表6.7 それぞれの抗酸化物質の一重項酸素消去速度

活性酸素種	抗酸化物質	二次反応速度($\mathrm{mol^{-1}\ L\ s^{-1}}$)
一重項酸素($^1\mathrm{O}_2$)	リコピン	3.10×10^{10}
	α-カロテン	1.90×10^{10}
	β-カロテン	1.40×10^{10}
	γ-カロテン	2.50×10^{10}
	アスタキサンチン	2.40×10^{10}
	クリプトキサンチン	2.40×10^{10}
	ゼアキサンチン	6.00×10^{10}
	ヒスチジン	3.00×10^{9}
	ビリルビン	3.20×10^{7}
	トロロックス	3.40×10^{8}
	α-トコフェロール	3.00×10^{8}
	L-アスコルビン酸	1.90×10^{8}
	グルタチオン(還元型)	1.80×10^{8}
	L-トリプトファン	3.00×10^{7}
	コエンザイムQ	2.20×10^{7}

理した.

6.7.4 ペルオキシドラジカル消去能

ペルオキシドラジカルに対する抗酸化実験は，ペルオキシドラジカルの生成系を用いている．

ABAP試薬の光分解より生成した炭素ラジカル(R·)は酸素と反応してペルオキシドラジカル(ROO·)を形成する．このROO·をスピン捕捉剤であるDMPOを用いて，ESR装置で測定し求めた抗酸化物質の二次反応速度を示している．

スピントラップ剤のDMPOで捕捉し，その生成量を求め決定している．p. 114の脚注に示した競争反応を用いて，50%(IC_{50})を求めることでk_2が決定される[31~34].

$$k_2 = k_1 \times \frac{[DMPO]}{[IC_{50}]} \tag{6.4}$$

このとき，DMPOとROO·の二次反応速度は$k_2 = 1.5 \times 10^2$ mol^{-1} L s^{-1}を示した．表6.8にはこれまで計測されたROO·を消去する二次反応速度定数について整理した．LO·との反応速度は2.6×10^4 mol^{-1} L s^{-1}であるので，同様に測定できる．

表6.8 それぞれの化物質のペルオキシドラジカル消去活性

活性酸素種	抗酸化物質	二次反応速度(mol^{-1} L s^{-1})
ペルオキシドラジカル (LOO·)	L-アスコルビン酸	3.40×10^4
	尿酸	4.20×10^3
	α-トコフェロール	7.10×10^3
	グルコース	3.30×10^2
	還元型グルタチオン	3.70×10^3

6.7.5 ヒトの血液中のSOD様活性の値[38~42]

表6.9は，ヒトの生体成分が示すSOD様活性消去能を示している．標準物質として，ウシの赤血球中から分離されたSODを使用しており，その活性はFridovich（フリードビッチ）法で測定され，3300 units mg^{-1}として用いられている．

6.8 抗酸化力を正しく評価するために

酸化ストレス傷害を抑制する抗酸化力の評価は活性酸素およびフリーラジカルと

表6.9 ヒトの体液と組織の SOD 様活性

体液, 細胞	生体内の抗酸化活性		
	units mL^{-1}	μmol L^{-1}	μg mg^{-1} タンパク質
血 球	171.9	1.7	52.1
血 漿	2.9	0.3	0.87
尿 中	7.0	0.7	2.1
髄 液	15.5	0.16	6.9
皮 膚			5.2

反応する抗酸化物質の量と質で表すことができる．総合的な抗酸化力(total reactive oxygen scavenging activity；T-ROSA)の評価は，産生する活性酸素およびフリーラジカルの量を求め，それらを消去する抗酸化物質の濃度と消去速度によって決めることでできる．抗酸化物質の有用性の議論では，四つの活性酸素およびフリーラジカルに対する消去力をその物質の50％消去する物質の濃度(IC_{50})と，二次反応速度を求めることで評価できる．

参考文献

1) J. M. McCord, I. Fridovich, *J. Biol. Chem.*, **244**, 6049 (1969).
2) C. Beauchamp, I. Fridovich, *Anal. Biochem.*, **44**, 276 (1971).
3) E. F. Elstner, A. Heupel, *Anal. Biochem.*, **70**, 616 (1976).
4) Y. Oyanagui, *Anal. Biochem.*, **142**, 290 (1984).
5) H. Ukeda, D. Kawana, S. Maeda, M. Sawamura, *Biosci. Biotech. Biochem.*, **63**, 485 (1999).
6) R. C. Allen, L. D. Loose, *Biochem. Biophys. Res. Commun.*, **69**, 245 (1976).
7) E. G. Janzen, *Acc. Chem. Res.*, **4**, 31 (1972).
8) K. Mitsuta, Y. Mizuta, M. Kohno, M. Hiramatsu, A. Mori, *Bull.Chem. Soc. Jpn.*, **63**, 187 (1990).
9) M. Kohno, Y. Mizuta, M. Kusai-Yamada, T. Masumizu, K. Makino, *Bull. Chem. Soc. Jpn.*, **67**, 1085 (1994).
10) E. G. Janzen, *Acc. Chem. Res.*, **4**, 31 (1972).
11) G. R. Buettner, *Free Radic. Biol. Med.*, **3**, 259 (1976).
12) Y. Mizuta, T. Masumizu, M. Kohno, A. Mori, L. Packer, *Biochem. Mol. Biol. Int.*, **43**, 1107 (1997).
13) S, H. Klein, G. Cohen, A. I. Cederbaum, *Biochemistry*, **20**, 6006 (1981).
14) M. Grootveld, B. Halliwell, *Biochem. J.*, **237**, 499 (1986).
15) W. Bors, C. Michel, M. Saran, *Eur. J. Biochrm.*, **95**, 621 (1979).
16) S. Koga, M. Nakano, K. Uehara, *Arch. Biol. Chem.* **289**, 223 (1991).
17) J. R. Kinofsky, H. Hoogland, R. Wever, S. J. Weiss, *J. Biol. Chem.*, **263**, 9692 (1988).
18) M. Nakano, *J. Biol. Chem.*, **250**, 2404 (1975).
19) H. Wu, Q. Song, G. Ran, X. Lu, B. Xu, *Trends Anal. Chem.*, **30**, 133 (2011).
20) P. R. Ogilby, *Chem. Soc. Rev.*, **39**, 3181 (2010).
21) A. Boveris, N. Oshino, B. Chance, *Biochem. J.*, **128**, 617 (1972).

22) K. Sugioka, H. Nakano, T. Noguchi, *Biochem. Biophys. Res. Commun.*, **100**, 1251 (1981).
23) A. G. Hildebrant, I. Roots, M. Tjoe, G. Heinmeyer, *Method Enzymol.*, **52**, 342 (1979).
24) H. Suzuki, T. Kurita, K. Takinuma, *Blood*, **60**, 446 (1982).
25) Z. F. Nabi, K. Takeshige, S. Hatae, *Exp. Cell Res.*, **124**, 293 (1979).
26) K. Nakamura, K. Ishiyama, H. Ikai, T. Kanno, K. Sasaki, Y. Niwano, M. Kohno, *J. Clin. Biochem. Nutr.*, **49**, 87 (2011).
27) I. C. Green, D. A. Wagner, J. Glogowski, P. L. Skipper, J. S. Wishnok, S. R. Tannenbaum, *Anal. Biochem.*, **126**, 131 (1992).
28) T. Akaike, M. Yoshida, Y. Miyamoto, K. Sato M. Kohno, K. Sasamoto, K. Miyazaki, S. Uketa, H. Maeda, *Biochemistry*, **32**, 827 (1993).
29) N. V. Voevodskaya, A. F. Vanin, *Biochem. Biophys. Res. Commun.*, **186**, 1423 (1992).
30) K. Saito, M. Kohno, *Anal. Biochem.*, **349**, 16 (2006).
31) H. Wang, G. Cao, R. L. Prior, *J. Agric. Food Chem.*, **44**, 701 (1996).
32) G. Cao, H. M. Alessio, R. G. Cutler, *Free Radic. Biol. Med.*, **14**, 303 (1996).
33) B. Ou, M. Hampsch-Woodill, J. A. Flanagan, E. K. Deemer, *J. Agric. Food Chem.*, **49**, 4619 (2001).
34) T. Fujii, T. Yoshikawa, Y. Naito, K. Kondo, M. Kohno, *J. Clin. Biochem. Nutr.*, **27**, 1103 (1999).
35) N. Soh, T. Ariyoshi, T. Fukaminato, K. Nakano, M. Irie, T. Imato, *Bioorg. Med. Chem. Lett.*, **16** (11), 2943 (2006).
36) K. Akasaka, T. Suzuki, H. Ohrui, H. Meguro, *Anal. Lett.*, **20**, 797 (1987).
37) T. P. Misco, R. J. Schilling, D. Salvemini, W. M. Moore, M. G. Currie, *Anal. Biochem.*, **214**, 11 (1993).
38) M. Hiramatsu, M. Kohno, R. Edamatsu, K. Mitsuta, A. Mori, *J. Neurochem.*, **58**, 1160 (1992).
39) E. Maehata, M. Inoue, M. Yano, T. Shiba, M. Yamakado, T. Inoue, S. Suzuki, *J. Japan Diab. Soc.*, **40**, 727 (1997).
40) E. Maehata, H. Simonura, H. Kiyose, A. Hayashi, Y. Sakagishi, *Jpn. J. Geriat.*, **28**, 520 (1991).
41) R. Yamagishi, T. Ichihara, G. Nagano, R. Kamide, *Jpn. J. Dermatol.*（日本皮膚科学会）, **99**, 163 (1989).
42) K. Kimura, *Int. Biochem. Cell Biol.*, **29**, 437 (1997).

第 III 部

活性酸素種および活性窒素種の反応と制御

第 7 章　活性酸素種および活性窒素種の発生系
第 8 章　生体内で活性酸素および活性窒素の発生する酵素系
第 9 章　酸化ストレス傷害を制御する抗酸化酵素の性質と機能

第7章

活性酸素種および活性窒素種の発生系

7.1 はじめに

　これまでいくつかの章で述べられてきたように，細胞や組織成分を酸化し酸化ストレス傷害を引き起こす活性種としては，ふつうの基底状態にある酸素分子（$^3O_2$）以外にさまざまな活性に富む酸素種があり，これらを**活性酸素種**（reactive oxygen species；ROS）という．$^3O_2$の1電子還元種であるスーパーオキシド（O_2^-），2電子還元種である過酸化水素（H_2O_2），電子励起状態の酸素分子である一重項酸素（$^1O_2$），ヒドロキシルラジカル（HO・）が狭義の意味での活性酸素種であるが，広い意味ではこれらの活性種と生体成分〔たとえば不飽和脂肪酸（L）〕との反応に由来するペルオキシドラジカル（LOO・），アルコキシルラジカル（LO・），ヒドロペルオキシド（LOOH），金属-酸素錯体（M-OO・）なども活性酸素種とみなすことができる．また，窒素酸化物である一酸化窒素（NO）や二酸化窒素（NO_2）も活性酸素種あるいは**活性窒素種**（reactive nitrogen species；RNS）といわれている．ここではこれらのうち代表的なものについて，発生の詳細を述べたい．

7.2 活性酸素およびフリーラジカルとは何か

　生体を構成するいろいろな分子は，その結合の分子軌道の最外殻の電子が対になって存在しているのが一般的である．電子が対になっていることで，分子や化合物が安定であることを示している．
　しかしながら，ときには対になっていない不対電子をもった物質が存在する．そ

の代表的なものとして酸素が知られている．われわれが呼吸で吸っている酸素は，安定な基底状態の酸素で，通常，三重項酸素($^3O_2$)とよばれる．この酸素分子は二つの不対電子をもっていて，形式的にはフリーラジカル（ビラジカル）であるが，反応性は活性酸素種に比べるときわめて弱い．

他方，一重項酸素($^1O_2$)は三重項酸素($^3O_2$)が光などのエネルギーを吸収し，その結果，励起され不対電子のスピン方向が逆になったものをいう．この状態はエネルギー的に非常に不安定であり，すぐにほかの化合物と反応する．すなわち，非常に反応性が高いので活性酸素に含まれる．

さらに酸素分子($^3O_2$)は酸化力があるため，比較的容易に電子(e^-)を受けてスーパーオキシド($O_2^{\cdot-}$)を生成する．さらに還元が進むと，過酸化水素(H_2O_2)，ヒドロキシルラジカル($HO\cdot$)を経て，最終的には水(H_2O)になる．これは主としてミトコンドリア内でエネルギー産生の代謝過程で，4電子還元機構といわれる(図7.1)．

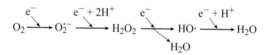

図7.1　活性酸素の発生機序

通常，この過程では2電子ずつ還元されるので，スーパーオキシド($O_2^{\cdot-}$)やヒドロキシルラジカル($HO\cdot$)は生成されないが，どうしても少量のスーパーオキシド($O_2^{\cdot-}$)が副生成物として生成されてしまう．しかし，組織中で生成されたスーパーオキシド($O_2^{\cdot-}$)は共存するMn-スーパーオキシドジスムターゼ〔Mn-SOD(superoxide dismutase)〕によりただちに消去される．

この酸素($^3O_2$)からの還元過程で生成されるスーパーオキシド($O_2^{\cdot-}$)，過酸化水素(H_2O_2)，ヒドロキシルラジカル($HO\cdot$)は酸素($^3O_2$)よりも反応性が高いので，活性酸素という．したがって，一重項酸素($^1O_2$)を含めた四つが**活性酸素種**(ROS)という．

一方，酸素分子($^3O_2$)は2個の不対電子をもつことを示したが，このように不対電子をもつ化合物をフリーラジカルといい，通常は反応性が高い．

フリーラジカルとは，一つまたはそれ以上の不対電子をもつ原子や分子である．フリーラジカルはこのように不対電子をもつので，対になりやすく，きわめて反応性が高い．酸素と活性酸素の反応性を比較すると，$HO\cdot > {}^1O_2 > O_2^{\cdot-} > {}^3O_2) > H_2O_2$の順となる．

ここでみてきたように，活性酸素のうち不対電子をもつスーパーオキシド($O_2^{\cdot-}$)

表7.1 いろいろな活性酸素種

ラジカル	非ラジカル
スーパーオキシド($O_2^{\cdot -}$)	一重項酸素($^1O_2$)
ヒドロキシルラジカル(HO・)	過酸化水素(H_2O_2)
ヒドロペルオキシドラジカル(HOO・)	脂質ヒドロペルオキシド(LOOH)
アルコキシルラジカル(LO・)	次亜塩素酸イオン(ClO^-)
アルキルペルオキシドラジカル(LOO・)	オゾン(O_3)
一酸化窒素(NO)	鉄-酸素錯体($Fe-O_2$ complex)
二酸化窒素(NO_2)	ペルオキシナイトライト($ONOO^-$)

とヒドロキシルラジカル(HO・)はフリーラジカルであるが，一重項酸素($^1O_2$)と過酸化水素(H_2O_2)はフリーラジカルではない．表7.1には代表的な活性酸素とフリーラジカルを示した．

7.3 活性酸素種の生成とその特徴

ここでは，代表的な活性酸素種について生成とその特徴を述べたい．

7.3.1 スーパーオキシド($O_2^{\cdot -}$)

スーパーオキシド($O_2^{\cdot -}$)は酸素($^3O_2$)が最初に1電子還元されて生成される活性種であり，不対電子をもつのでフリーラジカルであると同時に，陰イオンをもっているので，$O_2^{\cdot -}$と表記される．

スーパーオキシド($O_2^{\cdot -}$)は化学的には酸素分子(O_2)の1電子還元により容易に生成される．図7.2には筆者らが電気化学的に酸素分子($^3O_2$)を1電子還元してスーパーオキシド($O_2^{\cdot -}$)を生成させた装置を，図7.3にはそのとき観測したスーパーオキシド($O_2^{\cdot -}$)の紫外部吸収スペクトルと低温(77 K)での電子スピン共鳴(electron spin resonance；ESR)スペクトルを示した[1]．

生体内でのスーパーオキシド($O_2^{\cdot -}$)の発生系としては，食細胞が活性化されたとき(好中球，好酸球，マクロファージなど)，細胞内顆粒(ミトコンドリア，ミクロゾームなど)，酵素〔キサンチンオキシダーゼ，NADPH(nicotinamide adenine dinucleotide phosphate，還元型ニコチンアミドアデニンジヌクレオチドリン酸)オキシダーゼなど〕，さらには生体物質の還元や自動酸化(フラビン，カテコールアミンなど)などが知られている．また，抗がん剤であるブレオマイシンやアドリアマイシンなどを飲んだときなどもスーパーオキシド($O_2^{\cdot -}$)が一時的に生成される．

第7章 活性酸素種および活性窒素種の発生系

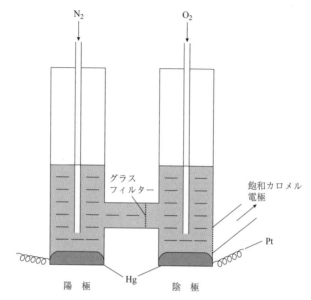

図7.2 スーパーオキシド($O_2^{\cdot -}$)生成のための電解還元装置

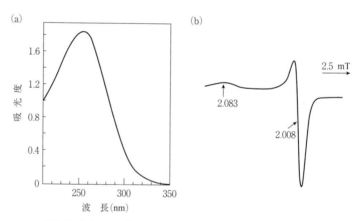

図7.3 (a) スーパーオキシドのUV, (b) ESRスペクトル
(a) 室温, (b) 77 K.

スーパーオキシド($O_2^{\cdot -}$)それ自体は実はそれほど反応性は高くないが，容易にほかの活性酸素に変換されるので，生体防御の面からはスーパーオキシド($O_2^{\cdot -}$)を速やかに消去することが重要である．そのために，生体はスーパーオキシドジスムター

ゼ(SOD)という酵素をもち，速やかにスーパーオキシド($O_2^{\cdot-}$)を消去するシステムが構築されている．スーパーオキシドジスムターゼ(SOD)に関しては第9章を参照されたい．

7.3.2 過酸化水素(H_2O_2)

生体内で生成される過酸化水素(H_2O_2)の大部分は，前述したスーパーオキシドジスムターゼ(SOD)によるスーパーオキシド($O_2^{\cdot-}$)の不均化反応(7.1)により生成

$$O_2^{\cdot-} + O_2^{\cdot-} + 2H^+ \xrightarrow{SOD} H_2O_2 + O_2 \tag{7.1}$$

される．生成された過酸化水素(H_2O_2)は不対電子をもたないのでフリーラジカルではないが，不安定で水(H_2O)と酸素(O_2)に分解されやすく，酸化剤として働くこともでき，また強い酸化剤に対しては還元剤としても働く作用がある．

過酸化水素(H_2O_2)それ自体はそれほど高い活性は示さないが，鉄イオン(Fe^{2+})や銅イオン(Cu^+)などと共存すると，酸化還元反応(Fenton 反応)〔式(7.2)〕が起こり，きわめて反応性の高いヒドロキシルラジカル(HO・)が生成される．

$$Fe^{2+} + H_2O_2 \longrightarrow Fe^{3+} + HO\cdot + HO^- \tag{7.2}$$

過酸化水素(H_2O_2)はスーパーオキシド($O_2^{\cdot-}$)と異なり，中性分子なので特別のチャネルがなくても細胞膜を構成する脂質二重膜を通過でき，細胞内に入ることができる．そのため，過酸化水素(H_2O_2)が細胞外で生成されると細胞内に入れるので，そこに存在する金属イオンと反応し，ヒドロキシルラジカル(HO・)を生成し細胞傷害を引き起こす恐れがある．たとえば，赤血球では鉄を十分にもっているので，過酸化水素(H_2O_2)により容易に溶血されるが，これは Fenton 反応により生成したヒドロキシルラジカル(HO・)の作用の結果である．

生体内での過酸化水素(H_2O_2)のスカベンジャーとしては，カタラーゼやグルタチオンペルオキシダーゼが知られている(第9章参照)．

7.3.3 ヒドロキシルラジカル(HO・)

ヒドロキシルラジカル(HO・)は活性酸素種(ROS)のなかでも最も反応性が高く，ほぼすべての生体構成成分と反応する．反応の様式としては，水素原子の引き抜き，不飽和結合への付加，あるいは電子移動反応などがある．

ヒドロキシルラジカル(HO・)の生体内での生成は，放射線などの場合を除きほと

んどが鉄や銅などの金属イオンによる過酸化水素(H_2O_2)の還元反応によると考えられる。たとえば、鉄イオンの場合は式(7.2)に示した Fenton 反応である。

$$Fe^{2+} + H_2O_2 \longrightarrow Fe^{3+} + HO\cdot + HO^- \qquad (7.2)$$

生体内では、Fe^{2+} は Fe^{3+} がスーパーオキシド($O_2^{\cdot -}$)により還元されて生じる〔式(7.3)〕。

$$Fe^{3+} + O_2^{\cdot -} \longrightarrow Fe^{2+} + O_2 \qquad (7.3)$$

この式(7.2)と式(7.3)を組み合わせると、式(7.4)に示す Haber-Weiss 反応[2] となる。

$$H_2O_2 + O_2^{\cdot -} \longrightarrow O_2 + HO\cdot + HO^- \qquad (7.4)$$

生体内では、このように金属イオンの触媒により、ヒドロキシルラジカル(HO・)が生成される。

ここで示した Fenton 反応〔式(7.2)〕の二次反応速度定数は $k = 10^2 \sim 10^4$ mol^{-1} L s^{-1}、金属イオンを触媒とした Haber-Weiss 反応〔式(7.4)〕の二次反応速度定数は $k = 10 \sim 10^2$ mol^{-1} L s^{-1} であり、生体内では Fenton 反応がヒドロキシルラジカル(HO・)の生成系の一つと考えられる。

こうして生成されたヒドロキシルラジカル(HO・)は、きわめて反応性が高く、寿命も短い。したがって、ヒドロキシルラジカル(HO・)の発生部位から離れた標的分子には到達することはできない。このことは、ヒドロキシルラジカル(HO・)が標的分子を攻撃するためには、標的分子の近傍に金属イオンが存在し、さらにそこにスーパーオキシド($O_2^{\cdot -}$)が存在することが必要であると考えられる。

パルスラジオリシス法で求められたヒドロキシルラジカル(HO・)と種々の生体分子との反応速度定数は $10^8 \sim 10^9$ mol^{-1} L s^{-1} であり、その反応は特異的ではない。ヒドロキシルラジカル(HO・)と反応する分子の濃度を 10 mmol^{-1} L とし、その反応速度定数を 10^9 mol^{-1} L s^{-1} とすると、ヒドロキシルラジカル(HO・)の平均寿命は約 70 ns となる。この寿命内におけるヒドロキシルラジカル(HO・)の拡散距離は約 20 nm でほとんど拡散できない[3]。したがって、もしヒドロキシルラジカル(HO・)が生体内で発生すると、最初に出会った分子と反応し、その分子が細胞の機能にとって重要である場合には細胞傷害を引き起こすことになる。

7.3.4 一重項酸素($^1O_2$)

一重項酸素($^1O_2$)は不対電子をもたないのでフリーラジカルではないが，きわめて反応性が高いので活性酸素に含まれる．化学的には一重項酸素($^1O_2$)は三重項酸素($^3O_2$)にエネルギーを吸収させて電子スピンを反転させることで生成される．図7.4に示すように，光感受性物質(ヘマトポルフィリンなど)に光を照射して励起三重項状態の光感受性物質を生成させ，そのエネルギーを三重項酸素($^3O_2$)に与えて電子スピンを反転させ，一重項酸素($^1O_2$)が生成される．一重項酸素($^1O_2$)には酸素分子のπ^*軌道で対をつくっている$^1\Delta_g$と，異なった軌道で逆向きになっているΣ_g^1が存在する(図7.5)．しかし，Σ_g^1タイプのものは非常に不安定でその寿命は約10 psと短く，速やかに励起エネルギーの一部を転移して$^1\Delta_g$となるので，通常，反応に

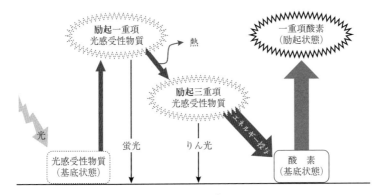

図7.4 一重項酸素($^1O_2$)の生成

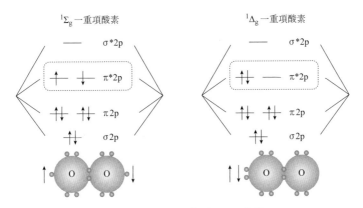

図7.5 一重項酸素($^1O_2$)の電子軌道

表7.2　$^1\Delta_g$の一重項酸素($^1O_2$)の溶媒中での寿命

溶媒	平均寿命(μs)
H_2O	2
D_2O	20
C_2H_5OH	12
C_6H_6	24
CS_2	200
CCl_4	700

関与するのは$^1\Delta_g$タイプの一重項酸素($^1O_2$)である．

　水溶液中で一重項酸素($^1O_2$)が自発的に消去すると，その寿命は2 μsであり，その拡散距離は100 nmほどになる．一方，有機溶媒中，とくに非極性溶媒中ではその寿命は長くなる(表7.2)[4]．したがって生体膜の疎水環境中では，一重項酸素($^1O_2$)の寿命が長くなることが推測される．

　一重項酸素($^1O_2$)の生体への作用としては，海水浴などで日焼けする現象がよく知られている．すなわち，日光の紫外線により内在性の光感受性物質である色素が励起され，これが三重項酸素($^3O_2$)にエネルギー与え一重項酸素($^1O_2$)を生成したことにより日焼け現象が起こる．

　生体内では，白血球の食作用においてミエロペルオキシダーゼからつくられる次亜塩素酸(HOCl)と過酸化水素(H_2O_2)の反応で一重項酸素($^1O_2$)が生成される[5]．

　一重項酸素($^1O_2$)の生体への作用としては，不飽和脂肪酸と反応して過酸化脂質を生成させたり，タンパク質(アミノ酸)を酸化し，損傷させる．

　近年，がん細胞に集まりやすい光増感剤であるヘマトポルフィリンや5-アミノレブリン酸などを患者に投与し，その後に適切な波長のレーザー光を集積か所に照射し，がん細胞を死滅させる光線力学療法(photodynamic therapy；PDT)では，生成される一重項酸素($^1O_2$)がその主役になっている．

　一重項酸素($^1O_2$)の消去剤としてトコフェロール(ビタミンE)やβ-カロテンなどが知られている．

7.4　酸化活性な気体分子

活性酸素以外にも生体への酸化活性な気体の分子や原子が知られている．

7.4.1 オゾン(O_3)

オゾン(O_3)は三つの酸素原子からなる酸素の同素体で,腐食性が高く,生臭く特徴的な臭気をもつ気体であり,酸化力が強いので広義の活性酸素の一つとされている.水のなかでの分解過程で,オゾンの一部がヒドロキシルラジカル(HO・)を経て分解されることが知られている.

オゾン(O_3)の生成は,通常は空気中での紫外線照射,あるいは酸素中での無声放電など高いエネルギーをもつ電子と酸素分子の衝突によって起こる〔式(7.5)〕.酸素をオゾン発生機に入れて誘導コイルで電圧を加えると,酸素をオゾンに変えることができる.このとき,ガラス管のような絶縁体のなかで電圧がかけられるので,火花や音を伴わない静かな放電が効率よく起こるようになる.この現象は音がないため,無声放電とよばれる.

$$3O_2 \longrightarrow 2O_3 \tag{7.5}$$

また,オゾン(O_3)は不安定な分子なので放置しておくと酸素に変化する〔式(7.6)〕.

$$2O_3 \longrightarrow 3O_2 \tag{7.6}$$

この反応は温度や圧力が高くなるほど速くなる.

オゾン(O_3)は地表の成層圏に存在してオゾン層を形成し,生命にとって有害な紫外線(UV-C)をカットして生体を保護している.しかし,地表付近ではオゾン(O_3)は光化学オキシダントなどとして生成され,大気汚染の原因となっている.

オゾン(O_3)は高い酸化作用をもっているので,殺菌,ウイルスの不活化,脱臭,脱色,有機物の除去などに用いられている.

7.4.2 二酸化窒素(NO_2)

窒素酸化物である一酸化窒素(NO)と二酸化窒素(NO_2)はともに不対電子をもつフリーラジカルである.一酸化窒素(NO)についてはすでに第5章で述べられているので,ここでは二酸化窒素(NO_2)について述べる.

二酸化窒素(NO_2)の分子軌道は図7.6に示すように最外殻軌道に不対電子をもつのでフリーラジカルであり,一酸化窒素(NO)とともに活性窒素とよばれる.

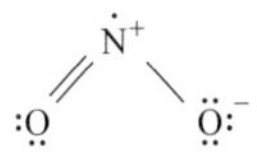

二酸化窒素(NO_2)は赤褐色,刺激臭の強い気体で強い酸化力を示すため,有毒である.通常,一酸化窒素(NO)が酸化されて生成される〔式(7.7)〕.水に溶けやすく,水溶液中では硝

図7.6 二酸化窒素(NO_2)の電子構造

酸と亜硝酸を生成する〔式(7.8)〕．この反応が酸性雨の原因となっている．二酸化窒素(NO_2)は室温では二量体との平衡状態にある〔式(7.9)〕．

$$2NO + O_2 \longrightarrow 2NO_2 \tag{7.7}$$

$$2NO_2 + H_2O \longrightarrow HNO_2 + HNO_3 \tag{7.8}$$

$$2NO_2 \rightleftharpoons NO_4 \tag{7.9}$$

7.4.3 水素原子($H\cdot$)

水素原子は電気的に中性で，一つの陽子と一つの電子がCoulomb力で結合している．水素原子($H\cdot$)は還元作用をもつので活性水素ともよばれる．単離した水素原子($H\cdot$)はその存在がまれであるが，水素原子($H\cdot$)はほかの原子と化合物をつくるか，それ自身と結合して水素分子(H_2)を生成する．

水素原子($H\cdot$)は非常に反応性が高く，ほぼすべての元素と結合できる．

7.5 酸化活性な金属イオンと活性酸素種および活性窒素種の成因：活性酸素と関連する微量金属

これまで述べてきたように活性酸素およびフリーラジカルは酸素から直接あるいは金属イオンなどの作用により間接的に生成される．また，ある種の金属は生体内で活性酸素やフリーラジカルを消去し，生体を防御している．

ここでは，どのような金属が活性酸素およびフリーラジカルと関連するかを述べたい[6]．

7.5.1 鉄(Fe)

Haberらは水溶液中，カタラーゼによる過酸化水素(H_2O_2)の分解過程でヒドロキシルラジカル($HO\cdot$)が関与していることをはじめて指摘した．その後，HaberとWeissはヒドロキシルラジカル($HO\cdot$)がFenton反応〔式(7.2)〕の中間体であることを推定した[7]．生体内の鉄イオン(Fe^{2+}イオン)はヌクレオシド，有機酸，タンパク質などと錯体を形成している．たとえば，ヌクレオシドであるアデノシン三リン酸(adenosine 5′-triphosphate；ATP)やアデノシン5′-二リン酸(adenosine 5′-diphosphate；ADP)とFe^{2+}の錯体は過酸化水素(H_2O_2)と反応してヒドロキシルラジカル($HO\cdot$)を生成する〔式(7.10)〕．

$$Fe^{2+} + H_2O_2 \longrightarrow Fe^{3+} + HO\cdot + HO^- \qquad (7.2)$$

$$Fe^{2+}\text{-}ATP^{2-} + H_2O_2 \longrightarrow Fe^{3+}(HO^-)\text{-}ATP^{2-} + HO\cdot \qquad (7.10)$$

一方,タンパク質に結合したFeもヒドロキシルラジカル(HO・)の生成に関与している.たとえば,ラクトフェリン(La)に結合したFeが,スーパーオキシド($O_2^{\cdot-}$)と過酸化水素(H_2O_2)からのヒドロキシルラジカル(HO・)の生成〔式(7.11),(7.12)〕の触媒になると考えられている.この反応はFe触媒Haber-Weiss反応とよばれている.フェリチンやヘモシデリンも同様のヒドロキシルラジカル(HO・)生成作用をすると考えられているが,トランスフェリンに関してはヒドロキシルラジカル(HO・)の生成の有無については相反する報告がある.

$$Fe^{3+}\text{-}La + O_2^{\cdot-} \longrightarrow Fe^{2+}\text{-}La + O_2 \qquad (7.11)$$

$$Fe^{2+}\text{-}La + H_2O_2 \longrightarrow Fe^{3+}\text{-}La + HO\cdot + HO^- \qquad (7.12)$$

ヘモグロビン(Hb)あるいはメトヘモグロビンは *in vitro* ではFenton反応の触媒になる.しかし,ヘモグロビンが *in vivo* でヒドロキシルラジカル(HO・)の生成に関与しているという確証は得られていない.ヘモグロビンやミオグロビン(Mb)と過酸化水素(H_2O_2)の反応は過酸化水素(H_2O_2)の濃度に依存し,過酸化水素(H_2O_2)が一定量まではフェリル種(Fe^{4+}-酸素錯体)を生成し,過酸化水素(H_2O_2)が過剰になるとヘムの分解が起こって,Fe^{2+}イオンを遊離し,これが過酸化水素(H_2O_2)とFenton反応によりヒドロキシルラジカル(HO・)を生成する.抗生物質であるブレオマイシンはFeと錯体を形成するが,その酸素複合体(ブレオマイシン-Fe-O_2)を経てヒドロキシルラジカル(HO・)を生成し,DNA分子と反応すると考えられている.アドリアマイシン-Feの複合体は空気中で酸化され,スーパーオキシド($O_2^{\cdot-}$)を生成する.

7.5.2 銅(Cu)

Cu^+と過酸化水素(H_2O_2)の反応は,通常,Fenton型の反応でヒドロキシルラジカル(HO・)を生成する.また,Cu^{2+}と過酸化水素(H_2O_2)の反応系でも,ヒドロキシルラジカル(HO・)が生成されることも報告されている[8]

生体内ではCuはCu^{2+}として存在し,通常セルロプラスミンやアルブミンなどのタンパク質と結合したり,あるいはさまざまなCu酵素の活性中心になっている.アルブミンやアミノ酸に結合したCu^{2+}は,スーパーオキシド($O_2^{\cdot-}$)や過酸化水素(H_2O_2)と反応し,ヒドロキシルラジカル(HO・)ないし類似の活性種を生成する.

このとき，ヒドロキシラジカル(HO·)はCuが結合している配位子を攻撃し，遊離の状態にはならない．生体内でのスーパーオキシド($O_2^{\cdot -}$)と過酸化水素(H_2O_2)の毒性発現はヒドロキシラジカル(HO·)生成の触媒となる金属イオンのタンパク質分子内での結合部位に依存する．したがって，アルブミンのもつ高いCuイオン結合能は生物学的には重要な活性酸素およびフリーラジカルに対する防御機構とも考えられる[9]．

一方，Cu/Zn-SODは活性部位が銅イオン(Cu^{2+})であり，スーパーオキシド($O_2^{\cdot -}$)を消去している．しかし，過酸化水素(H_2O_2)が過剰に生成されると，Cn/Zn-SODと過酸化水素(H_2O_2)の反応により，ヒドロキシラジカル(HO·)が生成されることが知られている．

7.5.3 バナジウム(V)

バナジルイオン(VO^{2+})は酸性溶液中での主たるV^{4+}種である．化学的にはVO^{2+}は過酸化水素(H_2O_2)とFenton型の反応によりヒドロキシラジカル(HO·)を生成し，ついで生成したバナデートイオン(VO_2^+)がヒドロキシラジカル(HO·)と過酸化水素(H_2O_2)の反応で生じたヒドロペルオキシドラジカル(HOO·)と付加体を生成することが報告されている〔式(7.13)～(7.15)〕[10]．

$$VO^{2+} + H_2O_2 \longrightarrow VO_2^+ + HO\cdot + HO^- \tag{7.13}$$

$$HO\cdot + H_2O_2 \longrightarrow H_2O + HOO\cdot \tag{7.14}$$

$$VO_2^+ + HOO\cdot \longrightarrow VO_2^+ - HOO\cdot \tag{7.15}$$

VO_2^+種は直接活性酸素は生成しないが，生体内では糖あるいはチオールによりVO^{2+}に還元され，酸素存在下では自動酸化によりスーパーオキシド($O_2^{\cdot -}$)を生じる．

7.5.4 クロム(Cr)

六価クロム(Cr^{6+})化合物は強力な発がん性を示すことは腫瘍実験や動物実験で確立されており，その毒性発現にはヒドロキシラジカル(HO·)が重要な役割を果たしている．ヒドロキシラジカル(HO·)の生成に関してはいくつかの可能性が指摘されてきたが，近年では，Haber-Weiss型の反応〔式(7.16)，式(7.17)〕でヒドロキシラジカル(HO·)が生成されていると考えられている[11]．

$$Cr^{6+} + O_2^{\cdot -} \longrightarrow Cr^{5+} + O_2 \tag{7.16}$$

$$Cr^{5+} + H_2O_2 \longrightarrow Cr^{6+} + HO\cdot + HO^- \tag{7.17}$$

$$H_2O_2 + O_2^{\cdot-} \longrightarrow O_2 + HO\cdot + HO^- \tag{7.4}$$

一方,三価クロム(Cr^{3+})も天然に安定に存在するが,これはほとんど毒性がないと考えられていた.しかし,生体内還元剤(システインやビタミンCなど)が存在するとCr^{3+}はCr^{2+}に還元され,過酸化水素(H_2O_2)の存在下でヒドロキシラジカル(HO·)が生成されることが明らかにされており,Cr^{3+}が必ずしも無害でないことが示唆されている[12].

7.5.5 コバルト(Co)

Co^{2+}塩は発がん遺伝子の修飾,老化などの要因となる因子として,また慢性の血液病にも関与していると考えられている.一方,Co^{2+}はビタミンB_{12}の中心金属として働いている.

最近,Co^{2+}が過酸化水素(H_2O_2)とFenton型の反応でヒドロキシラジカル(HO·)を生成すること[13]が,芳香族化合物のヒドロキシ化およびデオキシリボースの分解で明らかにされた.さらに,ESR-スピントラップ法の実験からヒドロキシルラジカル(HO·)以外にもスーパーオキシド($O_2^{\cdot-}$)ないしヒドロペルオキシドラジカル(HOO·)を生成することが示唆された.また,同一反応系からは一重項酸素($^1O_2$)の生成も認められている[14].

7.5.6 ニッケル(Ni)

ある種のニッケル(Ni)化合物はアレルギー性や発がん性を示す.また,Ni^{2+}はDNA損傷や脂質過酸化を促進することが知られている.これらの毒性発現に活性酸素が関与することが考えられている.最近,Ni^{2+}と過酸化水素(H_2O_2)の反応によるDNAの損傷には,Ni^{2+}-酸素錯体の関与が指摘された.一方,Ni-オリゴペプチド錯体と過酸化水素(H_2O_2)の反応では,配位するペプチドの違いにより生成する活性種が,ヒドロキシルラジカル(HO·),スーパーオキシド($O_2^{\cdot-}$),あるいは一重項酸素($^1O_2$)であることがESR-スピントラップ法で確かめられている[15].また,Ni^{2+}といくつかのペプチドとの錯体はSOD活性をもつことが報告されている[16].

7.5.7 マンガン(Mn)

マンガン(Mn)と活性酸素の関係で顕著なものはMn-SODである.Cu/Zn-SODと同様,スーパーオキシド($O_2^{\cdot-}$)の消去を行っている.また,ある種の微生物ではMnを含むカタラーゼがあり,ヘム-カタラーゼと同様に過酸化水素(H_2O_2)の分解

を行っている[17]．哺乳動物などでは Mn-SOD はミトコンドリア中に含まれており，呼吸鎖の過程で生成される活性酸素を消去している．

7.5.8 セレン(Se)

活性酸素である過酸化水素(H_2O_2)や過酸化脂質(LOOH)を分解する酵素としてグルタチオンペルオキシダーゼ(glutathione peroxidase；GPx)が知られている．この酵素の中心金属としてセレン(Se)が含まれており，その化学構造はセレノシステイン(SeCys)である．GPx はグルタチオンを基質として過酸化水素(H_2O_2)や過酸化脂質(LOOH)を還元し，安定な水やアルコールに変える働きをしている．

7.5.9 チタン(Ti)

化学的には Ti^{3+} 塩と過酸化水素(H_2O_2)の反応式〔式(7.18)〕は，ヒドロキシルラジカル(HO·)の生成系としてよく用いられている[18]．

$$Ti^{3+} + H_2O_2 \longrightarrow Ti^{4+} + HO\cdot + HO^- \qquad (7.18)$$

この反応系により生成されるヒドロキシルラジカル(HO·)と生体分子との反応により，多数の生体分子ラジカルが知られている[19]．また，Ti^{4+} 塩は古くから過酸化水素(H_2O_2)の検出に用いられている．さらに，Ti^{4+} イオンとスピントラップ剤である DMPO(5,5-dimethyl-1-pyrroline *N*-oxide)との反応で DMPO-OH 付加体の生成することが知られている[20]．

7.5.10 セリウム(Ce)

化学的には Ce^{4+} イオンと過酸化水素(H_2O_2)の反応系〔式(7.19)〕は，ヒドロペルオキシドラジカル(HOO·)の生成系として知られている．

$$Ce^{4+} + H_2O_2 \longrightarrow Ce^{3+} + HOO\cdot + H^+ \qquad (7.19)$$

しかし，この反応系から生成されるヒドロペルオキシドラジカル(HOO·)は有機基質との反応性は低い．この反応は最終的には，酸素と水に分解するカタラーゼ様活性を示す．

7.5.11 白金(Pt)

白金(Pt)を含む制がん剤として知られるシスプラチンは *in vitro* ではマクロファージの過酸化水素(H_2O_2)とスーパーオキシド(O_2^-)の放出を増加させることか

ら，シスプラチンは機能の過程で活性酸素を生じ，DNA 鎖切断を行うものと考えられる．一方，Pt^{4+} 化合物（Na_2PtCl_6）がモルモットのマクロファージあるいはキサンチンオキシダーゼ系から生じるスーパーオキシド（$O_2^{\cdot -}$）を増加させることから，シスプラチンの腎毒性がスーパーオキシド（$O_2^{\cdot -}$）によるものと推測された．実際，この腎毒性はスーパーオキシドジスムターゼ（SOD）の添加により軽減されることが実証された．また，腎移植の保存液に Cu/Zn-SOD を添加すると長時間の腎保護効果のあることが示されている[21]．

7.5.12 モリブデン（Mo）

Mo を中心金属とする酵素にキサンチンオキシダーゼ（xanthine oxidase；XO）がある．キサンチンオキシダーゼ（XO）はヒポキサンチンあるいはキサンチンを基質として，酸素存在下で尿酸を生成するが，その反応過程でスーパーオキシド（$O_2^{\cdot -}$）が生成される．現在，生化学系でのスーパーオキシド（$O_2^{\cdot -}$）の生成は，この方法が多く用いられている．

7.5.13 そのほかの金属イオン

ヒ素（As）やベリリウム（Be），カドミウム（Cd）などの発がん性は動物実験や職業がんの発生などから明らかであるが，これら発がん性金属による DNA 損傷を引き起こす活性種は活性酸素であることが明らかにされた[22]．Th^{4+}，U^{6+}，Zr^{4+}，あるいは Hf^{4+} はヒドロペルオキシドラジカル（HOO・）と反応し，ペルオキソ錯体をつくることが知られているが，生物学的にはあまり意味がないと思われる．

参考文献

1) T. Ozawa, A. Hanaki, H. Yamamoto, *FEBS Lett.*, **74**, 99 (1977).
2) F. Haber, J. Weiss, *Naturewissenschaften*, **20**, 1948 (1932).
3) 小林一雄, 蛋白質 核酸 酵素, **33**, 2678 (1988).
4) P. B. Merkel, D. R. Karen, *J. Am. Chem. Soc.*, **94**, 7244 (1972).
5) 中野 稔, 杉岡克明, 蛋白質 核酸 酵素, **33**, 2770 (1988).
6) 小澤俊彦,『生命元素辞典』, 桜井 弘編, オーム社 (2006), p. 235.
7) J. Weinstein, B. H. J. Bielski, *J. Am. Chem. Soc.*, **101**, 58 (1979).
8) T. Ozawa, A. Hanaki, *J. Chem. Soc., Chem. Commun.*, **1991**, 330.
9) B. Halliwell, J. M. C. Gutterridge, *Molec. Aspects Med.*, **8**, 89 (1985).
10) 小澤俊彦, 桐野 豊, 瀬高守男, 管 孝男, 日化誌, **92**, 304 (1971).
11) S. S. Leonard, G. K. Harris, X. Shi, *Free Radic. Biol. Med.*, **37**, 1921 (2004).
12) T. Ozawa, A. Hanaki, *Biochem. Int.*, **22**, 343 (1990).
13) S. S. Leonard, P. M. Gannett, Y. Rojanasakul, D. Schwegler-Berry, V. Castranova, V. Vallyathan, X. Shi, *J. Inorg. Biochem.*, **70**, 239 (1998).

14) Y. Mao, K. J. Liu, X. Shi, *J. Toxicol. Environ. Health*, **47**, 61 (1996).
15) S. Inoue, S. Kawanishi, *Biochem. Biophys. Res. Commun.*, **159**, 445 (1989).
16) J. Ueda, T. Ozawa, M. Miyazaki, Y. Fujiwara, *Inorg. Chim. Acta*, **214**, 29 (1993).
17) B. Halliwell, J. M. C. Gutterridge, "Free Radical in Biology and Medicine, 2nd Ed.," Clarendon Press (1989), p. 92.
18) W. T. Dixon, R. O. C. Norman, *J. Chem. Soc.*, **1963**, 3119.
19) 谷口 仁,『放射線障害の機構』, 山本 修 編, 学会出版センター (1982), p. 17.
20) Y. Miura, J. Ueda, T. Ozawa, *Inorg. Chim. Acta*, **234**, 169 (1995).
21) W. Land, J. L. Zweier, *Transplant. Proc.*, **29**, 2567 (1997).
22) S. Kawanishi, Y. Hiraku, M. Murata, S. Oikawa, *Free Radic. Biol. Med.*, **32**, 822 (2002).

第8章

生体内で活性酸素および活性窒素の発生する酵素系

8.1 はじめに

活性酸素種(reactive oxygen species；ROS)は，生体にとって有害であると同時に生体に必須の役割を担っている．好気呼吸を行う生物にとって，酸素は非常に重要な分子である．たとえば，好気性生物では，解糖系やクエン酸サイクルなどによって有機化合物が二酸化炭素と水に分解される．この過程で得た電子を用いてミトコンドリア内膜で電子伝達が行われる．最終的に，シトクロム c オキシダーゼの働きにより酸素が還元され，水が生成する．

この電子伝達に伴い，ミトコンドリア内膜の内外で電気化学ポテンシャルが生じ，これを利用して ATP(adenosine 5′-triphosphate)が合成される．すなわち，好気呼吸を行う生物は酸素を消費しながら生命活動に必要なエネルギー変換を行い，生体内でのエネルギーである ATP を生産しているといえる(酸化的リン酸化)．酸化的リン酸化以外の代謝でも ATP が合成されるが，その収率は低く，酸素呼吸の効率の高さは好気呼吸を行う生物の大きな特徴といえる．

一方，好気呼吸に必須のミトコンドリアでの電子伝達は，さまざまな ROS を生成するという欠点がある．これらの ROS は細胞に酸化的傷害を与えるため，生体にはその防御機構が存在する．ROS は，一般的にミトコンドリアでおもに生成すると考えられているが，キサンチンオキシダーゼやモノアミンオキシダーゼなどのように，細胞質で ROS を生成する酵素も知られている．

一酸化窒素合成酵素(nitric oxide synthase；NOS)や NADPH オキシダーゼ(NADPH)などの酵素による ROS の生成は抗酸化酵素によって厳密に制御されて

おり，一酸化窒素(NO)やスーパーオキシド($O_2^{\cdot-}$)などの ROS が細胞でシグナル伝達や殺菌などに利用されている．さらに，オキシダーゼをはじめとするさまざまな酵素は分子状酸素を活性化し，酵素サイクルの中間体として反応性の高い酸素付加体を生成し，基質の酸化などに用いている．生体内では，好中球，単球，心筋細胞，内皮細胞など多様な細胞で NO が有益な役割を果たしていることも知られている[1]．

生体内で生成する ROS には $O_2^{\cdot-}$，ヒドロキシルラジカル(HO・)，過酸化水素(H_2O_2)，一重項酸素($^1O_2$)などがある．これらの ROS は通常の分子状酸素(O_2)より反応性が高いため，細胞に対する毒性も強い．これら ROS 中の酸素は，O_2 に比べて還元されているといえる．すなわち，$O_2^{\cdot-}$ は O_2 の1電子還元体，H_2O_2 は O_2 の2電子還元体である．つまり，ミトコンドリア内膜などで進行する電子伝達反応の副反応により O_2 に1電子が伝達されれば，$O_2^{\cdot-}$ が生成することになる．$O_2^{\cdot-}$ は過酸化水素を生成したり，NO と反応することにより非常に反応性の高いペルオキシナイトライト(peroxynitrite, $ONOO^-$)を生成する[1]．

このような ROS の生成は細胞に酸化的傷害を与えるため，細胞はこれらに対する防御機構をもっている．たとえば，$O_2^{\cdot-}$ は**スーパーオキシドジスムターゼ**(superoxide dismutase；SOD)の触媒作用により酸化還元され，H_2O_2 と O_2 を生成する($O_2^{\cdot-}$ の不均化反応)．生成した H_2O_2 は Fe^{2+} イオンなどの金属イオンの存在下，HO・が生成するなど，酸化的傷害を与える ROS の一種である．そのため，カタラーゼの触媒作用により H_2O と O_2 にさらに分解される．

ROS による酸化的傷害は細胞にとって有害であるが，NOS による NO の生成やキサンチンオキシダーゼによる H_2O_2 の生成などのように，直接，酵素の触媒作用を利用して ROS を生成し，外来の細菌などの殺菌，細胞機能の制御などに利用するなど細胞にとって必須の反応もある．ROS の制御(不必要な ROS からの防御および適切な ROS の生成)は，非常に重要な生体反応であるといえる．本章では，これら生体内における活性酸素種および活性窒素種の生成系を概説する．

8.2 活性酸素の生成系

8.2.1 キサンチンオキシドレダクターゼ

キサンチンオキシドレダクターゼ(キサンチン酸化還元酵素，xanthine oxidoreductase；XOR)は，ROS を生成する酵素の一つである．図8.1に従い，ヒポキサンチンを尿酸に変換する連続する二つの反応を触媒し，同時に過酸化水素を生成する[2]．

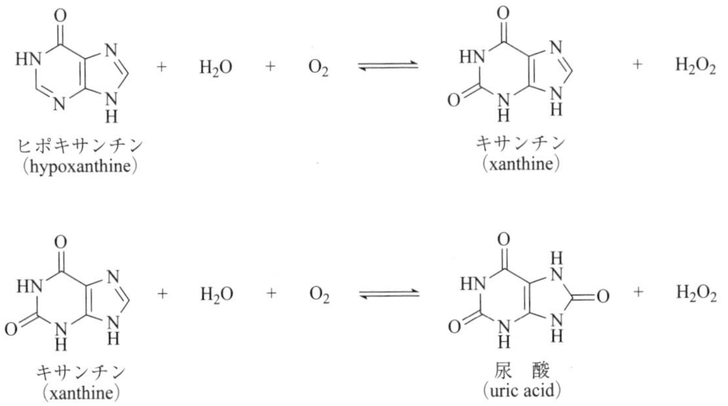

8.2 活性酸素の生成系

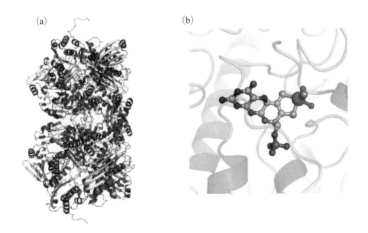

図8.1 キサンチンオキシドレダクターゼの反応

図8.2 (a) キサンチンオキシドレダクターゼの構造, (b) モリブドプテリン
(PDBID：1FO4).

XORは細菌から高等植物，ヒトを含む高等動物まで広範囲に存在している．XORは細胞内にある余剰のプリンヌクレオチド〔ATPやGTP(guanosine 5'-triphoshate)〕を分解し，尿酸として身体から排出するために必要な酵素である．この反応は，酸素原子の転移反応であり，各サブユニットは一つのモリブデン中心と一つのフラビンアデニンジヌクレオチド(flavin adenine dinucleotide；FAD)，さらに二つのFe_2S_2クラスターを含む．モリブデンはモリブドプテリン〔molybdopterin, 図8.2(b)〕という補因子として存在し，モリブデンを含む酸素転移酵素の共通の補

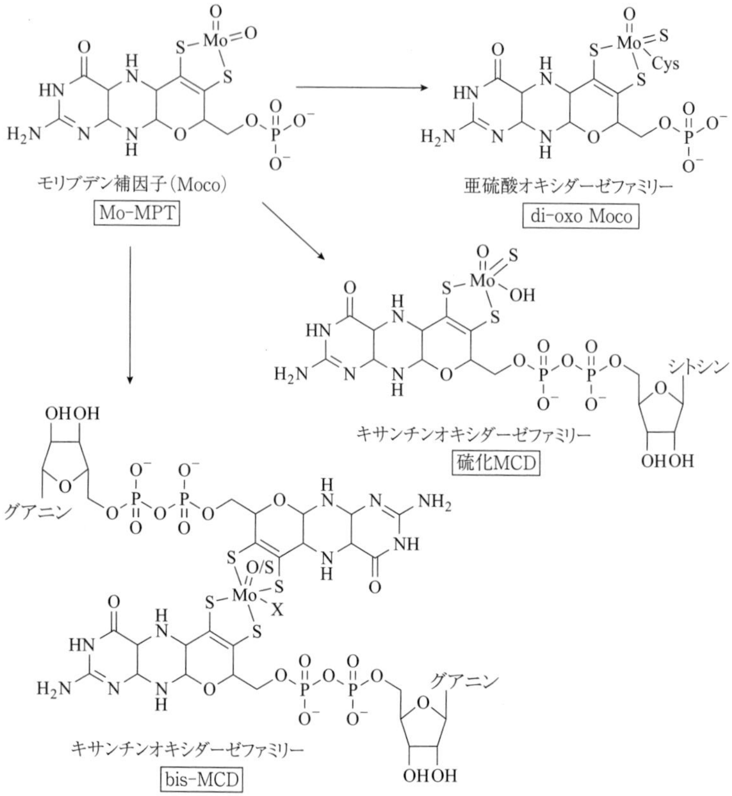

図8.3 モリブデン補因子の構造

（Mo-MPT／di-oxo Moco／硫化MCD／bis-MCD）

因子として知られている（図8.3）[3]．

このようなモリブデンを含む酸素転移酵素として，表8.1のような酵素が存在する[4]．

これらの酵素では，酵素反応に伴い基質1分子から$2H^+ + 2e^-$が生成する．XORはNAD$^+$を電子受容体として用いているため，キサンチンデヒドロゲナーゼ（xanthine dehydrogenase；XDH）ともよばれるが，哺乳類の酵素は酸素をおもな電子受容体とするキサンチンオキシダーゼ（xanthine oxidase；XO）として存在する[6]．$2H^+ + 2e^-$は，酸素分子の存在下，過酸化水素（H_2O_2）と等価であり[7]，XOでは，$2H^+ + 2e^-$の代わりにH_2O_2が生成する（O_2分子が$2H^+$と$2e^-$で還元される）ことが知られている．実際，キサンチン／キサンチンオキシダーゼの系は，H_2O_2の生成系としてよく利用されている．

表8.1 モリブデンを含む酸素転移酵素[5]

酵　素	触媒反応
キサンチンオキシドレダクターゼ	キサンチン + H_2O ⟶ 尿酸 + $2H^+$ + $2e^-$
亜硫酸レダクターゼ	SO_3^{2-} + H_2O ⟶ SO_4^{2-} + $2H^+$ + $2e^-$
硝酸レダクターゼ	NO_3^- + $2H^+$ + $2e^-$ ⟶ NO_2^- + H_2O
ギ酸デヒドロゲナーゼ	HCOOH ⟶ CO_2 + $2H^+$ + $2e^-$
CO デヒドロゲナーゼ	CO + H_2O ⟶ CO_2 + $2H^+$ + $2e^-$
ジメチルスルホキシドレダクターゼ	$(CH_3)_2SO$ + $2H^+$ + $2e^-$ ⟶ $(CH_3)_2S$ + H_2O
トリメチルアミン N-オキシドレダクターゼ	$(CH_3)_3NO$ + $2H^+$ + $2e^-$ ⟶ $(CH_3)_3N$ + H_2O
ビオチンスルホキシドレダクターゼ	ビオチンスルホキシド + $2H^+$ + $2e^-$ ⟶ ビオチン + H_2O

8.2.2 NADPHオキシダーゼ

　白血球のうちおよそ60～70%を占める好中球は，生体内に侵入してくる細菌などに対する感染防御において最も重要な細胞である．好中球は感染した細菌を貪食し，活性酸素を産生することで殺菌する．好中球内での活性酸素の生成にかかわる酵素の一つが **NADPHオキシダーゼ** である．NADPHオキシダーゼに変異が入り活性酸素生成能が低下すると，殺菌能力の低下に伴い重篤な感染症にかかりやすくなる．このことからもNADPHオキシダーゼの感染防御における重要性は明らかである．

　NADPHオキシダーゼは好中球において，スーパーオキシド($O_2^{\cdot-}$)の産生にかかわる酵素である[8]．この酵素は細胞膜シトクロムb558と細胞質成分からなる複合酵素で，好中球による細菌の貪食によりファゴソームが形成されると，酸素消費が通常の10倍以上に活性化される．この酸素消費の増加は，膜成分と細胞質成分の複合体の形成によるNADPHオキシダーゼの活性化による．複合体形成により，図8.4に示す電子伝達反応が進行し，O_2が消費されて$O_2^{\cdot-}$が生成するとともに，さらにほかのROSも生成する．このような酸素消費の増大に伴い，ROSの生成が促進される現象を酸化的バースト(oxidative burst あるいは respiratory burst)とよぶ．NADPHオキシダーゼの構造を図8.4に示す[9]．

　図8.4(a)に示すように，NADPHオキシダーゼは2個のヘム(heme, 図8.5)をもつ6回膜貫通型の膜結合性のドメインと，C末端の可溶性のデヒドロゲナーゼドメインからなる．膜結合性のドメインは2個のヘムを含み，これらヘムのうち細胞外に近い部位に存在するヘムでO_2が還元され，$O_2^{\cdot-}$が生成すると考えられている．C末端の可溶性のデヒドロゲナーゼドメインはフラビンアデニンジヌクレオチド

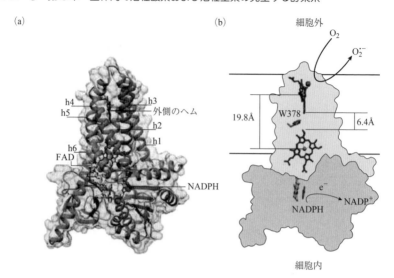

図8.4 (a) NADPHオキシダーゼの構造, (b) タンパク質内の補欠分子族の配置

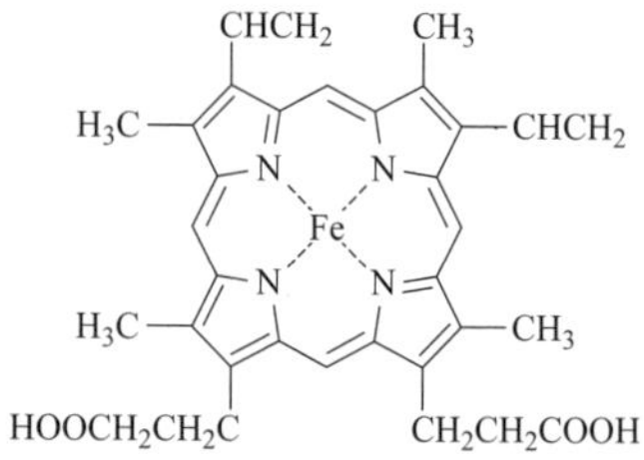

図8.5 ヘムの構造

(FAD)を含んでおり，FADがNADPHより電子を受容する．NADPHから受容された電子はNADPHオキシダーゼ内のFAD，2個のヘムの間を電子伝達し細胞外に近い部位に存在するヘムでは，O_2へと電子移動が進行し，O_2^-が生成する．

8.2.3 ミトコンドリア

ミトコンドリア(mitochondria)は，真核生物の細胞小器官であり，酸化的リン酸化の場である．ヒトの消費するエネルギーのほとんどは，酸素呼吸により供給されている．食物から得られた還元力は，NADHとしてミトコンドリアに供給され，ミトコンドリア内膜に存在する電子伝達系にNADHが電子を供与する．NADHの電子は，まず，複合体Ⅰ(complex Ⅰ)に渡される．complex Ⅰは，NADHとキノ

ン構造をもつ化合物との間の電子伝達を触媒する酵素で，NADH-キノンオキシドレダクターゼとよばれる．NADHから受容した電子は，キノンプールから複合体Ⅲ(complex Ⅲ)，シトクロムc，複合体Ⅳ(complex Ⅳ)へと電子伝達される．ミトコンドリア内の電子伝達の最終電子受容体は酸素分子であり，complex Ⅳ(シトクロムcオキシダーゼ)の触媒作用により，O_2は4電子還元を受けH_2Oになる．

このような電子伝達反応は，ミトコンドリア内膜の内外でプロトン濃度勾配を生成し，電気化学ポテンシャルを発生させる．電気化学ポテンシャルは，同じくミトコンドリア内膜に存在するATP合成酵素に利用され，ATPが合成される．つまり，ミトコンドリア内膜の電子伝達は非常に高いエネルギーをもつ反応であり，この反応を利用して生体内で必要なエネルギーであるATPが生合成される．一方，ミトコンドリアでは電子伝達における電子のリーク(漏れ)が知られており，細胞内でもとくにROSが多く生成することが知られている．図8.6にミトコンドリア内のROS消去系および生成系の概略を示す．

電子伝達における電子のリークによりO_2に電子移動反応が進行すると，O_2は1電子還元され，$O_2^{·-}$が生成する．生成した$O_2^{·-}$はすぐに，スーパーオキシドジスムターゼ(SOD)により不均化され，O_2とH_2O_2が生成する．H_2O_2はカタラーゼによりH_2OおよびO_2に分解される．それ以外にも，グルタチオン/グルタチオンペルオキシダーゼによる消去など，ROSの消去系が発達していることが知られている．一方，NOが存在する場合，$O_2^{·-}$と拡散律速で反応し[10]，より反応性の高いROSの一種であるペルオキシナイトライト($ONOO^-$)が生成する．H_2O_2はFe^{2+}イオンの存在下，ヒドロキシルラジカル($HO·$)を生成する(Fenton反応)．

ミトコンドリア内の電子伝達に伴う電子のリークは，2電子の授受を行うキノンや還元型フラビンアデニンジヌクレオチド(reduced flavin adenine dinucleotide；$FADH_2$)，酸化型フラビンモノヌクレオチド(flavin mononucleotide；FMN)などの酸化還元物質と1電子授受を行う鉄-硫黄クラスター，シトクロムなどの間の電子移動によって起こる．すなわち，2電子の授受を行う酸化還元物質が1電子授受を行うと，中間的な酸化状態であるセミキノンラジカルなどのフリーラジカルが生じる．生じたフリーラジカルが十分な酸化還元電位をもっていれば，O_2への電子移動が進行し，$O_2^{·-}$が生成する可能性がある〔式(8.1)〕．

$$O_2 + e^- \longrightarrow O_2^{·-} \qquad E = -160 \text{ mV(pH7.0)} \qquad (8.1)$$

1 mol L^{-1} O_2での，$O_2/O_2^{·-}$の酸化還元電位は上記のとおり，−160 mVであるが，ミトコンドリア内の酸素濃度は，これよりもかなり低い値であることが知られてい

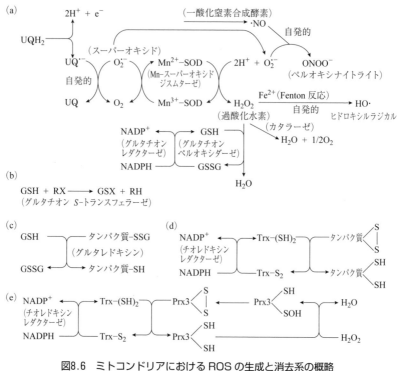

図8.6 ミトコンドリアにおけるROSの生成と消去系の概略
Trx：チオレドキシン，thioredoxin，Prx：ペルオキシレドキシン，peroxiredoxin.

る．たとえば，水に溶解する酸素量に相当する$[O_2]$が25 μmol L^{-1}（酸素分圧3%）だと仮定し，$[O_2^{\cdot -}]$が1～250 pmol L^{-1}だと仮定すると，$O_2/O_2^{\cdot -}$の酸化還元電位はおよそ+150～+230 mVとなり，ミトコンドリア内膜での電子伝達のリークにより$O_2^{\cdot -}$が生成しうることがわかる．

complex Iでは，FMNH$_2$から鉄-硫黄クラスターへの電子移動，および鉄-硫黄クラスターからユビキノンへの電子移動により，それぞれフリーラジカルが生成することから，これらの部位から酸素への電子移動で$O_2^{\cdot -}$が生成するという報告もある．complex IIIでは，キノン部位が$O_2^{\cdot -}$の生成部位であると考えられている．電子伝達阻害剤のない状態では，complex Iと比べ，complex IIIは，$O_2^{\cdot -}$の生成が低いことが知られている．これはセミキノンラジカルが生成しても，ただちにシトクロムb_Lへの電子移動が進行してキノンが生成し，酸素への電子移動が進行しにくいためであると考えられている．一方，complex IIIの阻害剤であるアンチマイシン

(antimycin)を添加すると，complex III内にセミキノンラジカルが蓄積し，$O_2^{\cdot-}$の生成が高まる．

8.3 活性窒素の生成系

　一酸化窒素(NO)はフリーラジカルであり，生体内で多彩な機能をもつシグナル物質である．NOは神経伝達分子やマクロファージによる生体防御にかかわる分子であり，血小板凝集の阻害，血管拡張作用など多彩な機能をもつ．血管内皮細胞では，NOはL-アルギニンとO_2から一酸化窒素合成酵素(NOS)の触媒作用により生成して素早く拡散する．平滑筋細胞で可溶性グアニル酸シクラーゼを活性化し，グアノシン5′-三リン酸(guanosine 5′-triphosphate；GTP)からサイクリックGMP(cyclic guanosine 3′,5′-monophosphate；cGMP)を生成する．NOの作用で生成するcGMPはセカンドメッセンジャーとよばれ，シグナル伝達に直接関与する．たとえば，イオンチャネルの伝導性，グリコーゲンの分解，細胞のアポトーシスなどの調整，平滑筋の弛緩，視覚情報の伝達にかかわっていることが知られており，その機能は多岐にわたる．

　白血球の一種であるマクロファージは，遊走性の食細胞であり，死んだ細胞や体内に侵入した細菌など異物を取り込み，消化する役割を果たす．細菌などの殺菌のためにNOが生成しているとされていたが，最近の研究により，NOが直接殺菌に関与しているわけではなく，NOとスーパーオキシド($O_2^{\cdot-}$)の反応により生成するペルオキシナイトライト($ONOO^-$)が細胞毒性を示していると考えられている．$ONOO^-$は，脂質，DNA，タンパク質などを酸化的に傷害することで細胞毒性を示す[10]．また，生理条件下では，$ONOO^-$とCO_2の反応で$CO_2^{\cdot-}$と$NO_2^{\cdot}$が生成するとされており，これらラジカル種の関与も示唆されている．

　このように，細胞内のシグナル伝達の調整からネクローシスやアポトーシスといった細胞死に関する酸化的傷害まで，NOは幅広い細胞応答のトリガーとしての機能をもつ．NO自身の反応性は，あまり高くなく，生体内で素早く拡散することが可能であることから，シグナル物質として有用であり，その毒性はあまり高くない．しかし，虚血性疾患などにより$O_2^{\cdot-}$の濃度が高まると，NOと$O_2^{\cdot-}$は拡散律速で反応し$ONOO^-$を生成する．$ONOO^-$は，非常に強力な酸化剤であるため，マクロファージで行われる殺菌と同様，細胞傷害により炎症を引き起こすことになる[10]．このほかにも脳内でもNOが定常的に発生していることが知られている．このように，生体内ではNOが広く利用されており，生体内での生理条件下でのNO

の濃度は 1 nmol L^{-1}～1 μmol L^{-1} であると報告されている．また，哺乳類のみならず，魚類や鳥類，無脊椎動物，微生物でも一酸化窒素合成酵素の存在が知られており，NO が広く利用されていることがわかる．

8.3.1 一酸化窒素合成酵素

NO は，**一酸化窒素合成酵素**(nitric oxide synthase；NOS)により，生体内で合成される．上述のとおり，NO は多彩な機能をもっており，動物細胞はそれぞれの機能に応じて3種類の NOS を利用している[11]．脳は，NO 合成が盛んであり，神経型 NOS (neuronal NOS；nNOS)とよばれる NOS が発現している．また，血管内皮細胞には，内皮型 NOS (endothelial NOS；eNOS)が発現している．nNOS および eNOS はシグナル伝達のための NO を低濃度で産生する．一方，誘導型 NOS (inducible NOS；iNOS)はマクロファージでサイトカインにより発現誘導され，外来の細菌などの殺菌のための NO 生産を行っている．

NOS はモノオキシゲナーゼに分類される酵素で，L-アルギニンから，シトルリンと NO を合成する．NOS の反応は，N^G-ヒドロキシ-L-アルギニン(N^G-hydroxy-L-arginine)を反応中間体とした2個の連続した酸化反応で進行すると考えられている．図8.7に NOS の反応式を示す．

反応中間体である N^G-ヒドロキシ-L-アルギニンは，触媒サイクルの間，活性部位に結合したままで存在し，2番目の酸化反応の基質となる[12]．1番目の反応は，NADPH から2電子を受け取り，ヘム上で酸素が活性化され，基質であるアルギニンを酸化し，アルギニンのグアニジノ基がヒドロキシ化される．2番目の反応は，1電子を消費し，酸素を活性化し N^G-ヒドロキシ-L-アルギニンが酸化され，NO とシトルリンが生成する．

哺乳類の NOS はマルチドメイン酵素で，FAD および FMN を含むレダクターゼドメイン，カルシウム結合タンパク質であるカルモジュリン結合部位，ヘムおよび(6R)-5,6,7,8-テトラヒドロビオプテリン〔(6R)-5,6,7,8-tetrahydrobiopterin (BH$_4$)〕を含むオキシゲナーゼドメインからなる[13](図8.8)．

さらに，NOS のレダクターゼドメインはシトクロム P450 のレダクターゼと同様，FAD 結合ドメインと FMN 結合ドメインに分けられる．FMN ドメインはカルモジュリン結合部位を介して，オキシゲナーゼドメインと結合している．NOS の全体の構造は不明であるが，図8.8に示すように，レダクターゼドメインが NADPH から電子を受け取り，オキシゲナーゼドメインに電子伝達しアルギニンから NO を合成すると考えられている．カルモジュリンは電子伝達を制御していると考えられ

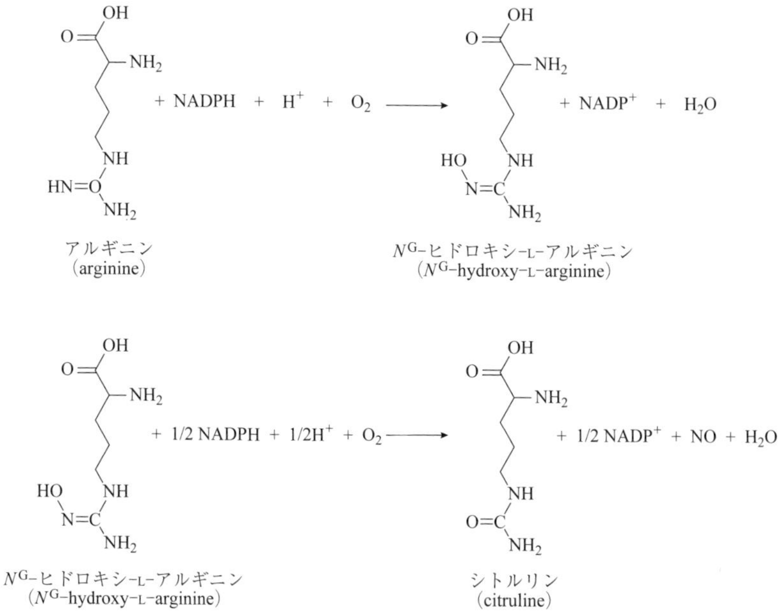

8.3 活性窒素の生成系

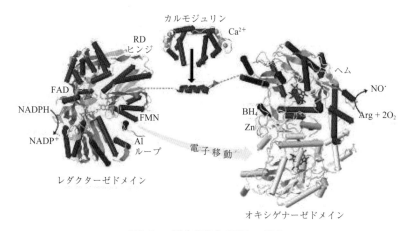

図8.7　一酸化窒素合成酵素の反応

図8.8　一酸化窒素合成酵素の構造

ている．NOSのレダクターゼドメインは，シトクロムP450のレダクターゼと非常に似た構造をしており，FADとFMNは互いに5Åしか離れていない．

このようなNOSによるNOの生成速度は,生理条件下で生体内で観測されるNOの濃度(10 nmol L^{-1}〜10 μmol L^{-1})を維持するには低すぎることから,NOS以外のNOの生産あるいは貯蔵があることが示唆されており,8.6.1項で述べるヘモグロビンの役割が注目されている.

8.3.2 亜硝酸レダクターゼ

銅含有亜硝酸レダクターゼ(銅含有亜硝酸還元酵素, copper containing nitrite reductase；CuNIR)は,補因子として銅イオンを含む亜硝酸還元酵素で,亜硝酸イオン(NO_2^-)を一酸化窒素(NO)に1電子還元する酵素である[14].CuNIRは,脱窒菌に含まれ,脱窒過程に関与する重要な酵素である.CuNIRはホモ三量体構造をとっている.一つのサブユニットの構造を図8.9に示す.

図8.9の球が銅イオンで,CuNIRはタイプⅠ銅とタイプⅡ銅をもつマルチ銅タンパク質である.銅タンパク質では,タイプⅠ〜Ⅲ銅が知られており,マルチ銅タンパク質には複数種のタイプの銅イオンが含まれている.タイプⅠ銅はブルー銅ともよばれ,青色を呈する.タイプⅡ銅は一般的にみられる単核の銅イオンを含む.タイプⅢ銅は2核の銅クラスターを含んでおり,2個の銅イオン間の磁気的相互作用が強く(不活性),電子スピン共鳴(electron spin resonance；ESR)スペクトルが測定できない.

CuNIRに含まれるタイプⅠ銅は1個のシステイン(Cys)と,2個のヒスチジン(His)が平面三配位に近い構造をとり,さらに軸方向にメチオニン(Met)が配位している.タイプⅠ銅の酸化状態(Cu^{2+})は,システインの硫黄(配位子)から銅イオン(金属)への電荷移動遷移(ligand to metal charge transfer；LMCT)に由来する強い吸収が600 nm付近にあるため,青色を呈する.還元状態(Cu^+)は無色である.タイプⅠ銅がシュードアズリンやシトクロムc 551などの電子伝達タンパク質から電子

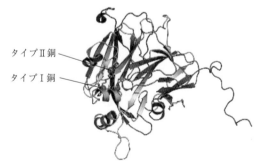

図8.9 銅含有亜硝酸レダクターゼ(CuNIR)の構造
(PDBID：1OE1).

を受容している．受容した電子は，CuNIR の分子内電子移動によりタイプⅡ銅へと伝達される．タイプⅡ銅は3個のヒスチジンが配位しており，休止状態ではさらに水（あるいは水酸化物イオン）が配位している．タイプⅡ銅はタイプⅠ銅から伝達された電子を用いて亜硝酸イオン（NO_2^-）を還元し，NO を発生する．CuNIR の触媒する化学反応式を式(8.2)に示す．

$$NO_2^- + e^- + 2H^+ \longrightarrow NO + H_2O \tag{8.2}$$

すなわち，NO_2^- が還元され NO が生成する際に，1電子と，2プロトンを消費し，水が生成する．CuNIR の反応機構を図8.10に示す[15]．

上述のとおり，休止状態の CuNIR のタイプⅡ銅は水が配位しており，NO_2^- の配位により水が解離する．NO_2^- は銅イオンに対して酸素原子を介してサイドオンで結合している．NO_2^- がタイプⅡ銅に結合すると，タイプⅠ銅から分子内電子移動が進行し銅イオンが還元され Cu^+ になると同時に，銅イオンにサイドオン†で酸素原子を介して結合していた NO_2^- は，窒素原子を介して Cu^+ に配位するようになる．タイプⅡ銅に配位した NO_2^- の近傍にはアスパラギン酸（Asp）が存在し，NO_2^- に対して水素結合をつくる．さらに，水を介したヒスチジンからの水素結合ネットワークも関与し，NO_2^- が還元され，タイプⅡ銅上に NO が生成する．NO の解離に引き続き $2H^+$ が反応し，触媒サイクルが終了する．

8.4 金属中心による酸素の活性化

これまでの項では，細胞内外に ROS が放出される系に関して概説してきた．たとえば，生体内に侵入してくる細菌などに対する防御物質として用いられたり，シグナル物質として利用されたり，ミトコンドリアの内膜で副反応として生成する場合である．本節では，酵素内で酸素原子を活性化し，活性化された酸素を用いて酵素反応を進行させる系について，紹介する．

一般的に，これらの系では，活性化された酸素は，酵素の触媒部位にとどまり，ROS として酵素外へ放出されることはまれであるが，酸素が活性化され，高い反応性をもつ酸素が生成するということで，本節で取りあげる．このように O_2 を活

---

†エンドオン型とは，ヘモグロビンの鉄イオンに対する酸素分子の結合のように，配位子が末端の原子を介して配位している構造のこと．これに対して，サイドオン型の酸素錯体では，酸素分子が2原子とも金属イオンに配位している構造をとる．

エンドオン型　サイドオン型

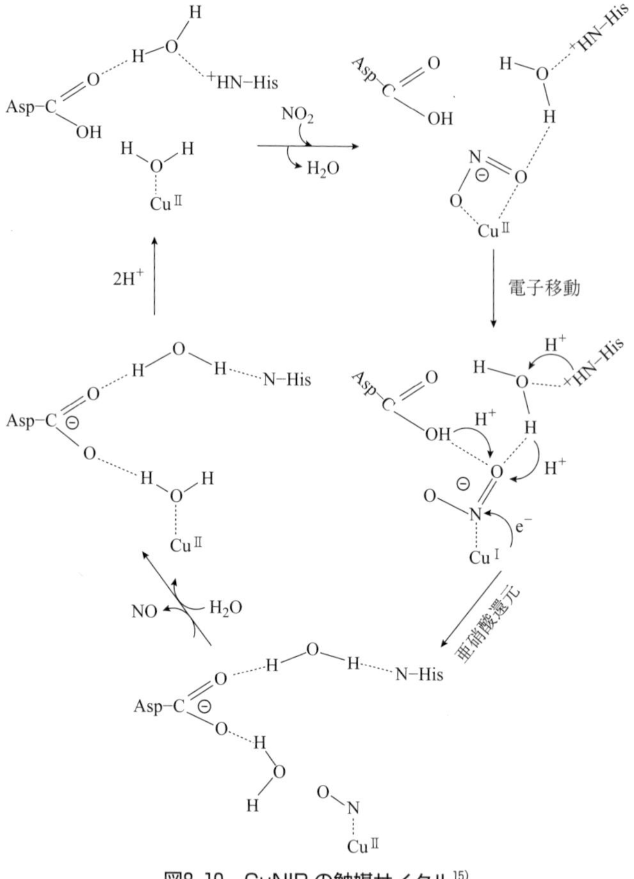

図8.10 CuNIRの触媒サイクル[15]

性化し触媒反応に利用する酵素は,オキシダーゼに分類されている.オキシダーゼのなかにはヘムを反応中心に含む酵素と,ヘムを含まないオキシダーゼの二つに分類される.

8.4.1 ヘムを含むオキシダーゼ

(a) シトクロム P450

シトクロム P450 (cytochrome P450) は,原核細胞からアーキア(古細菌),真核細胞をもつ高等生物にわたり,普遍的に存在する一群のヘムタンパク質の総称である.シトクロム P450 スーパーファミリーは,進化の過程で著しい機能分化とそれ

に伴う分子生物学上の多様性を獲得している．シトクロム P450 は，シトクロムという名称のとおり，ヘム〔Fe-protoporphyrin IX（図8.5）〕を補欠分子族として含んでおり，ヘムオキシダーゼに分類される．しかし，シトクロム P450 の機能は，驚くほど多岐にわたり，還元反応，異性化反応，脱水反応，C−C 結合開裂反応など，多くの反応に関与する．これらの反応は薬物代謝，ステロイドや胆汁酸の合成など多様な生化学反応に利用されている．シトクロム P450 の触媒サイクルの副反応で，活性酸素が生成することが知られており，生成した ROS により脂質やタンパク質，核酸などが酸化され，細胞死や疾病などを引き起こす可能性が示唆されている．

シトクロム P450 は，還元型の酵素に CO を反応させると 450 nm 付近に特異な吸収帯を示すため，このような名称がつけられている．この還元状態にあるタンパク質に CO を反応させると CO 付加体ができるのはヘモグロビンなどの通常のヘムタンパク質と共通の反応であるが，一般的には 420 nm 付近に吸収スペクトルを示すことから明確に区別できる．シトクロム P450 は，ヒトでは肝臓に多く含まれており，さまざまな化合物を水酸化する酵素である．たとえば，ショウノウ（camphor）を酸化する酵素は，シトクロム P450$_{cam}$ のように，シトクロム P450 の後ろに基質の略称を付与することで区別されることが多い．シトクロム P450 は酸素分子を活性化し，式(8.3) の反応式に従い基質を酸化する．

$$RCH_2-R' + O_2 + 2H^+ + 2e^- \longrightarrow RCH(OH)-R' + H_2O \tag{8.3}$$

すなわち，1分子の O_2 と2電子，2プロトンにより基質をヒドロキシ化し，同時に水が生成する反応である．

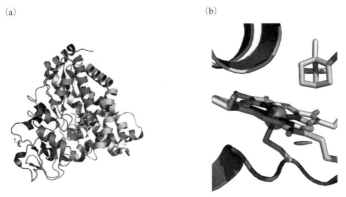

図8.11　シトクロム P450$_{cam}$ の結晶構造
（PDBID：2ZAX）．

図8.11に *Pseudomonas putida* 由来のシトクロム P450$_{cam}$ の結晶構造を示す．α ヘリックスを多く含むシングルペプチドのタンパク質で，1分子当たり1個のヘムを含む．図8.11(b)はヘム近傍の構造の拡大図で，基質であるショウノウがヘム近傍に存在していることがわかる．また，ヘムのFeイオンは，軸配位子としてシステインの側鎖の－SHがチオラートイオン（－S$^-$）として配位しているという特徴をもつ．

シトクロム P450は詳細な酸素分子の活性化のメカニズムが検討されており，図8.12のような触媒サイクルが提唱されている．

（1）休止状態のヘム鉄は，Fe^{3+} のイオンとして存在している．この状態では，酸素とは反応しない．Fe^{3+} イオンには水分子が配位している．この状態にある酵素は，基質と結合することができ，基質の結合に伴い，鉄イオンに配位していた水分子が離脱する．

（2）基質の結合により，鉄イオンから水分子が離脱すると，鉄イオンの酸化還元電位がおよそ100 mV上昇する．すなわち，シトクロム P450は，ほかの分子から電子を受容しやすくなる．

（3）電子を受容すると，Fe^{2+} イオンが生成し還元状態となる．還元状態のヘムは酸素分子と反応し，鉄イオンに酸素が配位する．酸素の配位により Fe^{2+}

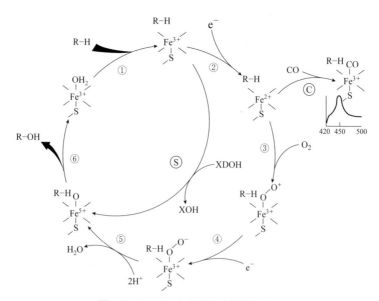

図8.12　シトクロム P450の触媒サイクル

イオンから配位した酸素分子(O_2)に電子が流れ，Fe^{3+} イオンが生成し，鉄イオンに配位した O_2 は，スーパーオキシド($O_2^{\cdot -}$)になる(オキシ体).

(4) シトクロム P450 では，$O_2^{\cdot -}$ の離脱が進行する前に，さらに，1 電子還元が進行すると考えられている．すなわち，鉄イオンに配位している酸素の $O_2^{\cdot -}$ がペルオキシド(O_2^{2-})になる．

(5) さらに，2 個の H^+ が反応し，H_2O が生成すると同時に，$Fe^{5+}=O$ が生成する．これは，$Fe^{4+}=O$ ポルフィリン π カチオンラジカルと平衡状態にあるとされる．シトクロム P450 では，$Fe^{4+}=O$ ポルフィリン π カチオンラジカルが基質を酸化する活性種であると考えられている．休止状態から，$Fe^{4+}=O$ ポルフィリン π カチオンラジカルの生成するためには，$2H^+$，$2e^-$ および O_2 が反応している．これは，過酸化水素(H_2O_2)と等価であることは，8.2.1 項ですでに述べた．実際，シトクロム P450 では休止状態の酵素に H_2O_2 を添加することで，$Fe^{4+}=O$ ポルフィリン π カチオンラジカルが生成し(ペルオキシドシャント，図中の⑤の反応)，触媒サイクルが回ることが知られている．

(6) $Fe^{4+}=O$ ポルフィリン π カチオンラジカルの酸素原子が基質をヒドロキシ化し，生成物が酵素から遊離し，触媒サイクルが 1 周し，酵素は初期状態である休止状態へと戻ることになる．

このように，シトクロム P450 では，基質が酵素に結合することをきっかけに，酸素分子の活性化が進行することで，$Fe^{4+}=O$ ポルフィリン π カチオンラジカルによる酵素自身の酸化や，不要な活性種の生成が抑制されているといえる．しかし，活性化された酸素が基質に確実に移動しなければ，副反応として ROS が生成する[16a]．実際，細胞における内因性の ROS の発生源として，ミトコンドリアの電子伝達系と，シトクロム P450 に対するミクロソーム内の電子伝達系があげられる．これら，電子伝達系で発生した ROS は細胞膜や生体高分子などに酸化的な傷害を与え，がんをはじめとするさまざまな疾病の原因となりうる．正常な細胞では，さまざまな消去系が働くことで，ROS の細胞内レベルは低く保たれている．

図 8.13 は，シトクロム P450 の触媒サイクルにおける活性酸素の生成を示している．太線で示す経路で $O_2^{\cdot -}$ や H_2O_2 が生成する．上述のとおり，シトクロム P450 の触媒部位に基質が結合し，$1e^-$ および O_2 がシトクロム P450 のヘムと反応することで生成する $Fe^{2+}O_2$，あるいは $Fe^{3+}O_2^{\cdot -}$ から $O_2^{\cdot -}$ が脱離することで ROS の一つである $O_2^{\cdot -}$ が生成する．

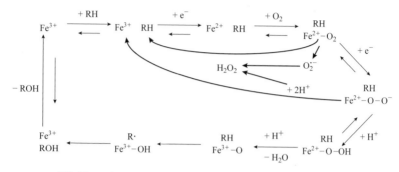

図8.13 シトクロムP450の触媒サイクルにおけるROSの生成[16b)]

(b) ペルオキシダーゼ

ペルオキシダーゼ(peroxidase)は，基質の酸化反応においてH_2O_2を酸化剤として用いるオキシダーゼである．ペルオキシダーゼのうちセイヨウワサビペルオキシダーゼ(horseradish peroxidase；HRP)は精力的に研究され，バイオテクノロジー分野における非常に有用なツールとして利用されてきた．実際，排水処理に利用されたり，生化学におけるツールとしての利用など，非常に応用範囲の広い酵素である．構造的には四つのジスルフィド結合をもつ300アミノ酸程度のタンパク質で，ヘムが1分子ある．HRPは糖タンパク質であり，44kDaのタンパク質当たり，18〜22％もの糖を結合している．ほぼαヘリックスで構成されているタンパク質である．ほとんどのペルオキシダーゼはヒスチジンを第五配位子として利用している．

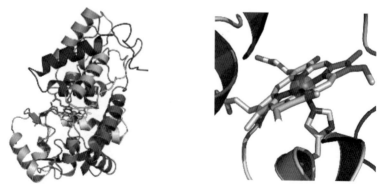

図8.14 (a) セイヨウワサビペルオキシダーゼの構造，(b) 活性中心の構造

唯一の例外はクロロペルオキシダーゼという酵素で，システインが軸配位子である．
　(a)で述べたようにシトクロムP450では$2H^+ + 2e^- + O_2$の代わりにH_2O_2を用いることで基質の酸化反応が進行する(ペルオキシドシャント)．一方，ペルオキシダーゼは生理的な反応として過酸化水素を用いた酸化反応を触媒している〔式(8.4)，図8.15〕．

$$O_2 + 2e^- + 2H^+ \rightleftharpoons H_2O_2 \qquad (8.4)$$

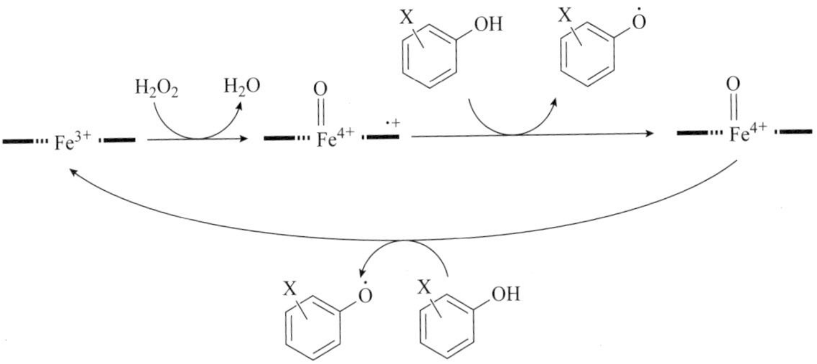

図8.15　ペルオキシダーゼの触媒サイクル

　Fe^{3+}の休止状態のペルオキシダーゼに過酸化水素が反応すると，$Fe^{4+}=O$ポルフィリンπカチオンラジカルが生成し，この酸化活性種がさまざまな基質の酸化反応を行う．ペルオキシダーゼでは，実際にこの$Fe^{4+}=O$ポルフィリンπカチオンラジカルが測定されており，compound Iとよばれている．ペルオキシダーゼの触媒サイクルに示すように，ペルオキシダーゼの反応では基質が酸化され，基質ラ

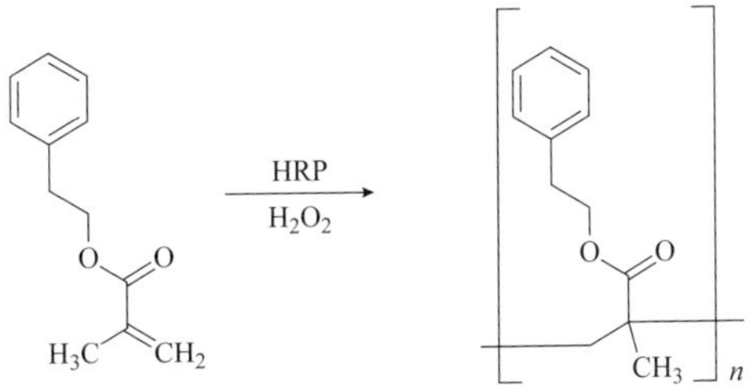

図8.16　セイヨウワサビペルオキシダーゼ(HRP)による重合反応

ジカルが生成することが多く,そのため基質が二量化,三量化などのように多量体化することがある[17]。

また生体内には,8.2.1項で述べたキサンチンオキシダーゼ(XO)(ヒポキサチン + H_2O + O_2 → キサチン + H_2O_2)や,スーパーオキシドジスムターゼ(SOD)($O_2^{·-}$ → O_2 + H_2O_2),(S)-2-ヒドロキシ酸オキシダーゼ〔(S)-2-ヒドロキシ酸 + O_2 → 2-オキソ酸 + H_2O_2〕,L-アミノ酸オキシダーゼ(L-アミノ酸 + H_2O + O_2 → 2-オキソ酸 + NH_3 + H_2O_2),尿酸オキシダーゼ(尿酸 + O_2 + H_2O → 5-ヒドロキシイソ尿酸 + H_2O_2)など,生理的反応でH_2O_2を生成する酵素系が存在する。H_2O_2は酸化剤としては非常に有用であるが,ROSを発生する可能性があるため,後に述べる(c)のカタラーゼやグルタチオンペルオキシダーゼ(glutathione peroxidase;GPx)のような酵素によるH_2O_2の消去系が存在する[18]。

グルタチオン(還元型グルタチオン,reduced glutathione;GSH)は,グルタミン酸(Glu),システイン(Cys),グリシン(Gly)の三つのアミノ酸からなるトリペプチドである。通常のタンパク質に含まれるグルタミン酸とは異なり,アミノ酸側鎖のγ-カルボキシ基でシステインのアミノ基とペプチド結合している(γ-L-グルタミル-L-システイニルグリシン)(図8.17)。細胞内でチオール基をもつ化合物のなかで,グルタチオンはタンパク質以外には最も多量に含まれている。その細胞内の濃度は

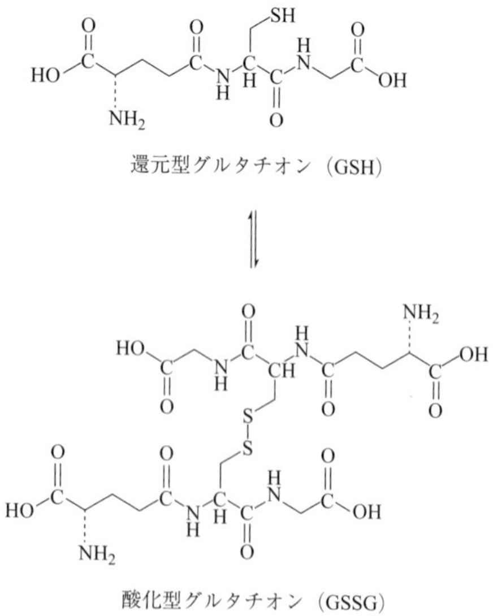

還元型グルタチオン (GSH)

酸化型グルタチオン (GSSG)

図8.17 グルタチオンの酸化型と還元型の構造

1～15 mmol L^{-1}にもなる．グルタチオンは細胞内の主要な抗酸化物質であり，内因性のラジカル種の消去やGPxの補因子として働く．図8.17に示すようにグルタチオンは，還元型グルタチオン(GSH)と酸化型グルタチオン(oxidized glutathione；GSSG)の間の酸化還元反応により抗酸化を示す．

GPxはセレンを含むセレノタンパク質である．セレンはセレノシステインとして，GPxの活性部位に存在している．このことからもセレンはヒトにとっては微量必須元素である．また，セレノシステインは21番目のアミノ酸として，3文字表記はSec，一文字表記はUで示される．セレノシステインは，ふつうは停止コドンとして使われるUGAコドンによって，特別の方法でコードされる．すなわち，mRNA中のUGAコドンはセレノシステイン挿入配列(selenocysteine insertion sequence；SecIS)がある場合にのみセレノシステインとしてタンパク質に組み込まれる．GPxの触媒サイクルを図8.18に示す[18a]．

GPxがH_2O_2あるいは過酸化脂質と反応すると，H_2Oあるいは対応する脂質に還元される．GPxの活性部位に存在するセレンは−SeOH(selenenic acid，セレネン酸)に酸化される．GPxにGSHが反応し，H_2Oが脱離してGPxのSeがGSHと結合してGPx-SeSGとなる．さらにもう1分子のGSHが反応してGSSGが生成し，GPxのセレンはセレノール(GPx-SeH)あるいはセレノラート(GPx-SeO$^-$)となり，これで触媒サイクルが1周する(図8.18ではセレノールとして標記してある)．

この反応により，H_2O_2は消去されH_2Oが生成する．一方，H_2O_2を酸化剤としてとらえると，GSHが酸化されGSSGが生成することになる．GSHはこのように生

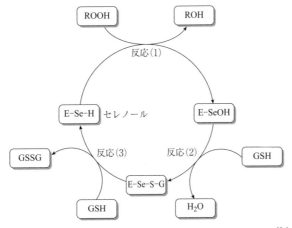

図8.18 グルタチオンペルオキシダーゼの触媒サイクル[18a]

体内でH_2O_2の消去剤として働くのみならず，生体内のラジカル種，とくにROSの消去剤として機能する．さらに，GSH/GSSGとシステイン/シスチンの細胞内のバランスは，疾病の進行を評価する酸化ストレスの指標として用いられている．たとえば，酸化ストレス，加齢，循環器疾患などの進行に伴い，GSHやシステインの酸化が進行することが知られており，加齢では細胞内のGSHとGSSGの濃度も低下することが報告されている[18b]．

(c) カタラーゼ

(b)のグルタチオンペルオキシダーゼ(GPx)のところでも述べたように，**カタラーゼ**(catalase)は過酸化水素の消去を担っている主たる酵素である．最も広く存在しているカタラーゼはシトクロムP450やペルオキシダーゼと同様にヘムタンパク質であり，Fe-プロトポルフィリン(protoporphyrin)IXを補欠分子族としてもっている．カタラーゼは初期の段階から研究されている酵素の一つで，1900年には過酸化水素を水に分解する酵素として命名されている．細菌からヒトを含めた真核生物まで広く存在する酵素で，その割合は大腸菌タンパク質のおよそ0.1%から，高いものではタンパク質の4分の1がカタラーゼという細胞も存在する．このことからも，細胞ではつねにH_2O_2が発生し，その消去を担っているカタラーゼが細胞にとって必須のタンパク質であることがわかる．

カタラーゼは図8.19に示すように四つの同一のサブユニットから構成されており，60あるいは70 kDaの一つのサブユニットに1個のヘムを含む．ヘムはタンパク質の内部深くに存在しており，シトクロムP450やペルオキシダーゼの構造と比較しても，タンパク質表面から内部に含まれるヘムがほとんどみえないことがわか

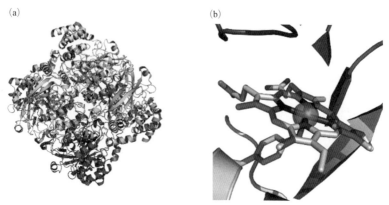

図8.19 (a) カタラーゼの構造，(b) 活性点の構造
(PDBID：1DGF)．

る.

　カタラーゼは，非常に強固な構造をとっており，pHや温度による変性や，タンパク質加水分解に対してほかの多くの酵素に比べて抵抗性が高いことが知られている．鉄イオンは，軸配位子としてチロシンのヒドロキシ基をもっている．

　カタラーゼの触媒サイクルを図8.20に示す．シトクロムP450やペルオキシダーゼのところでも説明したように，H_2O_2は酸化剤として働き，$Fe^{4+}=O$ポルフィリンπカチオンラジカルと水が生成する．この$Fe^{4+}=O$ポルフィリンπカチオンラジカルと2分子目のH_2O_2が反応するが，2分子目の過酸化水素は還元剤として働き，1分子目の過酸化水素により生成した$Fe^{4+}=O$ポルフィリンπカチオンラジカルを還元し，最終的に酸素と水を生成している．つまり反応全体では，2分子のH_2O_2が分解され，2分子のH_2Oと1分子のO_2が生成（$2H_2O_2 \rightarrow 2H_2O + O_2$）するが，基質も$H_2O_2$，酸素の活性化を行うのも$H_2O_2$であり，2分子の$H_2O_2$の役割はまったく異なる．カタラーゼは最も触媒効率の高い酵素の一つで，毎秒数百万分子ものH_2O_2を分解することができる．

　カタラーゼには，3種類の異なるクラスの酵素が知られている[19]．最も広く存在しているカタラーゼが，上述のヘムをもつカタラーゼである．2番目はヘムを含みカタラーゼとペルオキシダーゼ活性を併せもつ酵素で，カタラーゼ-ペルオキシダーゼとよばれている．3番目の酵素は，ヘムを含まないタンパク質（非ヘムタンパク質）でMnを含むカタラーゼである[20]．

　カタラーゼの生理的な役割は上述のとおりROSであるH_2O_2の消去である．ところが，ヒトおよびマウスのケラチノサイトにおけるカタラーゼは紫外線のUV-Bを照射することによりROSを生成するという報告がある[21]．つまり，DNAに傷害

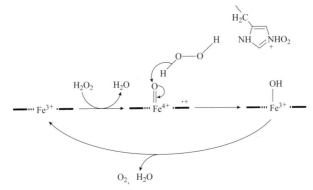

図8.20　カタラーゼによる過酸化水素分解の反応機構

を与えうる高いエネルギーをもつ紫外光をカタラーゼが吸収し、ROSに変換し、生成したROSは細胞のもつ抗酸化酵素により消去されるという機能がカタラーゼに存在する可能性があるという。生成するROSの詳細は不明であるが、ヒドロペルオキシド(RCOOH)であると考えられている。

8.4.2 ヘムを含まないオキシダーゼ
(a) メタンモノオキシゲナーゼ

自然界には、メタンを唯一の炭素源として生育する微生物が存在し、メタン資化細菌とよばれている。メタン資化細菌はメタン代謝の第一段階においてメタンをメタノールにヒドロキシ化する(図8.21)。この酵素が**メタンモノオキシゲナーゼ**(methane monooxygenase; MMO)である。MMOはメタンを分子状酸素(O_2)を用いてメタノールへヒドロキシ化する反応を触媒する。

MMOのメタン酸化反応は工業的に重要な反応である。メタンは天然ガスの主成分であり、環境負荷の少ない燃料である。また、シェールガス革命により天然ガスの可採埋蔵量が増加したため、将来のエネルギー源として期待されている。しかし、メタンは気体であることから貯蔵および輸送が困難であり、液化して用いられている。また、液体状態を保つための極低温貯蔵設備などが必要であるため、コスト高となる。

ほかの方法として常温で液体であるメタノールへの変換がある。しかしながら、メタンからメタノールへの選択的酸化は非常に困難である。これは、メタンのC-H結合エネルギーが104 kcal mol^{-1}と非常に高く、C-H結合の開裂に大きなエネルギーが必要であるためである。現在の工業的なメタノールの製法は、高温・高

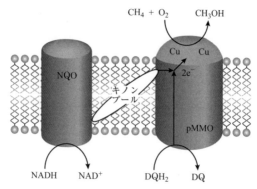

図8.21 メタン資化細菌のNADHからpMMOへの電子伝達経路

8.4 金属中心による酸素の活性化 ● 163

圧下の多段階反応によって行われている．これに対してMMOは，常温・常圧下，一段階でメタンをメタノールに酸化できることから，化学的なメタノール合成法と比べ，少ないエネルギーでメタノールを生産することが期待できる．

MMOはその所在位置により2種類に分類され，細胞質に存在するものが可溶性MMO(soluble MMO, sMMO)であり，細胞内膜に結合しているものが膜結合型MMO(particulate MMO, pMMO)である．NADHからメタン資化細菌 *Methylosinus trichosporium* OB3b 由来のpMMOへの電子伝達経路を図8.21に示す[22]．

NADHから供与される2電子は，NADH：キノンオキシドレダクターゼ(NADH quinone oxidoreductase；NQO)およびキノンプールを介してpMMOへ伝達される．この電子を用いてpMMOはメタンをメタノールへと酸化し，メタノールはさらに代謝されていく．sMMOはメタンに加え，n-アルカン，芳香族炭化水素のヒドロキシ化およびn-アルケンのエポキシ化反応などを触媒する．pMMOは$\alpha_3\beta_3\gamma_3$の9量体構造をとっており(図8.22)，αヘリックスが縦方向に整列している部分が膜結合領域，またβシートに富む領域が細胞質側に突きだす形で存在していると考えられている．メタンの酸化反応は，このβシートに富む領域に存在している銅中心で進行すると考えられている．また，膜結合領域にも金属イオンが存在しており，電子伝達に関与していると思われているが，X線結晶構造解析に利用されたpMMOの結晶は不活性になっているため，その詳細は不明である．

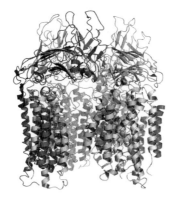

図8.22　**メタンモノオキシゲナーゼの立体構造**
(PDBID：3CHX)．

8.5 一重項酸素の産生

基底状態の酸素分子(O_2)は三重項状態であり,エネルギーを吸収し励起されると一重項酸素が生成する.一重項酸素には$O_2(^1\Sigma_g)$と$O_2(^1\Delta_g)$の2個の状態があるが,$O_2(^1\Sigma_g)$はきわめて短寿命であり,ただちに$O_2(^1\Delta_g)$に変換されるので,生体内ではおもに$O_2(^1\Delta_g)$を取り扱えばよいといえる.

$O_2(^1\Delta_g)$は,さまざまな生体分子と直接反応することが知られている.たとえば,がんの光化学治療では,がん細胞に取り込ませた光増感剤に光照射を行うことで一重項酸素を生成させ,がん細胞に酸化的傷害を与え,がんを壊死させている.さらに,UV-A(320〜400 nm)の紫外線を照射することによっても,一重項酸素が生成する.

これらは,光エネルギーを吸収して光励起した化合物から,三重項酸素へのエネルギー移動によって一重項酸素が生成する.このように光励起により一重項酸素を生成する物質として,プロトポルフィリンやその誘導体,クロロフィル,ソラレンなどが知られている.

8.5.1 ミエロペルオキシダーゼ

ミエロペルオキシダーゼ(myeloperoxidase;MPO)は,白血球の一種の好中球に多く存在するペルオキシダーゼである.好中球が遊走運動により体内に侵入した細菌などを貪食し,食胞を形成する.食胞は好中球内の顆粒と融合,顆粒内の酵素の機能により分解,殺菌される.ミエロペルオキシダーゼは好中球内の顆粒のうち,アズール顆粒に含まれる[23].8.2.2項で述べたように,NADPHオキシダーゼも好中球の膜に含まれ,スーパーオキシド($O_2^{\cdot-}$)を生成することで殺菌に関与している.ミエロペルオキシダーゼの構造を図8.23に示す.

ミエロペルオキシダーゼは,ヘムペルオキシダーゼに分類される酵素であり,過酸化水素(H_2O_2)を用いて塩化物イオン(Cl^-)を酸化し,強力な酸化剤である次亜塩素酸(HOCl)を生成する[23].このH_2O_2は,8.2.2項で述べたNADPHオキシダーゼの作用によりファゴソーム内に生成した$O_2^{\cdot-}$の不均化によって生成する(図8.24).$O_2^{\cdot-}$もH_2O_2もそれ自身は殺菌能力は低く,好中球における殺菌作用はおもにHOClによるものと考えられている.さらに,HOClはH_2O_2との反応により,$^1O_2$を生成し,$O_2^{\cdot-}$との反応により,ヒドロキシルラジカル(HO・)を生成する[24].ミエロペルオキシダーゼは,Cl^-のみならず,SCN^-,NO_2^-などのアニオンを1電子あるいは2電子酸化することができる[25].HOClとH_2O_2の反応を式(8.5)に示す.HOClは,

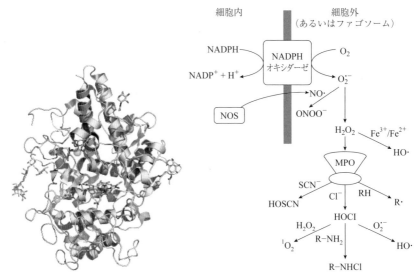

図8.23 ミエロペルオキシダーゼの構造　図8.24 ファゴソーム内のROSの生成[24]

H_2O_2と定量的に反応し, $O_2(^1\Delta_g)$を生成する[23].

$$HOCl + HO_2^- \longrightarrow O_2(^1\Delta_g) + H_2O + Cl^- \tag{8.5}$$

$O_2(^1\Delta_g)$は, がんの光化学療法などでおもに細胞傷害を引き起こすROSであるが, ミエロペルオキシダーゼ中には, より反応性の高いHOClが存在しており, 生理条件下での$O_2(^1\Delta_g)$の寄与は低いと考えられている.

8.6 生体内の酸素濃度の調節

8.6.1 ヘモグロビン

ヒトは外呼吸により, 肺から酸素を取り込み, 血液によって体の隅々まで酸素が運搬される. この酸素の運搬は赤血球に含まれるヘモグロビンが担っている. 血液中にヘモグロビンが含まれることにより, ヘモグロビンを含まない場合と比較して, 50倍も血中酸素濃度が高まることが知られている. 図8.25にヘモグロビンの結晶構造を示す. ヘモグロビンは$\alpha_2\beta_2$の四量体構造をとっており, 4個のサブユニットそれぞれに1個ずつヘムを含む.

酸素結合部位であるヘムの拡大図を図8.25(b)に示す. ヘムは, プロトポルフィ

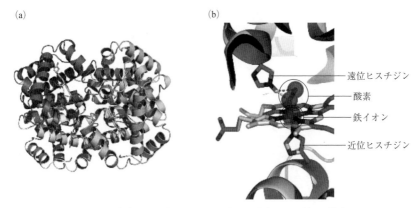

図8.25 (a) ヘモグロビンの結晶構造, (b) ヘム近傍の構造

リンIXの中心金属イオンとして鉄イオンをもっており,ヘモグロビン中のヘムポケットとよばれる比較的疎水性の高い部位に非共有結合で結合している.鉄イオンにはプロトホルフィリンIXのピロール性窒素が4個,さらにヘム鉄の第五配位子としてヒスチジンを含む.このヘム鉄に配位しているヒスチジンを,近位ヒスチジン(proximal His)とよぶ.酸素が結合していないデオキシ型ヘモグロビンでは,ヘム鉄は五配位である.酸素の結合によりヘム鉄は六配位構造をとる〔図8.25(b)〕.すなわち,ヘモグロビンへの酸素の結合は,ヘム鉄に対する酸素分子の配位結合による.酸素結合部位(ヘムポケット)には近位ヒスチジンとは別に,もう1個のヒスチジン残基が存在している〔遠位ヒスチジン(distal His)〕.

　ヘモグロビンに含まれる鉄イオンもシトクロムP450に含まれる鉄イオンと同様に酸化還元を行う.還元型(Fe^{2+})のヘモグロビンの鉄イオンに酸素分子が配位し,酸素結合型ヘモグロビン(オキシヘモグロビン)が生成する.実際には,酸素が鉄イオンに配位するとFe^{2+}イオンから配位した酸素分子に電子が流れ,Fe^{3+}イオンが生成し,鉄イオンに配位した酸素分子は,スーパーオキシド($O_2^{\cdot-}$)になる.酸素濃度が下がるとオキシヘモグロビンより酸素分子が放出され,鉄イオンはFe^{2+}に戻る.このようにしてヘモグロビンは酸素を可逆的に吸脱着することで,酸素の運搬の役割を果たしている.

　オキシヘモグロビンの鉄イオンに配位した,酸素分子は非常に安定に保持されるが,生理条件下でも,24時間でおよそ3%のオキシヘモグロビンから$O_2^{\cdot-}$が脱離するといわれている〔式(8.6)〕.このとき,ヘモグロビン中の鉄イオンはFe^{3+}になり,$O_2^{\cdot-}$が解離した後のヘム鉄の第六配位子として水が弱く配位している(メトヘモグ

ロビン).このように Fe^{2+} イオンが酸素分子により Fe^{3+} イオンに酸化される過程を自動酸化とよぶ[5,26]. メトヘモグロビンは酸素分子の吸脱着ができず,メトヘモグロビン中のヘム鉄をアスコルビン酸などにより還元し,デオキシ体(Fe^{2+})にする必要がある.

$$Hb(Fe^{3+})O_2^{\cdot -} \longrightarrow metHb(Fe^{3+}) + O_2^{\cdot -} \tag{8.6}$$

このような自動酸化があまり進行せず,酸素分子がヘモグロビン中のヘム鉄に安定に配位する理由は,オキシヘモグロビン中のスーパーオキシドが遠位ヒスチジンからの水素結合により,安定化されているためである.

8.3節でも述べたように,NOSにより生成するNOの濃度が,生理条件下で生体内で観測されるNOの濃度($10\,nmol\,L^{-1}$～$10\,\mu mol\,L^{-1}$)に比べ低すぎることから,NOの貯蔵に注目が集まっている.また,NOが反応して生成するニトロソチオールやニトロ化脂質,亜硝酸などが,さまざまな生理的な過程の制御におけるシグナル伝達に関与していることが知られている.とくに,ヘムとNOの反応は,NOの生化学において重要な役割を果たしている[27].たとえば,オキシヘモグロビンはNOと反応して硝酸を生成する(ジオキシゲナーゼ反応)ことから,NO分解の主要な経路であると報告されている.

また,可溶性グアニル酸シクラーゼの活性化は,ヘムへのNOの配位によるタンパク質のコンホメーション変化によるものである.具体的には,不活性な還元型可溶性グアニル酸シクラーゼでは,ヘム鉄の第五配位子としてヒスチジン残基(His)をもっており,五配位構造をとっている.NOはヘム鉄の第六配位子として結合するが,もともとヘムの軸配位子であるヒスチジン残基の結合が切れ,NO配位の五配位構造へと速やかに変換される.このような配位構造変化により,可溶性グアニル酸シクラーゼは活性化され,活性が約200倍増加する.

ヘモグロビンによるNOの酸化反応では,式(8.7)の反応に従い,オキシ体のヘモグロビンによりNOが NO_3^- に酸化され,メト型のヘモグロビンが生成する.

$$Fe^{2+}O_2Hb + NO \longrightarrow Fe^{3+}Hb + NO_3^- \tag{8.7}$$

この反応の反応速度は $10^7\,mol^{-1}\,L\,s^{-1}$ のオーダーであり,NOがヘムポケットに拡散する際の拡散限界と同程度の反応速度であり,非常に高速である.さらに,デオキシ体のヘモグロビンとも反応し,鉄イオンのニトロシル化が進行する〔式(8.8)〕.

$$Fe^{2+}Hb + NO \rightleftharpoons Fe^{2+}NOHb \tag{8.8}$$

この反応は，可逆であるものの結合定数が大きく，NO の解離は起こりにくい．しかし $Fe^{2+}NOHb$ が酸化され，$Fe^{3+}NOHb$ が生成すると，ただちに NO を放出する．このような酸化的な NO の放出が，NO の貯蔵および供給の役割を担っている可能性がある．

システイン残基のチオール基のニトロシル化も，NO 活性の貯蔵の役割を果たしている可能性がある[28]．S-ニトロシルシステインは，NO^+ をほかのチオールに転移する(trans-nitrosation)ことが可能であるため，NO の貯蔵には適しているといえる．ただ，チオールのニトロシル化は，生理条件下ではほとんど進行せず，NO^+ あるいは S^- の存在が必要である．あるいは，亜硝酸(NO_2^-)とデオキシ体のヘモグロビンとの反応により $Fe^{3+}NOHb$ が生成し，これから分子内のシステイン残基のチオールへの NO の転移反応が起これば，システイン残基のチオール基がニトロシル化される(図8.26)．

図にも示すように，ヘモグロビンは NO や NO_2^- との反応により多様な反応を示す可能性があり，NO の代謝および貯蔵に大きな役割を果たしている可能性がある．

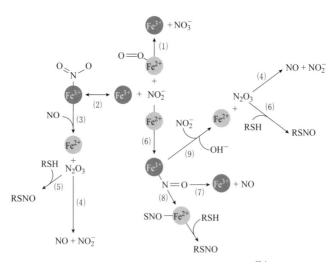

図8.26　赤血球における窒素酸化物の反応[27a]

8.6.2 ミオグロビン

ミオグロビン(myoglobin)もヘモグロビンと同様に酸素(O_2)結合タンパク質であり，おもに脊椎動物の筋肉組織に存在する．酸素分子の結合部位はヘモグロビンと同様にFe^{2+}-プロトポルフィリンIXである．150個程度のアミノ酸からなる一本のポリペプチド鎖で構成されている．

ミオグロビンのX線結晶構造解析の結果を図8.27に示す．8.6.1項で示したヘモグロビンは，4個のサブユニットからなる$\alpha_2\beta_2$の構造をとっており，ミオグロビンは1個のサブユニットからなる立体構造をとっている違いはあるが，8.6.1項の図8.25で示した右下のサブユニットとミオグロビンの立体構造を比べると，ほとんど同一構造をとっていることがわかる．酸素結合部位であるヘムの近傍の構造もヘモグロビンもミオグロビンもほぼ同様の構造をとっており(8.6.1項のヘモグロビンはオキシ体の構造を示しており，一方，8.6.2項のミオグロビンではデオキシ体の構造を示す)，ヘム鉄の第五配位子はヒスチジンのイミダゾールであり，デオキシ体では五配位，オキシ体ではヘム鉄の第六配位子として酸素分子が結合し，ヘム鉄に直接配位していない遠位ヒスチジンからの水素結合によりオキシ体のヘム鉄の第六配位子である酸素分子は安定化されている．

このように，ヘモグロビンとミオグロビンでは，サブユニット構造のみが大きく異なり，一つのサブユニットに着目すると，その立体構造やヘム近傍の構造にはあまり違いがない．しかし，ヘモグロビンは赤血球中に含まれ酸素分子の運搬の役割を果たすのに対し，ミオグロビンでは筋肉組織中で酸素分子の貯蔵の役割を担っている．

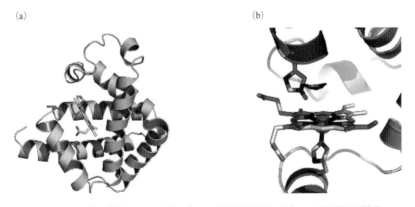

図8.27 (a) デオキシミオグロビンのX線結晶構造，(b) ヘム鉄近傍の構造

単量体であるミオグロビンは，酸素分子を1分子結合する．ミオグロビンと酸素分子との結合の平衡は，式(8.9)および式(8.10)で表される．

$$\text{Mb} \xrightleftharpoons{K} \text{Mb}(\text{O}_2) \tag{8.9}$$

$$K = \frac{[\text{Mb}(\text{O}_2)]}{[\text{Mb}][\text{O}_2]} \tag{8.10}$$

すなわち，図8.28に示すように，酸素分圧に対して酸素飽和度をプロットする（酸素化平衡曲線）と双曲線型となる．

一方，ヘモグロビンの酸素化平衡曲線は，シグモイド型を示す．これは四つのサブユニットをもつヘモグロビンでは4分子までの酸素を結合できるが，4個のサブユニットのヘムに対する酸素分子の親和性が異なることを意味する．実際，次に示すように，最初の酸素分子の結合定数が最も低く，酸素分子の結合数が増えるに従い，結合定数が大きくなる．すなわち，酸素分子の結合に従い，酸素の結合していない残りのヘムの酸素親和性が増大している[29]．これは協同効果とよばれる．

$$\text{Hb} \xrightleftharpoons{K_1} \text{Hb}(\text{O}_2) \xrightleftharpoons{K_2} \text{Hb}(\text{O}_2)_2 \xrightleftharpoons{K_3} \text{Hb}(\text{O}_2)_3 \xrightleftharpoons{K_4} \text{Hb}(\text{O}_2)_4 \tag{8.11}$$

$$K_1 = \frac{[\text{Hb}(\text{O}_2)]}{[\text{Hb}][\text{O}_2]} \tag{8.12}$$

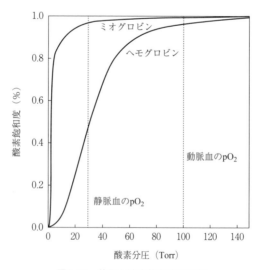

図8.28 分圧と酸素飽和度の関係

$$K_2 = \frac{[\mathrm{Hb(O_2)_2}]}{[\mathrm{Hb(O_2)}][\mathrm{O_2}]} \tag{8.13}$$

$$K_3 = \frac{[\mathrm{Hb(O_2)_3}]}{[\mathrm{Hb(O_2)_2}][\mathrm{O_2}]} \tag{8.14}$$

$$K_4 = \frac{[\mathrm{Hb(O_2)_4}]}{[\mathrm{Hb(O_2)_3}][\mathrm{O_2}]} \tag{8.15}$$

$K_1 = 0.019$, $K_2 = 0.057$, $K_3 = 0.41$, $K_4 = 4.3$

図8.28にヘモグロビンとミオグロビンの酸素分圧と酸素飽和度の関係を示す.

動脈血の酸素分圧ではヘモグロビンもミオグロビンもともに,ほぼすべてのヘムが酸素と結合しているが,静脈血の酸素分圧でも,ミオグロビンはほぼオキシ体のままである.一方,ヘモグロビンの酸素飽和度は50%以下であり,およそ半分のヘムがデオキシ型として存在していることになる.すなわち,肺で酸素と結合したヘモグロビンが血液で末梢組織まで運ばれてくると酸素が放出され,細胞内で消費される.一方,ヘモグロビンにより酸素が放出されても,ミオグロビンは酸素と結合できることから,筋肉組織などに存在するミオグロビンは,酸素を貯蔵できることになる.ミオグロビンに貯蔵された酸素は,酸素消費量が増え,酸素分圧がさらに低下すれば,酸素を放出し,不足分の酸素を供給することになる.

ヘモグロビンでみられる協同効果は,X線結晶構造解析で詳細に調べられている.オキシ体のヘモグロビンは,サブユニット間が比較的に強固に会合しており,T状態〔tense(緊張)状態〕をとっている.一つのヘムに酸素が結合すると,サブユニット間の会合が緩む.この構造変化はほかのサブユニットの構造にも影響をおよぼし,酸素親和性の高いR状態〔relax(リラックス)状態〕となる.このようなT状態からR状態への変化は,酸素が結合するたびに加速するため,図8.28に示すように,結合定数は,酸素の結合数が多くなるほど高くなるのである.

参考文献

1) S. K. Tiwari, A. Rohilla, S. Rohilla, A. Kushnoor, *Int. J. Curr. Pharm. Res.*, **4**(3), 19 (2012).
2) (a) E. E. Kelley, N. K. H. Khoo, N. J. Hundley, U. Z. Malik, B. A. Freeman, M. M. Tarpey, *Free Radic. Biol. Med.*, **48**, 493 (2010); (b) F. Lacy, D. A. Gough, G. W. Schmid-Schonbein, *Free Radic. Biol. Med.*, **25**, 720 (1998).
3) (a) R. Hille, J. Hall, P. Basu, *Chem. Rev.*, **114**, 3963 (2014); (b) G. Schwarz, R. R. Mendel, M. W. Ribbe, *Nature*, **460**, 839 (2009).
4) C. D. Brondino, M. J. Romao, I. Moura, J. J. Moura, *Curr. Opin. Chem. Biol.*, **10**, 109 (2006).

5) S. J. Lippard, J. M. Berg, "Principles of Bioinorganic Chemistry," University Science Books (1994).
6) T. Nishino, K. Okamoto, Y. Kawaguchi, H. Hori, T. Matsumura, B. T. Eger, E. F. Pai, T. Nishino, *J. Biol. Chem.*, **280**, 24888 (2005).
7) J. -P. Mahy, R. Ricoux, in "Handbook of Porphyrin Science," World Scientific Pub. Company (2016), p. 101.
8) J. L. Meitzler, S. Antony, Y. Wu, A. Juhasz, H. Liu, G. Jiang, J. Lu, K. Roy, J. H. Doroshow, *Antioxid. Redox Signal.*, **20**, 2873 (2014).
9) F. Magnani, S. Nenci, E. Millana Fananas, M. Ceccon, E. Romero, M. W. Fraaije, A. Mattevi, *Proc. Natl. Acad. Sci. USA*, **114**, 6764 (2017).
10) P. Pacher, J. S. Beckman, L. Liaudet, *Phys. Rev.*, **87**, 315 (2007).
11) U. Förstermann, W. C. Sessa, *Eur. Heart J.*, **33**, 829 (2012).
12) B. R. Crane, A. S. Arvai, D. K. Ghosh, C. Wu, E. D. Getzoff, D. J. Stuehr, J. A. Tainer, *Science*, **279**, 2121 (1998).
13) (a) S. Daff, *Nitric Oxide*, **23**, 1 (2010); (b) C. Feng, *Coord. Chem. Rev.*, **256**, 393 (2012).
14) L. B. Maia, J. J. Moura, *J. Biol. Inorg. Chem.*, **20**, 403 (2015).
15) Y. Li, M. Hodak, J. Bernholc, *Biochemistry*, **54**, 1233 (2015).
16) (a) E. G. Hrycay, S. M. Bandiera, *Adv. Pharmacol.*, **74**, 35 (2015); (b) A. Veith, B. Moorthy, *Curr. Opin. Toxicol.*, **7**, 44 (2018).
17) G. R. Lopes, D. C. G. A. Pinto, A. M. S. Silva, *RSC Advances*, **4**, 37244 (2014).
18) (a) R. Prabhakar, T. Vreven, K. Morokuma, D. G. Musaev, *Biochemistry*, **44**, 11864 (2005); (b) E. E. Battin, J. L. Brumaghim, *Cell. Biochem. Biophys.*, **55**, 1 (2009).
19) P. Chelikani, I. Fita, P. C. Loewen, *Cell. Mol. Life Sci.*, **61**, 192 (2004).
20) V. V. Barynin, M. M. Whittaker, S. V. Antonyuk, V. S. Lamzin, P. M. Harrison, P. J. Artymiuk, J. W. Whittaker, *Structure*, **9**, 725 (2001).
21) D. E. Heck, A. M. Vetrano, T. M. Mariano, J. D. Laskin, *J. Biol. Chem.*, **278**, 22432 (2003).
22) A. Miyaji, M. Suzuki, T. Baba, T. Kamachi, I. Okura, *J. Mol. Catal. B : Enzymatic*, **57**, 211 (2009).
23) C. Kiryu, M. Makiuchi, J. Miyazaki, T. Fujinaga, K. Kakinuma, *FEBS Lett.*, **443**, 154 (1999).
24) M. B. Hampton, A. J. Kettle, C. C. Winterbourn, *Blood*, **92**, 3007 (1998).
25) J. K. Hurst, *Free Radic. Biol. Med.*, **53**, 508 (2012).
26) H. P. Misra, I. Fridovich, *J. Biol. Chem.*, **247**, 6960 (1972).
27) (a) C. Helms, D. B. Kim-Shapiro, *Free Radic. Biol. Med.*, **61**, 464 (2013); (b) A. J. Gow, B. P. Luchsinger, J. R. Pawloski, D. J. Singel, J. S. Stamler, *Proc. Natl. Acad. Sci. USA*, **96**, 9027 (1999).
28) M. Angelo, D. J. Singel, J. S. Stamler, *Proc. Natl. Acad. Sci. USA*, **103**, 8366 (2006).
29) I. M. Klotz, *Biophys. Chem.*, **100**, 123 (2003).

第9章

酸化ストレス傷害を制御する抗酸化酵素の性質と機能

9.1 はじめに

　生体が酸化ストレスを受けると活性酸素およびフリーラジカルが生成され，それにより生体の傷害が発生する．その結果，いろいろな疾病や発がん，さらには老化を引き起こすことが明らかになってきている[1~3]．したがって，活性酸素およびフリーラジカルに対する生体の防御がきわめて重要な問題である．図9.1に示したように，生体はいろいろなストレスが引き金となって活性酸素およびフリーラジカルが生成され，それらが脂質，タンパク質，糖，DNAなどを攻撃し，脂質や糖の酸化，タンパク質の変性，酵素の不活性化，DNA主鎖の切断や塩基の修飾を引き起こす．その結果，生体膜の損傷，遺伝子の傷害が起こり，最終的にはさまざまな疾病をはじめ，発がんや老化に至ると考えられている．

　このような酸化ストレス傷害を引き起こす要因として，スーパーオキシド($O_2^{\cdot -}$)，ヒドロキシルラジカル(HO・)，アルコキシルラジカル(LO・)，アルキルペルオキシルラジカル(ROO・)，一重項酸素($^1O_2$)などが重要と考えられる．これらの活性酸素およびフリーラジカルは図9.2に示したように生成する[4]．

図9.1　活性酸素およびフリーラジカルによる生体傷害

174 ● 第9章 酸化ストレス傷害を制御する抗酸化酵素の性質と機能

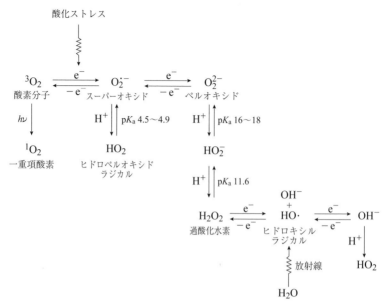

図9.2 酸素および活性酸素種との関係

　このような活性酸素やフリーラジカルによる攻撃と，それらによる傷害から，われわれ好気性生物はどのように身を守っているのであろうか．実際，生体にはきわめて優れた防御機能があり，その結果，危険な面もある酸素をうまく利用できることが可能になったのである．その防御機能にはいくつかの段階がある．すなわち，（ⅰ）活性酸素およびフリーラジカルの生成を抑えること，（ⅱ）（ⅰ）で抑制されなかった活性酸素およびフリーラジカルを速やかに消去，捕捉，安定化させること，（ⅲ）さらに消去されなかった活性酸素およびフリーラジカルによる生体損傷を修復し，再生することである．図9.3にはその概略図を示す．

　ここでは，前述の諸段階で働く抗酸化酵素についてその機能と性質について述べたい．表9.1には酸化ストレス傷害を制御する抗酸化酵素を示した．次にそれぞれの抗酸化酵素の性質と機能について述べる．

9.2 スーパーオキシドジスムターゼ

　前述したように，生体が酸化ストレスを受けると生体に傷害を与える活性酸素が生じる．ほとんどの場合，最初に生成されるのがスーパーオキシド（$O_2^{\cdot-}$）であり，

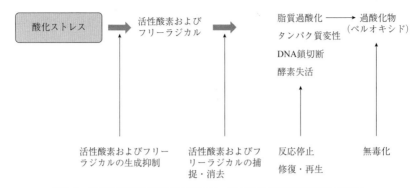

図9.3 生体での活性酸素およびフリーラジカルに対する防御システム

表9.1 活性酸素を消去する酵素

スーパオキシドジスムターゼ(SOD)	スーパーオキシド($O_2^{\cdot -}$)の不均化
カタラーゼ	過酸化水素(H_2O_2)の分解
グルタチオンペルオキシダーゼ(細胞質)	過酸化水素(H_2O_2), 脂質ヒドロペルオキシド(LOOH)の分解
グルタチオンペルオキシダーゼ(血漿)	過酸化水素(H_2O_2), リン脂質ヒドロペルオキシドの分解
チオレドキシン	過酸化水素(H_2O_2)の分解
グルタチオン S-トランスフェラーゼ	脂質ヒドロペルオキシド(LOOH)の分解

生体にとってこれを防ぐのが重要である。しかし、このような考えは1969年に銅,亜鉛-スーパーオキシドジスムターゼ[Cu/Zn-SOD(soperoxide dismutase)]が発見[5]された後の研究で明らかになったことであり,この発見まではスーパーオキシド($O_2^{\cdot -}$)の生体内での生成は証明できなかった.

スーパーオキシドジスムターゼ(SOD)は式(9.1)に示すようにスーパーオキシド($O_2^{\cdot -}$)を不均化して消去する酵素で,ヒトでは細胞内の分布が異なる3種類のアイソザイムが存在する(表9.2).

$$2O_2^{\cdot -} + 2H^+ \longrightarrow O_2 + H_2O_2 \tag{9.1}$$

すなわち,(ⅰ)細胞質に存在する銅,亜鉛-スーパーオキシドジスムターゼ(Cu/Zn-SOD, SOD1),(ⅱ)ミトコンドリアに存在するマンガン-スーパーオキシドジスムターゼ(Mn-SOD, SOD2),(ⅲ)細胞外に存在する細胞外-スーパーオキシドジスムターゼ[extracellular(EC)-SOD, SOD3]が知られている.このほかにも,細

表9.2 スーパーオキシドジスムターゼ(SOD)の分類

	Cu/Zn-SOD	Mn-SOD	EC-SOD
分布	細胞質	ミトコンドリア	細胞外腔
分子量	32,000	88,000	135,000
構成	二量体	四量体	四量体

菌などには鉄-スーパーオキシドジスムターゼ(Fe-SOD)が存在している.

スーパーオキシド($O_2^{\cdot -}$)の反応性は比較的低いが,微量の金属イオンの存在下では反応性の非常に高いヒドロキシルラジカル($HO\cdot$)に変化するため,活性酸素生成の最上流に位置するスーパーオキシド($O_2^{\cdot -}$)を消去するSODの意義はきわめて大きいと考えられる.

9.2.1 Cu/Zn-SOD

Cu/Zn-SODはサブユニットの分子量が16 kDaのホモダイマーで,サブユニット当たりCuとZnを1分子ずつ配位している金属酵素である(図9.4)[6]. 反応中心はCuイオンで,式(9.1)に示すように2分子の$O_2^{\cdot -}$から酸素(O_2)と過酸化水素(H_2O_2)への不均化反応に利用される. Znは酵素の立体構造を安定させていると考えられている. Cu/Zn-SODはほぼすべての細胞の細胞質に存在しており,ヒトではとくに肝臓,赤血球や腎臓に豊富に存在している.

Cu/Zn-SODはシアン化カリウム(KCN)の添加により,酵素活性が失活する.

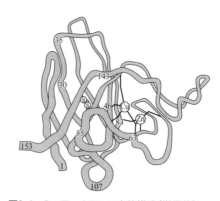

図9.4 Cu/Zn-SODの立体構造(単量体)

9.2.2 Mn-SOD

　Mn-SODはミトコンドリアに局在し,さまざまな酸化ストレスで誘導され,細胞保護に働くことが知られている.Mn-SODはサブユニットの分子量が21 kDaのホモテトラマーで,N末端に24アミノ酸からなるミトコンドリア膜貫通のためのシグナル配列をもつ.ミトコンドリア内に入ったのち,この24個のアミノ酸は切断され,Mnイオンと結合し,Mn-SODとなる.

　Mn-SODは腫瘍壊死因子(tumor necrosis factor；TNF)-α,サイトカイン,エンドトキシンなどで発現が誘導される.この誘導はTNF-α,放射線あるいはある種の抗がん薬に対する耐性や,虚血に対する抵抗性と関連しており,Mn-SODは一種の保護タンパク質として働いていると考えられている[6].

　Mn-SODはCu/Zn-SODとは異なり,KCNでは失活しないので,両者は簡単に区別できる.

9.2.3 EC-SOD

　EC-SODは細胞外へ分泌される酵素で,S. L. Marklundら[7]により発見されたSODの3番目のアイソザイムである.EC-SODはサブユニットの分子量が34 kDaのホモテトラマーで,Cu/Zn-SODと同様に活性中心であるCuと構造維持のためのZnをサブユニット当たり1個ずつもっている.

　酸化ストレスによる発現調節や生体内での役割に関しては不明の部分も多いが,脂肪組織や血管平滑筋に比較的多く存在することから,動脈硬化やメタボリックシンドロームとの関連が指摘されている[6].血管内皮由来の血管弛緩因子である一酸化窒素(NO)は,同様に血管内皮由来のスーパーオキシド($O_2^{\cdot -}$)と拡散律速に近い速度で反応し,ペルオキシナイトライト(peroxynitrite, $ONOO^-$)を生成する.EC-SODはスーパーオキシド($O_2^{\cdot -}$)を除去することで一酸化窒素(NO)の寿命を延ばし,一酸化窒素(NO)による血管拡張作用を持続させるとともに,ペルオキシナイトライト($ONOO^-$)の生成を抑制することで,血管を酸化ストレスから保護していると考えられる[6].

9.2.4 Fe-SOD

　Fe-SODはある種の細菌に含まれる.また,細菌のなかにはMn-SODをもつものもあり,またFe-SODとMn-SODの両方をもつものもある.Fe-SODは植物の色素体でもみられる.Fe-SODの立体構造はMn-SODと同じαヘリックスの配置をもち,その活性部位のアミノ酸側鎖の配置も同じである.

9.2.5 SODの機能

SODの触媒機能によるスーパーオキシド($O_2^{\cdot -}$)分解反応を詳細に示すと式(9.2)のように表される．

$$
\begin{array}{ll}
\text{第一段：} & M^{(n+1)+}\text{-SOD} + O_2^{\cdot -} \longrightarrow M^{n+}\text{-SOD} + O_2 \\
\text{第二段：} & \underline{M^{n+}\text{-SOD} + O_2^{\cdot -} + 2H^+ \longrightarrow M^{(n+1)+}\text{-SOD} + H_2O_2} \\
& \qquad\qquad 2O_2^{\cdot -} + 2H^+ \longrightarrow O_2 + H_2O_2
\end{array}
\qquad (9.2)
$$

この反応で金属イオンの酸化状態はnと$n+1$の間で変動し，結果として変化はしない．また，第一段と第二段はほぼ同時に反応する．

このようなSODのうち，最も生物学的に重要なのはミトコンドリアに存在するMn-SODであり，この酵素が欠損したマウスは生後間もなく死亡する．Cu/Zn-SODが欠損したマウスは生存能力はあるが，多くは病的で短寿命である．ミトコンドリアおよび細胞質でSODを欠く酵母は，空気中ではまったく生存しないが，嫌気性条件下ではまったく影響を受けず培養できる．

一方，酸素消費量に対するSODの活性の強さと寿命とに相関があるといわれている．図9.5に示すように，本来体重に対して消費する酸素の量が多い動物種ほど寿命が短くなるはずである[8]．しかし，SODが活性酸素を分解することで寿命を延ばしていると考えられ，動物のなかでも霊長類，とくにヒトはSODの活性の高さが際立ち，ヒトが長寿である要因の一つとされている[8]（Mn-SODが損傷すると細

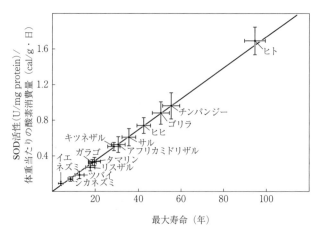

図9.5　SOD活性と動物の寿命との関係

胞質へ移行し，代謝される)．

9.3　カタラーゼ

カタラーゼ(catalase)はヘムタンパク質の一種であり，プロトヘムを含んでいる．細胞内のペルオキシゾームに存在し，式(9.3)に示すように過酸化水素(H_2O_2)を不均化して酸素と水に変換する反応を触媒する酵素である．

$$2H_2O_2 \longrightarrow O_2 + 2H_2O \tag{9.3}$$

実際には，この反応は式(9.4)，式(9.5)のように2段階で進んでいることがB. Chanceらにより明らかにされている[9, 10]．

$$\text{カタラーゼ} + H_2O_2 \longrightarrow \text{compound I } (+ H_2O) \tag{9.4}$$
$$\text{compound I} + H_2O_2 \longrightarrow \text{カタラーゼ} + O_2 + H_2O \tag{9.5}$$

ヒトの場合，カタラーゼは四つのサブユニットで構成されており，各サブユニットは526のアミノ酸から成り立っている．分子量は約24万で，ヘム(heme)とマンガンを補因子として用いている．カタラーゼはほぼすべての好気性生物に含まれているが，いくつかの嫌気性細菌にも存在する．

ヒトでは，カタラーゼをコードしている遺伝子が欠損した無カタラーゼ症のヒトがおり，頻繁に口内炎を発症しているが，重篤な病気には至らない．おそらくは後述するグルタチオンペルオキシダーゼが代わりに過酸化水素(H_2O_2)を分解することによると考えられる．

カタラーゼは過酸化水素(H_2O_2)のほか，ホルムアルデヒドやギ酸も基質として触媒できる．重金属の陽イオンやシアン化物は，カタラーゼの阻害因子として働く．

9.4　グルタチオンペルオキシダーゼ

グルタチオンペルオキシダーゼ(glutathione peroxidase；GPx)は，グルタチオン存在下，過酸化水素(H_2O_2)や脂質ペルオキシドを2電子還元して無毒化する．カタラーゼも H_2O_2 を還元するが，その存在部位はペルオキシソームに局在し，その作用はペルオキシソーム内に限定される．それに対して，GPxは生体のあらゆる臓器・組織に分布しており，細胞外(血漿，唾液など)，細胞質，ミトコンドリアなどにも存在が認められている．

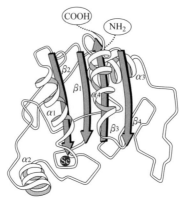

**図9.6　ウシ赤血球グルタチオンペルオキシダーゼの
ホモ四量体分子を構成するサブユニット**
Se：セレノシステイン残基，α：αヘリックス，β：βストランド．

図9.7　グルタチオンペルオキシダーゼの反応機構
R-OOH：脂質ペルオキシド，R-OH：アルコール，GSH：還元型グルタチオン，
GSSG：酸化型グルタチオン．

　GPxは活性中心に必須微量元素セレン(Se)を含んでおり，システイン(Cys)の硫黄原子(S)がセレン原子に置き換わったセレノシステイン(Sec，一文字表記U)の形で存在している．図9.6にはウシ赤血球のグルタチオンペルオキシダーゼのサブユニット構造を示してある[11]．この構造からわかるようにセレノシステインはGPxの酵素活性部位であり，セレンの高い求核性を利用してペルオキシドをアルコールへ還元する(図9.7)．

　このとき，活性部位のセレノシステインのSeHはSeOHに酸化される．このSeOHは2分子の還元型グルタチオン(GSH)から電子を受け取り，もとのSeHに還元される．酸化されたGSHはグルタチオンレダクターゼ(glutathione reductase；GR)によりもとのGSHに戻る．このサイクルはグルタチオンサイクルとよばれる．セレノシステインをCysに変異させたGPxでは酵素活性が約1000分の1に減少することから，セレンがGPxの機能発現に強く関与していることがわかる．

　GPxには，一次構造の異なる四つのアイソザイムが知られている．次にそれぞれの機能を示す．

9.4.1 Cellular GPx (GPx1, cGPx)

GPx1は1957年にG. C. Millsら[12]によって最初に発見されたGPxであり，セレン含有タンパク質であることが同定された．GPx1は同一のサブユニットからなる四量体で，一つのサブユニットに一つの活性中心をもつ．GPx1は生体のあらゆる臓器および組織に分布し，細胞質やミトコンドリア内に局在する細胞内酵素である．とくに，酸化ストレスを受けやすいと考えられる赤血球，肺，肝臓や腎臓などに多く認められる．

9.4.2 GPx (GPx2, GIGPx)

GPx2は胃腸(gastrointestinal)の内皮細胞に特異的に発現している．GPx2の構造はGPx1の構造に類似し，四量体を形成している．また，基質特異性もGPx1に類似していると推測されている．機能としては摂取した食餌に含まれるペルオキシドに対する防御と考えられている．

9.4.3 GPx (GPx3, eGPx)

GPx3は細胞外(extracellular；EC)に存在するが，とりわけ血漿中で多くみられる．構造はGPx1と同様，四量体を形成している．

9.4.4 GPx (GPx4, PHGPx)

GPx4は単量体構造をとる細胞内酵素である．GPx4は，リン脂質ヒドロペルオキシド(phospholipid hydroperoxide)に優先的に働き，還元する活性機能をもつ．

9.5 チオレドキシン

チオレドキシン(thioredoxin；Trx)は，すべての生物に存在する低分子量の酸化還元タンパク質である．Trxは1964年に大腸菌のDNA合成に必要なリボヌクレオチドレダクターゼに還元型ニコチンアシドアデニンジヌクレオチドリン酸(reduced nicotinamide adenine dinucleotide phosphate；NADPH)の水素イオンを供与する補酵素として発見された．ヒトTrx(Trx1)は105個のアミノ酸からなる分子量約12 kDaのタンパク質で，その活性部位にある二つのシステイン(Cys)残基間にジチオール／ジスルフィド交換反応による酸化還元反応に関与し，ジチオールをもつ還元型Trxは基質タンパク質のジスルフィドを還元し，自らは酸化型となる．基質タンパク質を還元し，自ら酸化されたTrxはNADPHとチオレドキシンレダクター

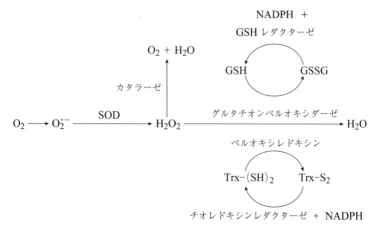

図9.8 チオレドキシンの抗酸化システム
Trx：チオレドキシン，GSH：還元型グルタチオン，
GSSG：酸化型グルタチオン．

ゼ(thioredoxin reductase；TrxR)により再還元される(図9.8)．

　Trxはさまざまな酸化ストレスにより誘導され，刺激により細胞質から核内に移行し，転写因子のDNA結合促進や細胞内のシグナル伝達において重要な働きをしている．

　1990年代にTrx依存性に過酸化水素(H_2O_2)を消去する酵素タンパク質，**ペルオキシレドキシン**(peroxiredoxin；Prx)が同定された．このことから，TrxはPrxと共役して過酸化水素(H_2O_2)を消去することにより，抗酸化能を発揮していると考えられる．

9.6　グルタチオン S-トランスフェラーゼ

　グルタチオン S-トランスフェラーゼ(glutathione S-transferase；GST)は，生体内で異物を解毒する機構の一翼を担っている重要な酵素で，異物と細胞内に豊富に存在する三つのペプチド結合からなるグルタチオン(GSH)を結びつけ，異物-グルタチオン抱合体をつくりだす機能をもつ．この反応の結果，抱合体は親水性が向上し，多剤耐性タンパク質とよばれる薬剤排出ポンプによって生体外に排出され，無毒化される．すなわち，式(9.6)，式(9.7)に示すような反応により，脂質ヒドロペルオキシド(LOOH)をアルコールに還元する反応の触媒として働いている．

$$\text{GSH} + \text{LOOH} \longrightarrow \text{GSOH} + \text{LOH} \qquad (9.6)$$

$$\text{GSOH} + \text{GSH} \longrightarrow \text{GSSG} + \text{H}_2\text{O} \qquad (9.7)$$

　GSTには可溶性画分に存在するサイトゾルグルタチオン S-トランスフェラーゼ（cytosol glutathione S-transferase；GSTc）と細胞膜結合型グルタチオン S-トランスフェラーゼ（microsomal glutathione S-transferase 1；MGST 1）があり，両者は異なる遺伝子ファミリーに属する．MGST 1はホモ三量体で，1サブユニット当たり1個のSH基をもち，このSHの修飾により活性化される．In vitro ではMGST 1は過酸化水素，ペルオキシナイトライト（peroxynitrite，ONOO$^-$），銅由来の活性酸素により活性化されることが確認されている．MGST 1はP450系や脂質過酸化反応で生じた毒性代謝物（アセトアミノフェン，ジメチルニトロソアミンの代謝物や過酸化脂質の代謝物の4-ヒドロキシ-2-ノネナールなど）をグルタチオン抱合する解毒酵素として機能するが，同時にこれら代謝物により活性化される，いわゆる発現増加（アップレギュレーション）を受ける．

　一方，MGST 1は摘出肝の虚血・再灌流，シトクロム P450誘導剤，加齢による酸化ストレスで活性化される．また，ミトコンドリアのMGST 1はミトコンドリア内で発生した活性酸素で活性化される．MGST 1はまたペルオキシダーゼとして膜の脂質ペルオキシドを無毒化する作用をもつ．これらのことからMGST 1は酸化ストレス時に活性化され，脂質ペルオキシドの解毒を促進し，膜保護作用を担うことが示唆される．

参考文献

1) B. Halliwel, J. M. C. Gutteridge, "Free Radical Biology and Medicine, 2nd Ed.," Clarendon Press (1989).
2) H. Sies, "Oxidative Stress: Oxidants and Antioxidants," Academic Press (1991).
3) 吉川敏一 編，『〈別冊医学のあゆみ〉酸化ストレス』，医歯薬出版 (2001).
4) 小澤俊彦，蛋白質 核酸 酵素，**33**, 2811 (1988).
5) J. M. McCord, I. Fridovich, *J. Biol. Chem.*, **244**, 6049 (1969).
6) 吉原大作，藤原範子，鈴木敬一郎，『酸化ストレスの医学 改訂第2版』，吉川敏一 監，内藤裕二，豊國伸哉 編，診断と治療社 (2014), p. 21.
7) S. L. Marklund, E. Holme, L. Heller, *Clin. Chem. Acta*, **126**, 41 (1982).
8) R. G. Cutler, "Free Radical Biology," Vol. 6, ed. by W. Pryor, Academic Press (1984), p. 371.
9) B. Chance, D. S. Greenstein, F. J. W. Roughton, *Arch. Biochem. Biophys.*, **37**, 301 (1952).
10) B. Chance, D. S. Greenstein, J. Hggins, C. C. Yang, *Arch. Biochem. Biophys.*, **37**, 322 (1952).
11) O. Epp, R. Ladenstein, A. Wendel, *Eur. J. Biochem.*, **133**, 51 (1983).
12) G. C. Mills, *J. Biol. Chem.*, **229**, 189 (1957).

第 IV 部
酸素活性種の制御と医療への応用

第10章　活性酸素およびフリーラジカル障害を抑制する医薬品
第11章　活性酸素および活性窒素で引き起こされる病気
第12章　予防医学：酸化ストレス傷害を予防する食事の摂取

第10章

活性酸素およびフリーラジカル障害を抑制する医薬品

　活性酸素およびフリーラジカルの疾患への関与が明らかになるにつれ，抗酸化能をもつ薬剤を用いた治療戦略が広がっている．これらのなかには，すでに標準的治療として臨床応用されているものもあるが，一方では大規模臨床試験が失敗に終わった事例も少なくない．

　活性酸素およびフリーラジカル障害を抑制する戦略は大きく3種類に分けられる[1]．一つは天然に存在する抗酸化物質であり，グルタチオンやビタミンCがその代表である．次いで合成抗酸化物質があげられる．ビタミンCやビタミンEの誘導体，一酸化窒素(NO)供与体，キサンチンオキシダーゼ阻害剤など，多く開発されている．最後に，すでに臨床応用されている薬剤のうち，当初は抗酸化剤として開発されたものではないものの，後にその薬理効果として抗酸化作用が明らかになったものがある．脂質異常症に用いられるスタチン類，ペニシラミン，アンジオテンシン変換酵素(ACE)阻害薬やアンジオテンシン受容体拮抗薬(ARB)がこれにあたる．本章ではこれらの薬剤による各種疾患への抗酸化治療戦略について述べる．

10.1　糖尿病および糖尿病合併症の発症を抑制する医薬品

　糖尿病およびその合併症の発症進展には酸化ストレスが広くかかわる(後述)．これまでにビタミンE，ビタミンC，コエンザイムQ10(CoQ10)，α-リポ酸，L-カルニチンなどの臨床試験が行われているが，いままでのところ糖尿病合併症の進展および抑制に効果が認められたものはほとんどなく，これらの抗酸化物質のサプリメントなどによる糖尿病患者への使用はすすめられていない[2]．一方で酸化ストレス

ラミプリル

コントロールの重要性から，引き続きいくつかの臨床試験が進行している．

　ビタミンEは抗酸化物質のなかでも広く投与試験が行われている(表10.1)．糖尿病を含む心血管イベントの高リスク患者に対して行われた大規模臨床試験であるHOPE試験では，アンジオテンシン変換酵素(angiotensin-converting enzyme；ACE)阻害薬ラミプリル(ramipril)が心筋梗塞，脳卒中，心血管死を減少させたが，ビタミンE(400 IU/日)にはこれらの効果は認められず，またサブ解析でも尿タンパク抑制への効果は認められなかった[3, 4]．一方，微量アルブミン尿が認められる2型糖尿病患者に対し，ACE阻害薬またはAⅡ受容体拮抗薬に加え，ビタミンC，ビタミンE，葉酸，ピコリン酸クロムを投与した長期試験では，腎症・網膜症・神経障害などの細小血管障害に加えて，大血管障害といわれる脳血管障害，心筋梗塞，閉塞性動脈硬化症などのリスクを約50％減少させることが示されている[5]．また，近年の糖尿病性腎症患者への12週間の大量ビタミンE(1200 IU/日)投与試験では，尿タンパク抑制効果がマロンジアルデヒド(malondialdehyde；MDA)，終末糖化産物(advanced glycation end products；AGEs)，腫瘍壊死因子(tumor necrosis factor；TNF)-αなどの低下とともに示されている[6]．さらに，糖尿病性神経障害に対するビタミンE投与は血糖値の低下とともに疼痛を改善させる効果が報告されている[7]．これらの結果は，酸化ストレスの影響が全身広範囲に及ぶ糖尿病進行期では，抗酸化療法が奏功する可能性を示している．一方でインスリン抵抗性に対するビタミンC，ビタミンEの効果はメタ解析[†]で否定された[8]．また糖尿病患者に合併した無症候性末梢動脈疾患に対する抗酸化剤(α-トコフェロール，アスコルビン酸，塩酸ピリドキシン，硫酸亜鉛，ニコチンアミド，レシチン，亜セレン酸ナトリウムの合剤)とアスピリンの併用試験では，抗酸化剤の有意な効果は認められていない[9]．

　ビタミンCに関しては，フィンランドとオランダにおける30年間の長期追跡において，総脂肪および飽和脂肪酸摂取量が30年時点の2時間後血糖値と正相関し，

[†]メタ解析：複数の研究結果を統合して分析すること．

ビタミンC摂取量と逆相関することが示されている[10]. しかし治療目的でのビタミンC投与が糖尿病病態を改善するか否かについては, 相反する報告が続き依然として定説はない[11~13]. 一方最新のメタ解析では, ビタミンC投与は全体では有意な効果は認められないものの, サブ解析上2型糖尿病患者や長期投与で血糖値を低下させることが示された[17]. 糖尿病治療薬であるメトホルミン(metformin)にビ

表10.1 糖尿病および糖尿病合併症への抗酸化剤臨床応用

試験名	抗酸化薬剤	発表年	対象	効果	文献
HOPE (heart outcomes prevention evaluation study)	ビタミンE	2000	動脈硬化性疾患(冠動脈疾患, 脳卒中, 末梢血管疾患)をもつか, あるいは糖尿病にほかの冠リスク因子を一つ以上もつ心血管イベントの高リスク患者	対象薬であるラミプリルは死亡, 心筋梗塞, 脳卒中の発症率を有意に低下させたが, ビタミンEは明らかな効果をもたらさなかった.	3, 4 他サブ解析あり
Steno type 2	ビタミンC, ビタミンE, 葉酸, ピコリン酸クロム	2003	微量アルブミン尿が認められる2型糖尿病患者	抗酸化物質を含む強化療法により心血管および細小血管イベントの発生リスクが約50%低下した.	5
—	ビタミンE	2016	糖尿病性腎症	12週間の高容量ビタミンE投与により尿タンパクおよびTNF-α, MMP-2, MMP-9, MDA, AGEの低下を認めた.	6
—	ビタミンE	2014	糖尿病性神経障害	通常治療にビタミンEを12週間追加投与することにより疼痛スコアとQOLを改善した.	7
PPP(primary prevention project)trial	ビタミンE	2003	2型糖尿病	非糖尿病患者ではアスピリン(aspirin)の使用により心血管イベントを抑制したが, 糖尿病患者では効果がなかった. ビタミンEは両者に効果がなかった	14
BEAM	bardoxolone methyl	2011	CKD(GFR 20~45 mL/min/1.73m²), phase Ⅱ	24週の投与によりeGFRの上昇	15
BEACON	bardoxolone methyl	2013	糖尿病性腎症 GFR 15~30 mL/min/1.73m²), phase Ⅲ	eGFRは改善したが, 心不全の増加により試験中止	16

MDA:マロンジアルデヒド(malondialdehyde), TNF-α:腫瘍壊死因子-α(tumor necrosis factor-α), MMP:マトリックスメタロプロテイナーゼ(matrix metalloproteinase), AGEs:終末糖化産物(advanced glycation end products), GFR:糸球体ろ過率(glomerular filtration rate), eGFR:およそのGFR(estimated GFR), QOL:生活の質(quality of life).

メトホルミン　　　アロプリノール

タミンCを12か月追加投与した場合，メトホルミン単独よりもヘモグロビンA1c（HbA1c）や尿中アルブミンなど糖尿病合併症の予後因子を改善する[18]．

ほかの抗酸化剤として，α-リポ酸の20週間投与により糖尿病性神経障害に伴う改善効果が示されている[19]．アロプリノール（allopurinol）は心疾患関連予後予測因子である左室容積を，2型糖尿病患者において減少させると報告されている[20]．

糖尿病進展抑制への抗酸化治療が難しい理由として，糖尿病病態に対する**活性酸素種**（reactive oxygen species；ROS）の作用が双方向的であることがあげられる[21]．一般的にスーパーオキシドジスムターゼ（superoxide dismutase；SOD）やグルタチオンペルオキシダーゼ（glutathione peroxidase；GPx）の高発現はβ細胞保護的に働く．一方，Cu/Zn-SOD欠損マウスでは血漿中のインスリン値やβ細胞数を減少させるが，インスリン感受性は改善する．β細胞でのCu/Zn-SOD過剰発現はストレプトゾトシンによる糖尿病誘発に抵抗性を示すが，逆にカタラーゼ過剰発現は非肥満型糖尿病モデルであるNOD（non obese diabetes）マウスにおける1型糖尿病の発症頻度を増加させる．また全身性のGPx1過剰発現マウスは2型糖尿病の表現型を呈する．これらの報告は，ROSがインスリン分泌やインスリン抵抗性に対し，単なる酸化ストレスの亢進をもたらすのではなく，より複雑な酸化抗酸化反応の質的変化を引き起こしていることを示しており，包括的ではなく標的を絞った抗酸化治療の必要性を示している．

10.2　免疫反応を抑制する医薬品：NADPHオキシダーゼを制御する医薬品および自己免疫疾患に対する医薬品

10.2.1　NADPHオキシダーゼを制御する医薬品

スーパーオキシド（$O_2^{\cdot -}$）産生により生体内ラジカル連鎖反応の起点となるNADPHオキシダーゼは，酸化ストレス進展抑制治療戦略の重要な標的となる．NADPHオキシダーゼ阻害剤は，スタチン（statin）のように結果的にNADPHオキシダーゼ阻害作用が証明されてきた薬剤と，当初よりNADPHオキシダーゼを分子標的としてハイスループットスクリーニング（high-throughput screening；

HTS)の手法により見いだされてきたものがある[22,23]．本節ではヒトへの臨床応用に用いられるものを中心に述べる．

HMG-CoA レダクターゼ阻害剤であるスタチンは主として肝臓でコレステロール生合成を阻害し，脂質異常症に対する治療薬として広く用いられている．スタチン類は脂質低下作用だけでなく，さまざまな機序を通じた臓器保護作用が報告されて，血管や血小板における NADPH オキシダーゼ活性を抑制する（表10.2)[24]．また，NADPH オキシダーゼの活性化には低分子量 G タンパク質の一つである Rac 1（Ras-related C 3 botulinum toxin substrate 1）が必要であり，Rac 1 を介した機序がスタチンの NADPH オキシダーゼ阻害作用の分子標的と考えられている[25]．心臓では，冠動脈三枝病変をもつ冠動脈バイパス術施行患者に対する術前 4 週間のスタチン内服により，心房筋の *rac 1* mRNA 発現とアンジオテンシンⅡ誘発性 NADPH オキシダーゼ活性抑制が報告され，ヒトにおける効果が証明されている[26]．

オピオイド受容体拮抗薬であるナロキソン（naloxone）は，Nox 2 に結合し p47phox 移行の抑制により ROS 産生を抑制することが示されている[27]．この神経保護作用はオピオイド作用を活性化しない異性体でもみられることから，オピオイド作用から独立した Nox 2 活性化抑制によると考えられている．

アンジオテンシンⅡタイプ 1 受容体（AT 1）拮抗薬（angiotensin Ⅱ receptor blocker；ARB）は降圧薬として広く臨床で用いられている．アンジオテンシンⅡの組織中での活性化は NADPH オキシダーゼの活性化を通じ酸化ストレスを引き起こし，心不全，糖尿病性腎症，アルツハイマー型認知症などに関与すると考えられているが，これらの臓器特異的保護作用の一部は NADPH オキシダーゼのサブユニットである p47phox や p67phox への作用を通じた NADPH オキシダーゼ活性阻害によることが示されている[28,29]．

表10.2 臨床で用いられている NADPH オキシダーゼをもつ薬剤

名 称	分 類	効果・効能	機 序
スタチン	HMG-CoA 還元酵素阻害剤	脂質異常症，高コレステロール血症など[a]	血管・血小板における NADPH オキシダーゼ阻害，Rac 1 阻害
ナロキソン	オピオイド受容体拮抗薬	麻薬による呼吸抑制ならびに覚醒遅延の改善	Nox 2 に結合し p47phox 移行を抑制
アンジオテンシンⅡタイプ1受容体拮抗薬（ARB）	アンジオテンシンⅡアンタゴニスト	高血圧症，高血圧およびタンパク尿を伴う 2 型糖尿病における糖尿病性腎症など[a]	p47phox や p67phox への作用を通じた NADPH オキシダーゼ活性阻害

[a] 個々の薬剤ごとに異なる．

HTSを通じ見いだされてきたものとしてはピラゾロピリジン(pyrazolopyridine)誘導体がある．これはNox 1およびNox 4両者の阻害作用をもっており，これらの一部(GKT136901, GKT137831)は糖尿病性腎症や特発性肺線維症などへの初期臨床試験が試みられている．このほか白血球での貪食におけるNADPHオキシダーゼ阻害や種々のNox異性体に対するsiRNA阻害による創薬も試みられている．

またエブセレン(ebselen)は分子内にセレンを含有し，従来グルタチオンペルオキシダーゼ(glutathione peroxidase; GPx)類似薬をもつ抗酸化剤と考えられてきた．近年Nox 1，Nox 4の阻害作用やp47phox移行の抑制が示され，脳梗塞急性期や双極性障害の治療薬として期待されている[30]．

10.2.2 自己免疫疾患に対する医薬品

自己免疫疾患では上述のNADPHオキシダーゼが病態に大きく関与する(11.6節参照)ため，これらの薬剤はいくつかの局面で有効である．一方古典的な抗酸化剤の治療効果も報告されている．

全身性エリテマトーデス(systemic lupus erythematosus; SLE)では，動物モデルおよびヒト臨床の両面で抗酸化剤の治療応用に関する報告がある．動物モデルではビタミンC，ビタミンE，β-カロテン，N-アセチルシステイン(N-acetyl cysteine; NAC)，リコピンなどによりSLEの病態進展や合併症の制御に成功したことが報告されている．一方ヒト臨床では，NACによるループス腎炎や中枢神経系症状などが報告されているが，ほかの抗酸化物質の有効性を示した報告は少ない[31]．SLEではグルタチオンにより制御されるミトコンドリア膜電位やラパマイシン標的タンパク質(mammalian target of rapamycin; mTOR)活性の異常によりT細胞機能が障害されている．NACを用いた小規模の二重盲検ランダム化比較試験†では，SLEDAI(systemic lupus erythematosus disease activity index)やBILAG(British isles lupus assessment group)といった全身性エリテマトーデスに対する臨床指標の改善が1か月以上の投与により認められている[32]．興味深いことにこの臨床効果は，患者T細胞中のミトコンドリア膜電位の増大，mTOR活性の減少，アポトーシス亢進，抗DNA抗体産生抑制といったSLEの根源的な病態の改善を伴っている．

関節リウマチ(rheumatoid arthritis; RA)では長く非ステロイド系消炎鎮痛薬(non-steroidal anti-inflammatory drugs; NSAIDs)が治療の中心であったが，近年メトトレキサートや生物学的製剤(抗TNF-α製剤など)が早期から広く使用される

---

† 二重盲検ランダム化比較試験：この試験では研究者のバイアスが排除される．

ようになってきた．後述のように(11.6.3 項)，RA もまた活性酸素が広く関与する疾患であり，抗酸化物質は治療戦略上の選択肢となりうる．NSAIDs，ステロイドや免疫抑制剤はそれ自身に ROS 消去作用はないが，抗炎症作用を通じ ROS 発生を抑制する．一方，疾患修飾性抗リウマチ薬(disease modifying anti-rheumatic drugs；DMARDs：炎症自体を抑える作用はもたないが RA の免疫異常を修飾することによって RA の活動性をコントロールする薬剤)として広く用いられているペニシラミン，ブシラミン，金チオリンゴ酸ナトリウムはいずれもチオール化合物であり，次亜塩素酸(HClO)やペルオキシナイトライト(peroxynitrite, ONOO$^-$)の消去活性をもっている(図10.1)．しかしながら，この活性により生体内で薬理効果が説明されうるか否かは定かではない．

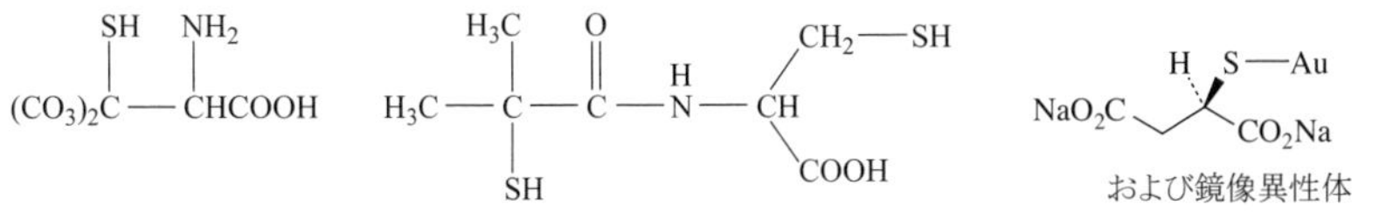

D-ペニシラミン　　　　　ブシラミン　　　　　金チオリンゴ酸ナトリウム

図10.1　チオール構造をもつ疾患修飾性抗リウマチ薬

10.3　虚血および再灌流障害を抑制する医薬品

10.3.1　虚血性心疾患に伴う虚血再灌流障害

　虚血性心疾患に伴う虚血再灌流障害に対する抗酸化剤の効果は動物モデルではほぼ確立されているといってよい．一方ヒトでは，虚血性心疾患治療において血流再開時の再酸素化障害はＦ２-イソプラスタン(isoprostan)や酸化 LDL(low-density lipoprotein)の上昇などにより示されているが[33, 34]，抗酸化剤治療の効果は依然として議論の余地が残っている[35]．理論的には血栓溶解剤投与と同時あるいは直後の抗酸化剤投与は再灌流による酸素化障害を抑制する．ヒト臨床でも酸化ストレスマーカーや左室駆出率(left ventricle ejection fraction；LVEF)など一部臨床指標の改善は報告されているが，心筋障害自体の抑制効果を認めた報告は少ない．

　N-アセチルシステイン(N-acetylcysteine；NAC)を人工心肺下での冠動脈バイパス術施行患者への投与試験では NAC 投与群で血中マロンジアルデヒド(malondialdehyde；MDA)値や左室駆出率(LVEF)の改善を認めたが，心筋障害の抑制は認められなかった(表10.3)[36]．

アスコルビン酸投与は比較的広く試みられている．心筋梗塞患者に対し血栓溶解療法後にアスコルビン酸を投与すると血中のキサンチンオキシダーゼ活性とMDA値の上昇を抑制することが報告されている[37]．さらに心筋障害自体も改善することが，経皮的冠動脈インターベンション（percutaneous coronary intervention；PCI）前のビタミンC静注によりLVEFや心筋灌流度を改善することにより示されている[38, 39]．この機序としてテトラヒドロビオプテリン（tetrahydrobiopterin，BH_4）の酸化抑制によるNOアベイラビリティの増加があげられている[40]．

アロプリノールは尿酸降下作用があり高尿酸血症や痛風の治療薬として用いられる．アロプリノールはキサンチンオキシダーゼ（xanthine oxidase；XO）活性を阻害することから虚血再灌流障害の抑制が期待されるが，その結果はさまざまである．

表10.3 おもな虚血再灌流障害抑制薬の臨床応用

疾患	薬剤	対象	効果	文献
虚血性心疾患	N-アセチルシステイン	CABG（人工心肺下）	MDA，LVEFを改善．心筋障害の抑制は認められず	36
	アスコルビン酸	急性心筋梗塞	MDA，XO活性の抑制	37
		PCI	LVEF，心筋灌流度の改善	38, 39
	アロプリノール	急性冠症候群	梗塞部位の拡大	41
		ST上昇心筋梗塞	トロポニンT，CPK，CK-MBの上昇抑制．術後1か月以内の心イベント抑制．	42
	デスフェリオキサミン	人工心肺下手術	TBARS上昇抑制，LVEF改善	46
	プロブコール誘導体（AGI-1067）	急性冠症候群	心血管原因による死亡，心停止，心筋梗塞，脳梗塞，不安定狭心症への効果は認められず	47
脳梗塞	エダラボン	急性期脳梗塞	神経機能・概括予後評価の改善	51
	NXY-059	虚血性脳卒中	有用性は認められず	54
	エブセレン	虚血性脳卒中	短期的な神経機能の改善	T. Yamaguchi et al. *Stroke*, **29**(1), 12 (1998).
	チリラザド	虚血性脳卒中	有用性は認められず	55
虚血再灌流障害	N-アセチルシステイン	肝移植	肝障害を軽減．肝生着率や患者生存率は改善せず	58
	ヒト・リコンビナントSOD	腎移植	有用性は認められず	60

CABG：冠動脈バイパスグラフト術，MDA：マロンジアルデヒド，LVEF：左室駆出率，PCI：経皮的冠動脈インターベンション．

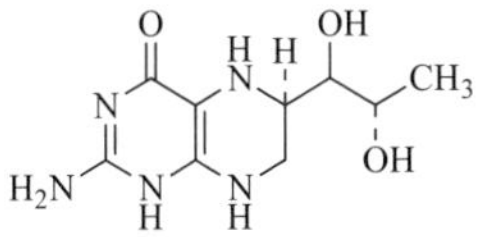

テトラヒドロビオプテリン 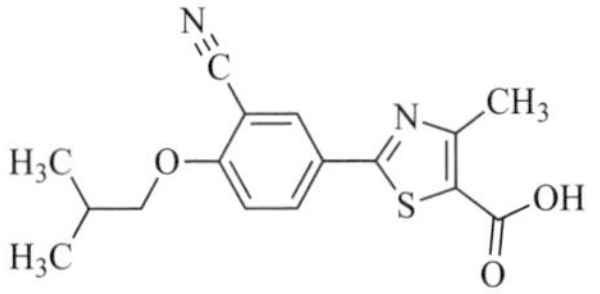　　フェブキソスタット

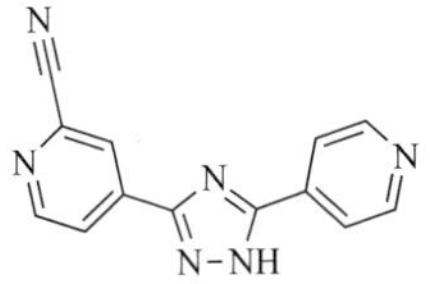

トピロキソスタット　　カルベジロール および鏡像異性体

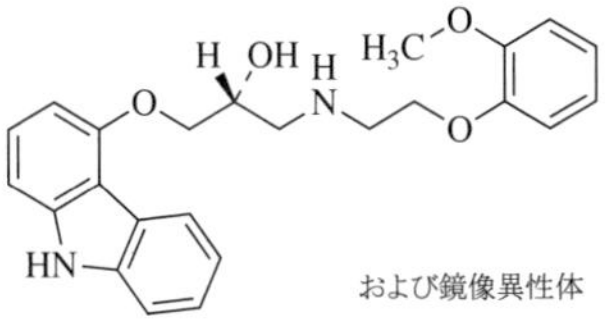

1992年に急性冠症候群へのアロプリノール投与は心筋梗塞をむしろ拡大することが報告された[41]．一方近年の急性期のST上昇型心筋梗塞に対するPCIの際のアロプリノール投与試験では，トロポニンT，クレアチニンキナーゼ〔creatine kinase；CK，CPK(creatine phosphokinase ともいう)〕，CK-MB(CPKの分画の一つ)の上昇抑制と術後1か月以内の心イベント抑制効果が報告されている[42]．近年開発された新しい尿酸降下薬フェブキソスタットやトピロキソスタットにも，XOと血管内皮細胞の結合阻害によるスーパーオキシド($O_2^{\cdot-}$)抑制効果や心虚血再灌流におけるXO活性低下効果が報告されている[43,44]．

　β遮断薬カルベジロールは強い抗酸化作用をもつことが知られている．心虚血再灌流障害では，冠血管拡張や心筋細胞のCa^{2+}過負荷を抑制するアデノシン産生酵素エクト-5′-ヌクレオチダーゼ(ecto-5′-nucleotidase)が不活化されていることが障害機序の一つとなっているが，カルベジロールはこの酵素活性を上昇させアデノシンを増加させることにより心筋梗塞巣を縮小させる[45]．

　人工心肺の長時間使用や侵襲的操作は赤血球損傷を通じ遊離鉄や銅イオンの放出を招く．デスフェリオキサミン(desferrioxamine)によるこれらのキレートはチオバルビツール酸反応性物質(thiobarbituric acid reactive substance；TBARS)の上昇を抑えるとともに，長期(術後1年)にわたり左室駆出率を改善するとされる[46]．

　脂質異常症治療に用いられるプロブコール(probucol)は親油性で抗酸化作用をもち，動物実験や臨床試験で冠動脈再狭窄抑制作用が報告されている．その作用機序としてROS消去のほか，LDL-Cの酸化抑制，内皮化・内皮機能の改善，マクロファージ由来のサイトカイン抑制などが考えられている．この誘導体(AGI-1067)は虚血

性心疾患治療への応用が期待され大規模臨床試験が行われたが，一部の二次エンドポイントで効果は確認されたものの，一次エンドポイント（心血管原因による死亡，心停止，心筋梗塞，脳梗塞，不安定狭心症）に対する効果は認められなかった[47]．一方，プロブコールとシロリムス（sirolimus）の2剤を溶出するPCI用ステントは，シロリムス単剤溶出ステントに比べ冠動脈の再狭窄を抑制することが報告されている[48]．

心筋梗塞後の血行動態は複雑である．血流再開後も心原性ショックが持続する患者に対し誘導型NO合成酵素（inducible nitric oxide synthase；iNOS）阻害剤L-NMMA（L-N^G-monomethylarginine, tilarginine）による改善が試みられ，血圧の上昇は認めたものの，30日後の生存率やショックからの回復率に差は認められなかった[49]．

10.3.2　虚血再灌流を伴う脳梗塞

虚血再灌流を伴う脳梗塞急性期においても抗酸化療法の効果は期待されているが，心疾患と同様にランダム化比較試験（randomized clinical trial；RCT）において臨床的有用性が示された例は少ない．臨床現場では1980年代から脳浮腫軽減作用に加えヒドロキシルラジカル（HO・）消去作用をもつマンニトールにビタミンE，ステロイド，フェニトインを併用する治療が行われてきた[50]．日本発の抗酸化作用をもつ脳保護薬であるエダラボン（3-methyl-1-phenyl-2-pyrazoline-5-one）は，急性期脳梗塞に対する効果が認められており[51]，日本脳卒中学会の「脳卒中治療ガイドライン2015」において脳梗塞（血栓症，塞栓症）患者の治療に用いるようすすめられている[52]．エダラボンは第Ⅲ相試験では高い有用性が示され大きな期待を集めたが，市販後調査では感染症や高度の意識障害の合併例での致命的な転帰の増加や腎・肝・血液障害などの発現例が認められ，使用に際しての厳重な注意が求められている．一方でエダラボンは，筋萎縮性側索硬化症（amyotrophic lateral sclerosis；ALS）での臨床試験も進められており，急性期虚血再灌流に対する直接的なROS捕捉効果以外の薬理効果が期待されている[53]．

ROS消去活性をもつニトロン体NXY-059（disodium 2,4-disulfophenyl-N-tert-butylnitrone）は虚血性脳卒中治療にやはり期待を集め当初好成績を収めたが，拡大臨床試験では有用性が認められなかった[54]．エブセレン（ebselen）の発症後24時間以内の脳卒中急性期患者に対する投与は，短期的な改善効果が認められている．チリラザド（tirilazad）による臨床試験では有意な臨床効果は得られていない[55]．

脳は血液脳関門をもち，薬剤の分布においてきわめて特殊な環境下にある．このため抗酸化物質を用いた治療では，病変部位への薬剤デリバリーが大きな問題となる．動物モデルでは，部位特異的に抗酸化能を発揮するレドックスナノ粒子の有用

性が示されており[56]、局所性の高い抗酸化療法が今後有用となりうる．

10.3.3 移植に伴う虚血再灌流障害

　移植臓器血流再開に伴う再灌流もまたROSによる障害をもたらすため、抗酸化剤の効果が期待される．しかし、虚血性心疾患や脳血管障害と同様、動物モデルでは高い効果が認められる反面、臨床試験での有用性を認める報告は少ない．

　肝移植では、肝細胞のキサンチンオキシダーゼやミトコンドリアに加え、Kupper細胞や好中球がROSの発生源となり、また臓器中に多く含まれる鉄が虚血再灌流障害を増強する[57]．NACの虚血直前、あるいは直後の投与はトランスアミナーゼの上昇を抑制し肝障害の軽減が認められているが、肝生着率や患者生存率の改善には至っていない[58]．一方、虚血によるプレコンディショニングは広範肝切除に際し肝保護効果をもたらす[59]．

　腎においても血流再開時のSODやアロプリノールの投与は、移植腎の短期的な機能維持に効果があることが報告されている[60]．しかし、ヒト腎臓のキサンチンオキシダーゼ含有量は比較的少ないこともあり効果は限定的で、阻血時間の短縮に優る効果は認められていない．

10.4　肝炎および肝硬変を抑制する医薬品

　B型肝炎、C型肝炎などのウイルス性肝炎、アルコール性肝障害、非アルコール性脂肪性肝疾患(non-alcoholic fatty liver disease；NAFLD)、非アルコール性脂肪肝炎(non-alcoholic steatohepatitis；NASH)などの肝疾患もやはり酸化ストレスと深い関連がある．肝臓では肝細胞のNADPHオキシダーゼやKupper細胞、さらには肝に浸潤した好中球がROSの発生源となる．肝における酸化ストレス動態の特徴として、発生したROSが肝に貯蔵される鉄との作用によりラジカル連鎖反応を進展させることにある．このような病態は必然的に抗酸化物質の肝疾患治療への応用を期待させるが、臨床における成功例は少ない．近年のメタ解析ではβ-カロテン、ビタミンA、ビタミンC、ビタミンEおよびセレンを抗酸化物質として肝疾患に投与した場合、総死亡率および肝関連死亡率に対して有意な効果もしくは有害性を認めていないが、これらの投与はγ-グルタミルトランスペプチダーゼ(γ-glutamyl transpeptidase；γ-GTP)を有意に上昇させるリスクがあることが示されている(表10.4)[61]．

表10.4 肝障害に対する抗酸化療法

疾患	薬剤	効果	文献
慢性B型肝炎（小児，HBe抗原陽性）	ビタミンE	HBV-DNA量低下	62
慢性C型肝炎	ビタミンE	ALT低下	63
慢性C型肝炎	ビタミンE・ビタミンC・亜鉛＋標準治療（PEG-IFN，リバビリン）	カタラーゼ，およびGST活性の低下，過酸化脂質の低下，GSHの増加	64
アルコール性肝障害	ペントキシフィリン	投与28，90日目および1年の時点で有意な死亡率の改善はみられず	65
NASH	ビタミンE	肝脂肪変性，AST，ALTの改善	68
NAFLD	ビタミンC・ビタミンE＋アトルバスタチン	肝脾比に基づく肝脂肪変性進展抑制	69
NASH	エイコサペンタエン酸	ALT・遊離脂肪酸・フェリチン・チオレドキシンの低下，肝脂肪変性・線維化の抑制	72
NAFLD	n-3系多価不飽和脂肪酸	ALT，AST，γ-GTP低下，超音波検査での肝形態改善	73
NASH/NAFLD（メタ解析）	n-3系多価不飽和脂肪酸	肝脂肪の減少．ASTは減少，ALTは不変	74
肝疾患全体（メタ解析）	β-カロテン，ビタミンA，ビタミンC，ビタミンE，セレン	総死亡率，肝関連死亡率に対して有意な効果もしくは有害性を認めない．γ-GTPは上昇する	61

PEG-IFN：ペグインターフェロン，GST：グルタチオンS-トランスフェラーゼ，GSH：還元型グルタチオン，ALT：アラニンアミノトランスフェラーゼ，AST：アスパラギン酸アミノトランスフェラーゼ，NASH：非アルコール性脂肪肝炎，NAFLD：非アルコール性脂肪性肝疾患．

10.4.1 ウイルス肝炎およびアルコール性肝障害

　ウイルス肝炎では，小児のE抗原陽性慢性B型肝炎患者に対する試験では，ビタミンEはセロコンバージョンを誘導し，HBV-DNA量を低下させている[62]．一方C型肝炎では，ビタミンEによるアラニンアミノトランスフェラーゼ（alanine aminotransferase；ALT）の低下[63]，ビタミンE・ビタミンC・亜鉛の同時投与による酸化ストレスマーカーの改善が示されている[64]．重症アルコール性肝障害ではキサンチン誘導体であるペントキシフィリン（pentoxifylline）がステロイドとともに臨床で使用されているが，その効果は依然議論がわかれる[65]．動物モデルにおいて緑茶，オリーブ油，緑豆，ヒユ科植物由来の成分などの抗酸化物質含有食品および，ビタミンEやビタミンEアナログであるラキソフェラスト（raxofelast）による肝保護効果がアスパラギン酸アミノトランスフェラーゼ（aspartate aminotransferase；AST），ALTなどの改善やMDAの抑制，SOD活性の上昇などにより報告されて

いる[66]．

10.4.2 NAFLDおよびNASH

　非アルコール性脂肪性肝疾患（non-alcoholic fatty liver disease；NAFLD）は組織診断や画像診断で脂肪肝を認めるものの，アルコール性肝障害，ウイルス肝炎，薬剤性肝炎などほかの肝疾患を除外した病態である．このなかにはほとんど病態が進行しない非アルコール性脂肪肝から肝硬変，肝がんに進展する非アルコール性脂肪肝炎（non-alcoholic steatohepatitis；NASH）が含まれるが，現在決定的な治療法はない．NAFLD/NASHの進展過程において高感度CRPの上昇など慢性炎症の関与が指摘されており，抗酸化制御による治療が試みられている．現在，わが国のガイドラインでは，NASH患者に対しビタミンEを投与することが提案されている[67]．

　ビタミンEはNASH患者の肝脂肪化を有意に改善することが報告されており，さらにNASH治療に用いられるピオグリタゾンよりも優れるとされている[68]．また，スタチン〔たとえばアトルバスタチン（atorvastatin）〕とビタミンC，ビタミンEの約4年の混合投与により，NAFLDの進展を予防している[69]．これに対し最新のメタ解析では，NAFLD/NASHに対する抗酸化剤の投与は死亡率の改善および有害事象の発生とも有意差は認められていない[70]．

　n-3系多価不飽和脂肪酸（polyunsaturated fatty acid；PUFA）は体重減少，インスリン抵抗性の改善などとともに肝への中性脂肪の蓄積と肝細胞脂肪変性を抑制する[71]．非ランダム化比較試験ではあるが，エイコサペンタエン酸の高容量長期投与（2700 mg/日，12か月）は血清ALTおよびフェリチン値の改善とともに，肝生検での肝脂肪変性および線維化などの改善をもたらしている[72]．またほかの試験でもALT，AST，γ-GTPなどの臨床指標の改善と超音波検査での肝形態改善が報告されている[73]．これらの試験を含むメタ解析ではPUFAの肝脂肪減少効果とAST値の改善が認められている[74]．

　直接的な抗酸化物質ではないが，ビタミンDが直接的な肝保護効果は認められていないものの，NAFLD患者の血清MDA値を減少させている[75]．

10.5　漢方製剤による活性酸素の消去

　漢方医学とは漢代以降の中国医学が伝来し，その後の日本において独自に（とくに江戸時代の鎖国下で）発展した医療体系である．病気を「身体全体の不調和」ととらえ「正しくととのえる」ことを基本的な治療方針とし，ヒトが本来もっている病気

と闘い治す力(自然治癒力)を高めることに重点をおく．漢方薬の西洋薬とは異なる大きな特徴として，一つの方剤が多種類の生薬を含有し，かつ個々の生薬が複数の有効成分をもつことがあげられ，その効果を評価分析する際には念頭に置く必要がある．

10.5.1 漢方薬の活性酸素消去活性

漢方方剤の抗酸化活性は幅広く報告されており，現在では主要な薬理作用として位置づけられている[76〜81]．生薬成分のなかではダイオウに抗炎症効果や抗酸化効果が知られ，通導散，大黄甘草湯，麻子仁丸などダイオウを含む製剤は抗酸化効果が高いことがORAC(oxygen radical absorbance capacity，活性酸素吸収能力)法やESR(electron spin resonance)によるアルコキシルラジカル消去活性の結果から報告されている[76, 82]．

漢方薬には多くの有効成分が含まれるため，その抗酸化効果も多面的に評価する必要がある．表10.5に筆者らが同定した，それぞれの活性酸素種(reactive oxygen species；ROS)ごとの漢方薬ラジカル消去活性を示す．このうち，漢方薬を構成する生薬成分のスーパーオキシド($O_2^{\cdot -}$)消去活性についてはKohnoらのグループにより詳細な検討が報告されている[77, 78]．これによればダイオウ，ボタンピ，マオウ，ソボクなどが$O_2^{\cdot -}$消去活性が高い．ダイオウはタデ科の多年草である*Rheum palmatum*の地下茎より得られ，瀉下効果をもち，比較的体力のある実証の患者に用いられる方剤に多く含まれる生薬である．主要成分には(+)-カテキン〔(+)-catechin〕，(−)-エピカテキン〔(−)-epicatechin〕，没食子酸エピカテキン(epicatechin gallate)などが含まれており，上述のORACやアルコキシルラジカル消去活性を与えている．マオウは葛根湯・麻黄湯・小青竜湯など多くの方剤に含有されて，鎮咳，抗アレルギー，交感神経興奮，抗炎症作用などの薬効果をもつ．1-エフェドリン(1-ephedrine)，*d*-プソイドエフェリン(*d*-pseudoephedrine)，1-ノルエフェドリン(1-norephedrine)などが主要成分であるが，*d*-カテキン(*d*-catechin)，1-エピカテキン(1-epicatechin)，1-ガロカテキン(1-gallocatechin)，1-エピガロカテキン(1-epigallocatechin)も含まれ，$O_2^{\cdot -}$消去活性と関連している．

製剤からの検討ではオウゴン・オウレン・オウバクを含有する黄連解毒湯，およびその加減法である温清飲や荊芥連翹湯に強い$O_2^{\cdot -}$消去活性が認められる[82, 83]．オウゴンはシソ科植物コガネバナの根を乾燥したもので，バイカリン(baicalin)，バイカレイン(baicalein)などのフラボン・フラボノールを含有する．オウバクはミカン科キハダの樹皮を基原とし，やはりフラボノールを含有している．黄連解毒湯は

10.5 漢方製剤による活性酸素の消去

表10.5 各種 ROS に対し消去活性の高い漢方薬

ヒドロキシルラジカル	アルコキシルラジカル	ペルオキシルラジカル	スーパーオキシド	一重項酸素
小柴胡湯	大黄甘草湯	葛根湯加川芎辛夷	黄連解毒湯	柴胡桂枝乾姜湯
柴胡加竜骨牡蛎湯	麻子仁丸	麻黄湯	柴胡加竜骨牡蛎湯	大柴胡湯
温清飲	黄連解毒湯	桂枝加竜骨牡蛎湯	温清飲	葛根湯
大柴胡湯	大黄牡丹皮湯	柴朴湯	荊芥連翹湯	小柴胡湯
葛根湯	麻黄湯	半夏厚朴湯	抑肝散	呉茱萸湯
大黄甘草湯	柴胡桂枝乾姜湯	麻子仁丸	葛根湯加川芎辛夷	麻黄湯
麦門冬湯	温清飲	補中益気湯	柴苓湯	半夏瀉心湯
人参湯	薏苡仁湯	五苓散	大黄甘草湯	柴朴湯
葛根湯加川芎辛夷	柴胡清肝湯	桂枝加朮附湯	麻黄湯	温清飲
柴胡桂枝湯	防風通聖散	柴胡桂枝湯	当帰飲子	柴胡清肝湯
黄連解毒湯	葛根湯加川芎辛夷	抑肝散	通導散	大黄牡丹皮湯
通導散	通導散	通導散	柴朴湯	通導散

抗炎症作用をもち清熱解毒に用いられる．西洋医学病名では高血圧，脳溢血のほか胃炎や皮膚搔痒症にも効果があり，やはり O_2^- 消去活性が臨床上関連していると考えられる．

10.5.2 生薬成分の加減による抗酸化能の変化

漢方薬の一つの特徴は上述のように多種の生薬を配合した多成分系であることであり，成分の配合は薬理活性の単なる相加効果にとどまらず，相乗効果や，ときには部分的な相殺効果を示す．抗酸化効果についても同様であり，逆にいえば伝統的な生薬構成は個々の効果をうまく加減するものといえる．

サイコ・オウゴンの両者を含む方剤は臨床的に柴胡剤として広く併用されている[84, 85]．柴胡剤は幅広い薬理作用をもつが，抗酸化作用を含む抗炎症作用・免疫調整作用はその主要な効果と考えられている．抗酸化活性においても両者を使用することによりヒドロキシルラジカル（HO・）消去活性が増強される[82]．一方ブクリョウは，この HO・消去活性を相殺する．

八味地黄丸・牛車腎気丸・六味丸はジオウを含み，加齢による諸症状に対し用いられる補腎剤の代表である．加齢は酸化ストレスの増強を伴うことから，抗酸化効果のある方剤による治療が行われると考えやすいが，上記3剤は ORAC 法・ESR

法ともにROS消去活性がむしろ低いことが報告されている[76, 82]．さらに，八味地黄丸は六味丸にケイヒ・ブシを，牛車腎気丸は八味地黄丸にさらにゴシャ・シャゼンシを加えた方剤であるが，ROS消去活性は生薬成分の追加に反し低下する相殺効果が報告されている．ROS消去の面からみるとこれらの方剤はアンチオキシダントではなくむしろプロオキシダントであり，漢方治療が単なる抗酸化剤投与ではなく内因性の抗酸化能をプロオキシダントにより誘導している可能性を示唆する．

10.5.3 瘀血病態と一酸化窒素

　西洋医学にはない東洋医学の特徴的病態として瘀血がある．瘀血とは血(けつ)の流通に障害をきたした病態であり西洋医学用語に直訳すれば血行障害であるが，病態としてはこれにとどまらず，腹痛，腰痛，顔面紅潮，冷え，月経異常，痔疾，打撲，不眠など幅広い．とくに冷え症は西洋医学にはない病態概念であるが，実態として患者数・経済的損失ともに大きいことが知られている．

　西洋医学的な血行障害は大血管から細小動脈にいたる動脈系の血流不全もしくは静脈灌流異常を指すが，瘀血ではこれに加え毛細血管レベルでの組織灌流不全が含まれる[86]．東洋医学特有の病態である瘀血に対する漢方治療の需要は必然的に高く，桂枝茯苓丸をはじめ駆瘀血作用をもつ和漢薬は広く用いられている．微小循環動態には一酸化窒素(NO)やROSが関与することから，瘀血病態や駆瘀血剤の薬理効果と酸化ストレスは密接に関連しうる．

　瘀血病態・駆瘀血剤薬理効果とNOの関連としては，蘇木とその構成成分がラット動脈においてNOおよびプロスタグランジンの誘導による駆瘀血効果をもたらすこと，ウコン属におけるラット駆瘀血効果とNOが関連していること，などが報告されている[87, 88]．筆者は活血化瘀効果のある冠元顆粒のヒトへの内服により，血清NO代謝産物が上昇し，$O_2^{\cdot-}$-NOバランスに影響を及ぼすことを報告し[89]，瘀血病態においてNOのみならずROSやその連鎖反応が強く関与していることを示している．

　桂枝茯苓丸は代表的な駆瘀血剤であり，酸化ストレスに関連した薬理効果として2,2′-アゾビス(2-アミジノプロパン)二塩酸塩〔2,2′-azobis(2-amidinopropane) dihydrochloride；AAPH〕による脂質過酸化抑制を通じた赤血球膜保護効果やNO供与体ニトロプルシドナトリウム(sodium nitroprusside)により引き起こされる神経細胞死が桂枝茯苓丸により抑制されることなどが報告されている[90, 91](図10.2)．その主たる薬理効果である駆瘀血作用とNOとの関連については，皮膚内皮細胞における炎症性サイトカインの抑制効果[92]や，ラットアジュバント関節炎モデル大動脈

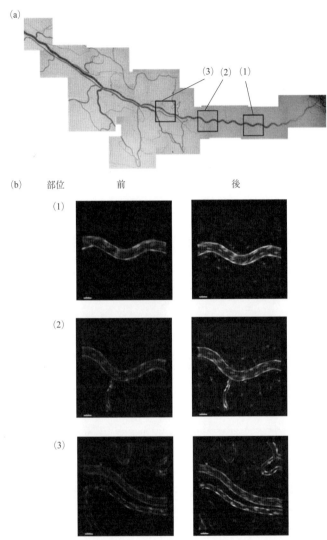

図10.2 駆瘀血剤桂枝茯苓丸による血管内皮細胞からの NO 産生[81]
桂枝茯苓丸投与 60 分後のラット腸間膜動脈における NO 産生を DAF-2 (diaminofluorescein-2)をプローブとして検出している.
© 2017 Tsutomu Tomita et al. CC BY 4.0.

における内皮型 NO 合成酵素(endothelial nitric oxide synthase;eNOS), 誘導型 NO 合成酵素(inducible nitric oxide synthase;iNOS)の誘導効果が報告されてい

る[93]．桂枝茯苓丸の構成生薬のうち，桂皮に含まれるシンナムアルデヒド(cinnamic aldehyde)，芍薬に含まれるペオニフロリン(paeoniflorin)，桃仁に含まれるアミグダリン(amygdalin)などは末梢血流量増加作用が知られている[94〜96]．このうちシンナムアルデヒドはNOを通じた抗炎症作用や血管拡張作用が報告されており[95,97,98]，ペオニフロリンは主としてiNOSや核内因子κB(nuclear factor-κB；NF-κB)系を介した抗炎症効果が報告されている[99,100]．しかし，*in vivo*における効果を論じた報告は少ない．筆者らの検討では，動物モデル(マウス・ラット)において桂枝茯苓丸は動脈系では血管径の拡張作用，毛細血管系では血流速度の増加作用，赤血球どうしの固着の改善などが微小生体撮影により認められている．この効果には血管内皮細胞からのNO産生が関与している[81](図10.2)．

10.6 腎疾患の進展を抑制する医薬品

慢性腎臓病(chronic kidney disease；CKD)は従来先進国での増加が報告されていたが，近年発展途上国を含む全世界で患者数の増大傾向が確認され，かつ，心血管疾患(cardiovascular disease；CVD)や全死亡の強いリスクであることが報告されるに至り，地球規模での対策が急務となっている．

10.6.1 慢性腎臓病に対する抗酸化療法

後述(11.5節)のようにCKDの進展過程に酸化ストレスが深く関与することから，抗酸化療法によるCKDの進展抑制が期待される．その効果は血清クレアチニン値の低下，eGFR(estimated glomerular filtration rate，推算糸球体ろ過値)の改善など腎機能低下の抑制，あるいは各種酸化ストレスマーカーの減少などにおいて認められている．CKDおよび急性腎障害(acute kidney injury；AKI)に対して行われたおもな抗酸化剤のランダム化比較試験(RCT)を表10.6に示す．一方総死亡率の改善，あるいは心腎連関から患者QOL(quality of life，生活の質)に重大な影響を及ぼす心血管疾患の発症率，心血管疾患での死亡率など重要病態に対してはほとんど有益な成果をあげていない(文献101にシステムレビュー)．このレビュー[101]ではビタミンA，ビタミンC，ビタミンE，N-アセチルシステイン，β-カロテン，フラボノイドおよびこれらの複合による効果を検討しているが，CKDの全ステージを包括した場合，いずれの抗酸化物質も総死亡率や心血管死亡率の改善効果はなく，また心血管病，冠動脈疾患，脳血管障害および末梢血管障害の発症率にも影響をもたらさなかった．病期ごとの解析では，腎代替療法導入以前の保存期ではいずれの

表10.6 腎疾患治療に対し抗酸化剤を用いたおもな臨床試験

論文の出版年	名称	対象	Primary endpoint	抗酸化物質	投与法	1日用量	対象人数	期間	結果	文献
慢性腎臓病（CKD）										
1993		腎移植	腎移植後の腎機能保持	マルチビタミン（ビタミンC, E, A, B）	静注	—	30	術後単回投与	投与群でCreの低下，GFR改善，MDAの低下	112
1994		死体腎移植	急性拒絶反応，移植腎生着率	rh-SOD	静注	200 mg		術中単回投与	投与群で急性拒絶反応の減少と4年生存率の増加	113
2000	SPACE	心血管疾患をすでにもつ維持血液透析	新たな心血管疾患イベント発生	ビタミンE	経口	800 IU	196	519日（中央値）	投与群で心血管イベント，心筋梗塞の減少	102
2000		維持透析もしくはCre＞5 mg/dL	血清クレアチニン値の低下，eGFR改善	CoQ10	経口	60 mg	21	4週	投与群でCre, BUNの低下，Ccr改善，尿量増加，血漿中ビタミンA, E, C増加	114
2003		維持血液透析	心血管疾患イベント発生	N-アセチルシステイン	経口	600 mg	134	14.5月（中央値）	投与群で心血管イベントの減少	115
2011	BEAM	2型糖尿病によるCKD（ステージ3b-4）	eGFR変化	バルドキソロンメチル	経口	25, 75, 150 mg	227	24週（一次），52週（二次）	投与群で24/52週でeGFR増加，50/75 mg群では25 mg群より増加が大きい	104
2013	BEACON	2型糖尿病によるCKD（ステージ4）	末期腎不全への進展および関連死	バルドキソロンメチル[a]	経口	20 mg	2185	—	心不全による入院・死亡の有意な増加により試験中止（psot hoc解析ではeGFRは増加）	105 106
2014	PATH	維持血液透析	炎症・酸化ストレスマーカー，造血能変化	混合トコフェロール/α-リポ酸	経口	666 IU / 600 mg	353	6月	hs-CRP, IL-6, F2-isoprostane, 造血能変化に変化を認めず	103
急性腎障害（AKI）										
2014		カルベジロールを投与されている患者への心臓手術	術後AKI発症，腎機能低下	N-アセチルシステイン	静注	術前単回，術後24時間持続静注	311	術前150 mg/kg，術後（持続）150 mg/kg	AKI発症を減少	111
2015		心拍動下冠動脈バイパス術後	術後AKI発症	N-アセチルシステイン	静注	術前単回，術後24時間持続静注	117	術前150 mg/kg，術後（持続）150 mg/kg	AKI発症は不変	110
2016		CKD患者に対する冠動脈造影	造影剤によるAKI発症	ビタミンE	静注	術前600 mg 術後400 mg	300	術前後2回投与	AKI発症の減少	108
2018	PRE-SERVE	CKD患者に対する造影検査（ステージ3bもしくは3aの糖尿病症例）	造影剤によるAKI発症，術後ESRDへの進展，腎機能低下，死亡	N-アセチルシステイン/重炭酸	経口/静注	術前，術後4日	4993	1200 mg	造影剤によるAKI発症，術後ESRDへの進展，腎機能低下，死亡，のいずれも改善せず	107

Cre：血清クレアチニン値，GFR：糸球体ろ過値，eGFR：推算糸球体ろ過値，Ccr：クレアチニンクリアランス，BUN：血中尿素窒素，rh-SOD：遺伝子組換えヒトSOD，hs-CRP：高感度CRP.
a) BEAMとBEACONでは用いられた製剤の形状が異なる（BEACONではアモルファス状）．

病態においても抗酸化物質の有効性は認められていない．腎代替療法導入後では，安定期維持血液透析患者(CKDステージ5D)を対象にした試験(SPACE study)において，ビタミンEやN-アセチルシステインにより心血管疾患予防効果が報告されている[102]．反面，ビタミンEとα-リポ酸の両者を用いた6か月の介入試験(PATH trial)では，死亡率・入院率・有害事象発症率に差はなかったものの，酸化ストレス・炎症マーカー(hsCRP, IL-6, F2-isoprostane)や造血能は改善しなかった[103]．

近年，Nrf2-Keap1系の活性化により抗酸化効果を示すとされるバルドキソロンメチル(bardoxolone methyl)により糖尿病性腎症の進展を抑制することを目的とした大規模臨床試験が注目を集めている．2011年に報告された第Ⅱ相試験にあたるBEAM trialでは，バルドキソロンメチルを24週間投与された2型糖尿病(type 2 diabetes mellitus；T2DM)を原疾患とする慢性腎臓病(CKD)患者(eGFR 20〜45 mL/min/m^2)において，eGFRが最大11.4 mL/min/m^{2}に回復することが示された[104]．既存のCKD治療薬はeGFRの低下を抑制する効果にとどまっていることから，バルドキソロンメチルはeGFRを回復させうる新薬として大きな期待を集めた．しかし続く第Ⅲ相(BEACON trial)では，バルドキソロンメチル投与群で第Ⅱ相試験と同様にeGFRの回復効果は示されたものの，心不全による入院および死亡が有意に増加する結果となり，臨床試験は中止を余儀なくされた[105]．その後事後(ポストホック，post hoc)解析でステージ4のCKD患者には有用性が認められたことから[106]，現在対象を再検討したうえで再度臨床試験が行われている．このバルドキソロンメチルの例は抗酸化物質による治療戦略の難しさを顕著に示した典型例といえる．とくに，両試験ともバルドキソロンメチルの抗酸化能を主要な薬理効果として試験が行われているにもかかわらず，酸化ストレスマーカーの変動が報告されていないことは，臨床試験に耐える酸化ストレスマーカーが欠如していることを物語っており，抗酸化治療戦略の大きなボトルネックとなっている．

10.6.2 急性腎障害に対する抗酸化療法

急性腎障害(AKI)は多臓器不全へ移行しやすく，依然として死亡率の高い疾患である．原因から，脱水・出血・感染による末梢血管拡張などおもに腎有効循環血漿量の低下に起因する腎前性腎不全，急速進行性糸球体腎炎や薬剤性腎障害などに起因する腎性腎不全，神経因性膀胱や前立腺肥大などによる尿閉に起因する腎後性腎不全の三つに分類される．疾患の性質から自然発症性のAKIに対する介入試験は困難であり，冠動脈バイパス術など侵襲性の大きい外科手術(体液量の変化により腎前性腎不全を起こしやすい)や，造影剤・抗がん剤など薬剤性腎障害に対する予

防に抗酸化剤を用いる試みが広く行われている．

　抗酸化剤としては，急性期に投与しやすいN-アセチルシステイン(NAC)が比較的広く用いられている．X線撮影時の造影剤使用は薬剤性AKIの大きな原因であり，とくに冠動脈造影によるAKIは死亡，慢性腎障害の進展や透析導入と関連する．手技中の生理食塩水投与が造影有害事象標準予防治療であるが，NAC経口投与も幅広く行われてきた．しかしこの効果を検討した近年の多施設大規模RCT(PRESERVE trial)では，死亡率・透析導入率・腎機能の悪化(前値と比べ50％以上の血清クレアチニン値上昇)にNACの有用性は認められなかった[107]．

　一方，ビタミンE〔あるいはα, γ-トコフェロール(α, γ-tocopherol)の混合投与〕が，比較的小規模な試験においてCKD患者に冠動脈造影によるAKI発症を予防したとの報告もある[108, 109]．冠動脈バイパス術(coronary artery bypass grafting；CABG)もAKIの大きなリスクであり，やはり抗酸化剤を用いた予防が試みられているが，有効性は確立していない．

　NACを心拍動下CABGに用いたトライアルでは，術後尿量の増加はみられたが，AKIそのものの発症率は減少しなかった[110]．他方，抗酸化能をもつβ遮断薬カルベジロールを投与されている患者の心臓手術にNACを追加投与した検討では，NACのAKI発症抑制効果が報告されている[111]．

参考文献

1) B. Halliwell, J. M. Gutterridge, "Free Radicals Biology and Medicine," Oxford University Press (2015).
2) S. Golbidi, S. A. Ebadi, I. Laher, *Curr. Diabetes Rev.*, **7**, 106 (2011).
3) S. Yusuf, P. Sleight, J. Pogue, J. Bosch, R. Davies, G. Dagenais, *N. Engl. J. Med.*, **342**, 145 (2000).
4) J. F. Mann, E. M. Lonn, Q. Yi, H. C. Gerstein, B. J. Hoogwerf, J. Pogue, J. Bosch, G. R. Dagenais, S. Yusuf, *Kidney Int.*, **65**, 1375 (2004).
5) P. Gaede, P. Vedel, N. Larsen, G. V. Jensen, H. H. Parving, O. Pedersen, *N. Engl. J. Med.*, **348**, 383 (2003).
6) P. G. Khatami, A. Soleimani, N. Sharifi, E. Aghadavod, Z. Asemi, *J. Clin. Lipidol.*, **10**, 922 (2016).
7) M. G. Rajanandh, S. Kosey, G. Prathiksha, *Pharmacol. Rep.*, **66**, 44 (2014).
8) M. Khodaeian, O. Tabatabaei-Malazy, M. Qorbani, F. Farzadfar, P. Amini, B. Larijani, *Eur. J. Clin. Invest.*, **45**, 1161 (2015).
9) J. Belch, A. MacCuish, I. Campbell, S. Cobbe, R. Taylor, R. Prescott, R. Lee, J. Bancroft, S. MacEwan, J. Shepherd, P. Macfarlane, A. Morris, R. Jung, C. Kelly, A. Connacher, N. Peden, A. Jamieson, D. Matthews, G. Leese, J. McKnight, I. O'Brien, C. Semple, J. Petrie, D. Gordon, S. Pringle, R. MacWalter, *BMJ.*, **337**, a1840 (2008).
10) E. J. Feskens, S. M. Virtanen, L. Rasanen, J. Tuomilehto, J. Stengard, J. Pekkanen, A. Nissinen,

D. Kromhout, *Diabetes Care.*, **18**, 1104 (1995).
11) H. Chen, R. J. Karne, G. Hall, U. Campia, J. A. Panza, R. O. Cannon, 3rd, Y. Wang, A. Katz, M. Levine, M. J. Quon, *Am. J. Physiol. Heart Circ. Physiol.*, **290**, H137 (2006).
12) M. Evans, R. A. Anderson, J. C. Smith, N. Khan, J. M. Graham, A. W. Thomas, K. Morris, D. Deely, M. P. Frenneaux, J. S. Davies, A. Rees, *Eur. J. Clin. Invest.*, **33**, 231 (2003).
13) G. Paolisso, V. Balbi, C. Volpe, G. Varricchio, A. Gambardella, F. Saccomanno, S. Ammendola, M. Varricchio, F. D'Onofrio, *J. Am. Coll. Nutr.*, **14**, 387 (1995).
14) M. Sacco, F. Pellegrini, M. C. Roncaglioni, F. Avanzini, G. Tognoni, A. Nicolucci, *Diabetes Care.*, **26**, 3264 (2003).
15) P. E. Pergola, P. Raskin, R. D. Toto, C. J. Meyer, J. W. Huff, E. B. Grossman, M. Krauth, S. Ruiz, P. Audhya, H. Christ-Schmidt, J. Wittes, D. G. Warnock, *N. Engl. J. Med.*, **365**, 327 (2011).
16) D. de Zeeuw, T. Akizawa, P. Audhya, G. L. Bakris, M. Chin, H. Christ-Schmidt, A. Goldsberry, M. Houser, M. Krauth, H. J. Lambers Heerspink, J. J. McMurray, C. J. Meyer, H. H. Parving, G. Remuzzi, R. D. Toto, N. D. Vaziri, C. Wanner, J. Wittes, D. Wrolstad, G. M. Chertow, Investigators Beacon Trial, *N. Engl. J. Med.*, **369**, 2492 (2013).
17) A. W. Ashor, A. D. Werner, J. Lara, N. D. Willis, J. C. Mathers, M. Siervo, *Eur. J. Clin. Nutr.*, **71**, 1371 (2017).
18) S. W. Gillani, S. A. S. Sulaiman, M. I. M. Abdul, M. R. Baig, *Cardiovasc. Diabetol.*, **16**, 103 (2017).
19) H. Garcia-Alcala, C. I. Santos Vichido, S. Islas Macedo, C. N. Genestier-Tamborero, M. Minutti-Palacios, O. Hirales Tamez, C. Garcia, D. Ziegler, *J. Diabetes Res.*, **2015**, 189857.
20) B. R. Szwejkowski, S. J. Gandy, S. Rekhraj, J. G. Houston, C. C. Lang, A. D. Morris, J. George, A. D. Struthers, *J. Am. Coll. Cardiol.*, **62**, 2284 (2013).
21) X. G. Lei, M. Z. Vatamaniuk, *Antioxid. Redox Signal.*, **14**, 489 (2011).
22) E. Cifuentes-Pagano, D. N. Meijles, P. J. Pagano, *Antioxid. Redox Signal.*, **20**, 2741 (2014).
23) Y. Gorin, F. Wauquier, *Molecules and Cells*, **38**, 285 (2015).
24) M. Margaritis, K. M. Channon, C. Antoniades, *Antioxid. Redox Signal.*, **20**, 1198 (2014).
25) A. Carrizzo, M. Forte, M. Lembo, L. Formisano, A. A. Puca, C. Vecchione, *Curr. Drug Targets.*, **15**, 1231 (2014).
26) C. Maack, T. Kartes, H. Kilter, H. J. Schafers, G. Nickenig, M. Bohm, U. Laufs, *Circulation*, **108**, 1567 (2003).
27) Q. Wang, H. Zhou, H. Gao, S. H. Chen, C. H. Chu, B. Wilson, J. S. Hong, *J. Neuro.*, **9**, 32 (2012).
28) J. R. Privratsky, L. E. Wold, J. R. Sowers, M. T. Quinn, J. Ren, *Hypertension*, **42**, 206 (2003).
29) B. Ongali, N. Nicolakakis, X. K. Tong, T. Aboulkassim, P. Papadopoulos, P. Rosa-Neto, C. Lecrux, H. Imboden, E. Hamel, *Neurobiol. Dis.*, **68**, 126 (2014).
30) N. Singh, A. C. Halliday, J. M. Thomas, O. V. Kuznetsova, R. Baldwin, E. C. Woon, P. K. Aley, I. Antoniadou, T. Sharp, S. R. Vasudevan, G. C. Churchill, *Nat. Commun.*, **4**, 1332 (2013).
31) D. Shah, N. Mahajan, S. Sah, S. K. Nath, B. Paudyal, *J. Biomed. Sci.*, **21**, 23 (2014).
32) Z. W. Lai, R. Hanczko, E. Bonilla, T. N. Caza, B. Clair, A. Bartos, G. Miklossy, J. Jimah, E. Doherty, H. Tily, L. Francis, R. Garcia, M. Dawood, J. Yu, I. Ramos, I. Coman, S. V. Faraone, P. E. Phillips, A. Perl, *Arthritis Rheum.*, **64**, 2937 (2012).
33) M. P. Reilly, N. Delanty, L. Roy, J. Rokach, P. O. Callaghan, P. Crean, J. A. Lawson, G. A. Fitzgerald, *Circulation*, **96**, 3314 (1997).
34) Z. Ahmed, W. H. Tang, *Curr. Heart Fail. Rep.*, **9**, 14 (2012).
35) K. K. Griendling, R. M. Touyz, J. L. Zweier, S. Dikalov, W. Chilian, Y. R. Chen, D. G. Harrison,

A. Bhatnagar, *Circ. Res.*, **119**, e39 (2016).
36) A. Prabhu, D. I. Sujatha, N. Kanagarajan, M. A. Vijayalakshmi, B. Ninan, *Ann. Vasc. Surg.*, **23**, 645 (2009).
37) P. Bhakuni, M. Chandra, M. K. Misra, *Mol. Cell Biochem.*, **290**, 153 (2006).
38) S. Basili, G. Tanzilli, E. Mangieri, V. Raparelli, S. Di Santo, P. Pignatelli, F. Violi, *JACC Cardiovasc. Interv.*, **3**, 221 (2010).
39) N. Valls, J. G. Gormaz, R. Aguayo, J. Gonzalez, R. Brito, D. Hasson, M. Libuy, C. Ramos, R. Carrasco, J. C. Prieto, G. Dussaillant, A. Puentes, V. Noriega, R. Rodrigo, *Redox. Rep.*, **21**, 75 (2016).
40) A. M. E. Spoelstra-De Man, P. W. G. Elbers, H. M. Oudemans-Van Straaten, *Critical Care*, **22**, 70 (2018).
41) L. F. Parmley, A. G. Mufti, J. M. Downey, *Can. J. Cardiol.*, **8**, 280 (1992).
42) E. Rentoukas, K. Tsarouhas, C. Tsitsimpikou, G. Lazaros, S. Deftereos, S. Vavetsi, *Int. J. Cardiol.*, **145**, 257 (2010).
43) U. Z. Malik, N. J. Hundley, G. Romero, R. Radi, B. A. Freeman, M. M. Tarpey, E. E. Kelley, *Free Radic. Biol. Med.*, **51**, 179 (2011).
44) S. Tanno, K. Yamamoto, Y. Kurata, M. Adachi, Y. Inoue, N. Otani, M. Mishima, Y. Yamamoto, M. Kuwabara, K. Ogino, J. Miake, H. Ninomiya, Y. Shirayoshi, F. Okada, K. Yamamoto, I. Hisatome, *Circ. J.*, **82**, 1101 (2018).
45) H. Asanuma, T. Minamino, S. Sanada, S. Takashima, H. Ogita, A. Ogai, M. Asakura, Y. Liao, Y. Asano, Y. Shintani, J. Kim, Y. Shinozaki, H. Mori, K. Node, S. Kitamura, H. Tomoike, M. Hori, M. Kitakaze, *Circulation*, **109**, 2773 (2004).
46) I. A. Paraskevaidis, E. K. Iliodromitis, D. Vlahakos, D. P. Tsiapras, A. Nikolaidis, A. Marathias, A. Michalis, D. T. Kremastinos, *Eur. Heart J.*, **26**, 263 (2005).
47) J. C. Tardif, J. J. McMurray, E. Klug, R. Small, J. Schumi, J. Choi, J. Cooper, R. Scott, E. F. Lewis, P. L. L'allier, M. A. Pfeffer, *Lancet*, **371**, 1761 (2008).
48) R. A. Byrne, A. Kastrati, K. Tiroch, S. Schulz, J. Pache, S. Pinieck, S. Massberg, M. Seyfarth, K. L. Laugwitz, K. A. Birkmeier, A. Schomig, J. Mehilli, *J. Am. Coll. Cardiol.*, **55**, 2536 (2010).
49) J. H. Alexander, H. R. Reynolds, A. L. Stebbins, V. Dzavik, R. A. Harrington, F. Van De Werf, J. S. Hochman, *JAMA.*, **297**, 1657 (2007).
50) S. Imaizumi, J. Suzuki, H. Kinouchi, T. Yoshimoto, *Neurol. Res.*, **10**, 18 (1988).
51) S. Feng, Q. Yang, M. Liu, W. Li, W. Yuan, S. Zhang, B. Wu, J. Li, *Cochrane Database Syst. Rev.*, **2011** (12) CD007230.
52) 日本脳卒中学会,『脳卒中治療ガイドライン2015』, (2015).
53) THE WRITING GROUP ON BEHALF OF THE EDARAVONE (MCI-186) ALS 19 STUDY GROUP, *Amyotroph Lateral Scler Frontotemporal Degener*, **18**, 55 (2017).
54) A. Shuaib, K. R. Lees, P. Lyden, J. Grotta, A. Davalos, S. M. Davis, H. C. Diener, T. Ashwood, W. W. Wasiewski, U. Emeribe, *N. Engl. J. Med.*, **357**, 562 (2007).
55) P. M. Bath, R. Iddenden, F. J. Bath, J. M. Orgogozo, C. Tirilazad International Steering, *Cochrane Database Syst. Rev.*, **2011** (4), CD002087.
56) H. Hosoo, A. Marushima, Y. Nagasaki, A. Hirayama, H. Ito, S. Puentes, A. Mujagic, H. Tsurushima, W. Tsuruta, K. Suzuki, H. Matsui, Y. Matsumaru, T. Yamamoto, A. Matsumura, *Stroke*, **48**, 2238 (2017).
57) H. Jaeschke, B. L. Woolbright, *Transplant Rev (Orlando).*, **26**, 103 (2012).
58) S. Jegatheeswaran, A. K. Siriwardena, *HPB (Oxford)*, **13**, 71 (2011).

59) O. Hahn, A. Blazovics, L. Vali, P. K. Kupcsulik, *J. Surg. Oncol.*, **104**, 647 (2011).
60) R. Pollak, J. H. Andrisevic, M. S. Maddux, S. A. Gruber, M. S. Paller, *Transplantation*, **55**, 57 (1993).
61) G. Bjelakovic, L. L. Gluud, D. Nikolova, M. Bjelakovic, A. Nagorni, C. Gluud, *Cochrane Database Syst. Rev.*, **2011** (3), CD007749.
62) S. Fiorino, E. Loggi, G. Verucchi, D. Comparcola, R. Vukotic, M. Pavoni, E. Grandini, C. Cursaro, S. Maselli, M. L. Bacchi Reggiani, C. Puggioli, L. Badia, S. Galli, P. Viale, M. Bernardi, P. Andreone, *Liver. Int.*, **37** (1), 54 (2017).
63) C. Bunchorntavakul, T. Wootthananont, A. Atsawarungruangkit, *J. Med. Assoc. Thai*, **97 Suppl 11**, S31 (2014).
64) M. S. Farias, P. Budni, C. M. Ribeiro, E. B. Parisotto, C. E. Santos, J. F. Dias, E. M. Dalmarco, T. S. Frode, R. C. Pedrosa, D. Wilhelm Filho, *Gastroenterol. Hepatol.*, **35** (6), 386 (2012).
65) M. R. Thursz, P. Richardson, M. Allison, A. Austin, M. Bowers, C. P. Day, N. Downs, D. Gleeson, A. Macgilchrist, A. Grant, S. Hood, S. Masson, A. Mccune, J. Mellor, J. O'grady, D. Patch, I. Ratcliffe, P. Roderick, L. Stanton, N. Vergis, M. Wright, S. Ryder, E. H. Forrest, *N. Engl. J. Med.*, **372** (17), 1619 (2015).
66) S. Li, H.-Y. Tan, N. Wang, Z.-J. Zhang, L. Lao, C.-W. Wong, Y. Feng, *Int. J. Mol. Sci.*, **16** (11), 26087 (2015).
67) 日本消化器病学会.『NAFLD/NASH 診療ガイドライン2014』, (2014).
68) A. J. Sanyal, N. Chalasani, K. V. Kowdley, A. Mccullough, A. M. Diehl, N. M. Bass, B. A. Neuschwander-Tetri, J. E. Lavine, J. Tonascia, A. Unalp, M. Van Natta, J. Clark, E. M. Brunt, D. E. Kleiner, J. H. Hoofnagle, P. R. Robuck, *N. Engl. J. Med.*, **362** (18), 1675 (2010).
69) T. Foster, M. J. Budoff, S. Saab, N. Ahmadi, C. Gordon, A. D. Guerci, *Am. J. Gastroenterol.*, **106** (2011).
70) R. Lombardi, S. Onali, D. Thorburn, B. R. Davidson, K. S. Gurusamy, E. Tsochatzis, *Cochrane Database Syst. Rev.*, **2017**, CD011640.
71) T. Eslamparast, S. Eghtesad, H. Poustchi, A. Hekmatdoost, *World J. Hepatol.*, **7** (2), 204 (2015).
72) N. Tanaka, K. Sano, A. Horiuchi, E. Tanaka, K. Kiyosawa, T. Aoyama, *J. Clin. Gastroenterol.*, **42** (4), 413 (2008).
73) M. Capanni, F. Calella, M. R. Biagini, S. Genise, L. Raimondi, G. Bedogni, G. Svegliati-Baroni, F. Sofi, S. Milani, R. Abbate, C. Surrenti, A. Casini, *Aliment. Pharmacol. Ther.*, **23** (8), 1143 (2006).
74) H. M. Parker, N. A. Johnson, C. A. Burdon, J. S. Cohn, H. T. O'connor, J. George, *J. Hepatol.*, **56** (4), 944 (2012).
75) N. Sharifi, R. Amani, E. Hajiani, B. Cheraghian, *Endocrine*, **47** (1), 70 (2014).
76) K. Nishimura, T. Osawa, K. Watanabe, *Evid. Based Complement. Alternat. Med.*, **2011**, 812163 (2011).
77) Y. Niwano, K. Saito, F. Yoshizaki, M. Kohno, T. Ozawa, *J. Clin. Biochem. Nutr.*, **48**, 78 (2011).
78) K. Saito, M. Kohno, F. Yoshizaki, Y. Niwano, *Plant Foods Hum. Nutr.*, **63**, 65 (2008).
79) T. Egashira, F. Takayama, Y. Yamanaka, Y. Komatsu, *Jpn. J. Pharmacol.*, **80**, 379 (1999).
80) J. Taira, T. Ikemoto, K. Mimura, A. Hagi, A. Murakami, K. Makino, *Free Radic. Res. Commun.*, **19 Suppl 1**, S71 (1993).
81) T. Tomita, A. Hirayama, H. Matsui, K. Aoyagi, *Evid. Based Complement. Alternat. Med.*, **2017**, 1.

82) A. Hirayama, S. Oowada, H. Ito, H. Matsui, A. Ueda, K. Aoyagi, *J. Clin. Biochem. Nutr.*, **62**, 39 (2018).
83) 吉川敏一, 医学のあゆみ, **152**, 741 (1990).
84) M. Inoue, Y. R. Shen, Y. Ogihara, *Biol. Pharm. Bull.*, **19**, 1468 (1996).
85) X. Shen, Z. Zhao, H. Wang, Z. Guo, B. Hu, G. Zhang, *Mediat. Inflamm.*, **2017**, 3709874.
86) N. Sekiya, H. Goto, K. Tazawa, S. Oida, Y. Shimada, K. Terasawa, *Phytother. Res.*, **16**, 524 (2002).
87) Y. Sasaki, M. Suzuki, T. Matsumoto, T. Hosokawa, T. Kobayashi, K. Kamata, S. Nagumo, *Biol. Pharm. Bull.*, **33**, 1555 (2010).
88) Y. Sasaki, H. Goto, C. Tohda, F. Hatanaka, N. Shibahara, Y. Shimada, K. Terasawa, K. Komatsu, *Biol. Pharm. Bull.*, **26**, 1135 (2003).
89) A. Hirayama, T. Okamoto, S. Kimura, Y. Nagano, H. Matsui, T. Tomita, S. Oowada, K. Aoyagi, *J. Clin. Biochem. Nutr.*, **58**, 167 (2016).
90) N. Sekiya, H. Goto, Y. Shimada, K. Terasawa, *Phytother. Res.*, **16**, 373 (2002).
91) Y. Shimada, K. Yokoyama, H. Goto, N. Sekiya, N. Mantani, E. Tahara, H. Hikiami, K. Terasawa, *Phytomed.*, **11**, 404 (2004).
92) Y. Yoshihisa, M. Furuichi, M. Ur Rehman, C. Ueda, T. Makino, T. Shimizu, *Mediat. Inflamm.*, **2010**, 804298.
93) K. Nozaki, H. Goto, T. Nakagawa, H. Hikiami, K. Koizumi, N. Shibahara, Y. Shimada, *Biol. Pharm. Bull.*, **30**, 1042 (2007).
94) H. Goto, Y. Shimada, Y. Akechi, K. Kohta, M. Hattori, K. Terasawa, *Planta. Med.*, **62**, 436 (1996).
95) Y. L. Xue, H. X. Shi, F. Murad, K. Bian, *Vasc. Health Risk Manag.*, **7**, 273 (2011).
96) L. Liu, J. A. Duan, Y. Tang, J. Guo, N. Yang, H. Ma, X. Shi, *J. Ethnopharmacol.*, **139**, 381 (2012).
97) R. C. Veras, K. G. Rodrigues, C. Alustau Mdo, I. G. Araujo, A. L. De Barros, R. J. Alves, L. S. Nakao, V. A. Braga, D. F. Silva, I. A. De Medeiros, *J. Cardiovasc. Pharmacol.*, **62**, 58 (2013).
98) F. Song, H. Li, J. Sun, S. Wang, *J. Ethnopharmacol.*, **150**, 125 (2013).
99) Z. Chen, X. Ma, Y. Zhu, Y. Zhao, J. Wang, R. Li, C. Chen, S. Wei, W. Jiao, Y. Zhang, J. Li, L. Wang, R. Wang, H. Liu, H. Shen, X. Xiao, *Phytother. Res.*, **29**, 1768 (2015).
100) J. Zhai, Y. Guo, *Biomed. Pharmacother.*, **80**, 200 (2016).
101) M. Jun, V. Venkataraman, M. Razavian, B. Cooper, S. Zoungas, T. Ninomiya, A. C. Webster, V. Perkovic, *Cochrane Database Syst. Rev.*, **10**, CD008176 (2012).
102) M. Boaz, S. Smetana, T. Weinstein, Z. Matas, U. Gafter, A. Iaina, A. Knecht, Y. Weissgarten, D. Brunner, M. Fainaru, M. S. Green, *Lancet*, **356**, 1213 (2000).
103) J. Himmelfarb, T. A. Ikizler, C. Ellis, P. Wu, A. Shintani, S. Dalal, M. Kaplan, M. Chonchol, R. M. Hakim, *J. Am. Soc. Nephrol.*, **25**, 623 (2014).
104) P. E. Pergola, P. Raskin, R. D. Toto, C. J. Meyer, J. W. Huff, E. B. Grossman, M. Krauth, S. Ruiz, P. Audhya, H. Christ-Schmidt, J. Wittes, D. G. Warnock, *N. Engl. J. Med.*, **365**, 327 (2011).
105) D. De Zeeuw, T. Akizawa, P. Audhya, G. L. Bakris, M. Chin, H. Christ-Schmidt, A. Goldsberry, M. Houser, M. Krauth, H. J. Lambers Heerspink, J. J. McMurray, C. J. Meyer, H. H. Parving, G. Remuzzi, R. D. Toto, N. D. Vaziri, C. Wanner, J. Wittes, D. Wrolstad, G. M. Chertow, B. T. Investigators, *N. Engl. J. Med.*, **369**, 2492 (2013).
106) M. P. Chin, G. L. Bakris, G. A. Block, G. M. Chertow, A. Goldsberry, L. A. Inker, H. J. L. Heerspink, M. O'grady, P. E. Pergola, C. Wanner, D. G. Warnock, C. J. Meyer, *Am. J. Nephrol.*,

47, 40 (2018).
107) S. D. Weisbord, M. Gallagher, H. Jneid, S. Garcia, A. Cass, S. S. Thwin, T. A. Conner, G. M. Chertow, D. L. Bhatt, K. Shunk, C. R. Parikh, E. O. McFalls, M. Brophy, R. Ferguson, H. Wu, M. Androsenko, J. Myles, J. Kaufman, P. M. Palevsky, *N. Engl. J. Med.*, **378**, 603 (2018).
108) Y. Rezaei, K. Khademvatani, B. Rahimi, M. Khoshfetrat, N. Arjmand, M. H. Seyyed-Mohammadzad, *J. Am. Heart. Assoc.*, **5**, e002919 (2016).
109) A. Tasanarong, A. Vohakiat, P. Hutayanon, D. Piyayotai, *Nephrol. Dial. Transplant.*, **28**, 337 (2013).
110) J. W. Song, J. K. Shim, S. Soh, J. Jang, Y. L. Kwak, *Nephrology(Carlton)*, **20**, 96 (2015).
111) M. Ozaydin, T. Peker, S. Akcay, B. A. Uysal, H. Yucel, A. Icli, D. Erdogan, E. Varol, A. Dogan, H. Okutan, *Clin. Cardiol.*, **37**, 108 (2014).
112) H. Rabl, G. Khoschsorur, T. Colombo, P. Petritsch, M. Rauchenwald, P. Koltringer, F. Tatzber, H. Esterbauer, *Kidney Int.*, **43**, 912 (1993).
113) W. Land, H. Schneeberger, S. Schleibner, W. D. Illner, D. Abendroth, G. Rutili, K. E. Arfors, K. Messmer, *Transplant.*, **57**, 211 (1994).
114) R. B. Singh, H. K. Khanna, M. A. Niaz, *J. Nutr. Environ. Med.*, **10**, 281 (2000).
115) M. Tepel, M. Van Der Giet, M. Statz, J. Jankowski, W. Zidek, *Circulation*, **107**, 992 (2003).

第11章

活性酸素および活性窒素で引き起こされる病気

11.1 虚血再灌流障害：虚血性心疾患と脳梗塞

11.1.1 心虚血再灌流障害および虚血性心疾患

　心血管障害は世界的にみても主要な死因の一つである．現在血栓性閉塞に対しては血管内治療による血流再開通が主要な治療法となっている．とくに発症後早期の例として，心血管では冠動脈閉塞の経皮的冠動脈インターベンション（percutaneous coronary intervention；PCI）が，脳血管では経皮的血管内治療や血栓溶解療法が積極的に行われ，技術の向上やデバイスの進歩を伴って大きな治療効果の改善がみられている．一方，血行再建術による虚血組織の血流再開は，再酸素化にもかかわらず心筋障害をもたらしうる（酸素パラドックス）．この虚血再灌流障害には活性酸素種（reactive oxygen species；ROS）が深く関与し，その制御は臨床上大きな課題となっている．虚血再灌流障害には次のような機序で，病態の増悪をもたらす．

(a) 心虚血再灌流障害と活性酸素

　不安定プラークの破断により生じる血管閉塞は，灌流部位組織の壊死をもたらす．一方，閉塞が不完全な場合，組織はただちに壊死に陥ることはなく，低酸素状態のまましばらくの間生存する．このような虚血・低酸素状態の組織では，アデノシン5'-三リン酸（adenosine 5'-triphospha；ATP）の分解により生じたアデノシンからアデノシンデアミナーゼ（adenosine deaminase）によりイノシンをへてヒポキサンチンが生成される．一方，定常状態ではキサンチンデヒドロゲナーゼ（xanthine dehydrogenase；XDH）は電子をNAD$^+$（oxidized nicotinamide adenine dinucleotide, 酸化型ニコチンアミドジヌクレオチド）に伝達しているが，低酸素状況下で組織障

害が生じると,内在するSH基の酸化やタンパク質切断によりキサンチンオキシダーゼ(xanthine oxidase;XO)に転換される.XOではFAD(flavin adenine dinucleotide,フラビンアデニンジヌクレオチド)結合部位周辺の構造変化によりNAD$^+$への電子伝達が阻害され酸素分子(O_2)へ向かいスーパーオキシド($O_2^{\cdot-}$)が生成される.この二つの現象は,血流が再開した際に生じる再酸素化障害の重要な基点となる(図11.1).

組織が壊死に陥る前に血流が再開された場合,虚血組織は急激な酸素濃度の再上昇に晒される.この際に蓄積していたヒポキサンチンがXOにより酸化され,$O_2^{\cdot-}$と過酸化水素が生成される.また障害部位への好中球の浸潤により酸化的バースト(oxidative burst)が引き起こされ,$O_2^{\cdot-}$と次亜塩素酸(HOCl)が生成される.これら

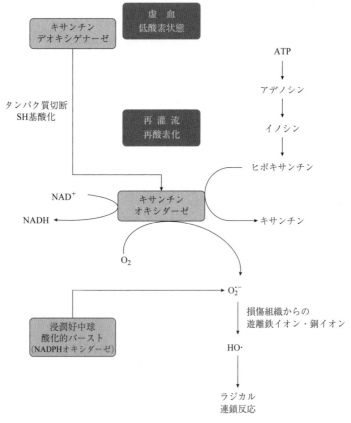

図11.1 虚血再灌流障害におけるキサンチンオキシダーゼと活性酸素の産生

のROSと損傷組織から遊離された鉄イオンの反応によりヒドロキシルラジカル(HO·)が形成され，ラジカル連鎖反応が引き起こされる．さらにXOは血管内皮細胞のグルコサミノグリカンと結合しO_2^{-}や過酸化水素(H_2O_2)を生成するとされる[1]．ただし，XOへの転換やその含有量は動物モデルとヒトとの間で解離があることから，実際の臨床におけるXOの役割には依然不明な点があることを留意する必要がある．

炎症局所で形成された過酸化脂質(lipid peroxide)やいろいろな生理活性物質は，再開された血流により他臓器に運ばれ，多臓器障害(multiple organ dysfunction syndrome)を引き起こす．この一連の虚血再灌流障害は，不安定狭心症や急性冠症候群といった虚血性心疾患や脳塞栓や脳梗塞における梗塞後出血などにおいて病態増悪の主因と考えられている．

動物モデルではCu/Zn-SOD，Mn-SOD，カタラーゼ，マンニトール，DMSO(dimethyl sulfoxide)などの抗酸化物，あるいは金属キレート剤であるデスフェロキサミンやXO反応の基質阻害剤のアロプリノールなどを添加すると，虚血再灌流後の心筋障害が軽減する．これらの薬物は組織上心筋細胞の細胞膜破綻やミトコンドリア膨化変性を伴うことから，細胞膜やミトコンドリア膜が心筋虚血におけるROSの作用部位と考えられている．アデノシン産生酵素やXOへの変換に必要なプロテアーゼもROSの標的である．

一方，電気生理学的には細胞内でのCa^{2+}過負荷が虚血再灌流障害の重要な機序である．これは，(ⅰ)虚血によるアシドーシスによりNa^{+}/H^{+}交換輸送体(sodium/hydrogen exchanger 1；NHE 1)が活性化され細胞内H^{+}の細胞外への排出が増加しこれに伴い細胞内へのNa^{+}流入が増加，(ⅱ)Na^{+}/Ca^{2+}交換輸送体(sodium/calcium exchanger 1；NCX 1)により細胞内からNa^{+}が排出され代わりにCa^{2+}が流入，(ⅲ)再灌流後の血流再開によりさらにH^{+}の排出が増加するとともにNCX 1の虚血傷害も改善されることによりさらにCa^{2+}の細胞内流入が増加する，という一連の機序による．この機序にもROSは関与していると考えられている(図11.2)．

虚血再灌流障害におけるNOの役割は両面的である[2]．NOは冠血流量を増大させるとともに末梢血管抵抗を減弱し心負荷を軽減することから，生体内でNOを生成するニトログリセリンは虚血性心疾患治療に必須の薬剤である．さらにNOは好中球や血小板の血管内皮への接着を阻害し，局所における炎症の拡大を防止する．一方O_2^{-}との反応により生じたペルオキシナイトライト($ONOO^{-}$)は直接的な心筋細胞障害に加え，Ca^{2+}ポンプの障害とともにシトクロムcオキシダーゼ(cytochrome c oxidase)と結合しミトコンドリアATP産生を抑制し，これにより心筋収縮能を

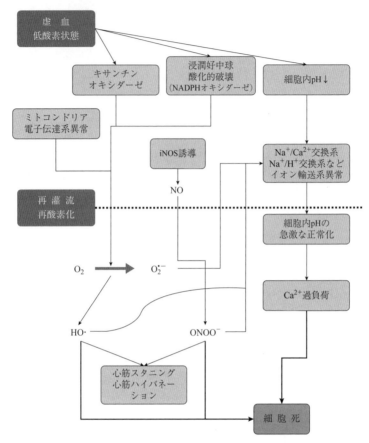

図11.2 心虚血再灌流障害における活性酸素

低下させる[3]。

(b) 虚血再灌流障害からの心筋回復過程と活性酸素

血行再建による血流再開に成功すると臨床的には左室壁運動の改善をもたらすが，その過程には心筋スタニング(stunning，気絶心筋)と心筋ハイバネーション(hibernation，冬眠心筋)という病態が残存する．前者は冠血流が正常に回復しても数時間から数週間にわたり壁運動異常が残存する状態の心筋を，後者は血流低下時に壊死を伴わないが収縮力のみが低下した心筋を指す．心筋スタニングの機序においてROSは前述のCa^{2+}過負荷の機序をやはり引き起こし病態にかかわる．動物モデルではNOが病態増悪方向に関与することが示唆されており，気絶心筋におい

てL-アルギニン投与により増加したNOがONOO⁻を介して壁運動異常の遷延化を引き起こすことや[4]、NOS阻害剤であるN^G-ニトロ-L-アルギニン(N^G-nitro-L-arginine；L-NNA)の投与により再灌流後の心機能が回復することが報告されている[5]。

(c) 虚血後心不全と活性酸素

重症虚血性心疾患は引き続く心筋リモデリング過程を経て心不全に至る。心不全では主要臓器への血液供給が低下し活動能力が制限され、また肺うっ血や四肢の浮腫を伴い、患者のQOL(quality of life、生活の質)を制限し、生命予後を脅かす。生命予後は不良であり進行性悪性新生物のそれに匹敵する。

ミトコンドリア電子伝達系やNADPHオキシダーゼ(reduced nicotinamide adenine dinucleotide phosphate oxidase；NOX)からのROSは、心筋細胞障害、心筋肥大と線維化、アポトーシス、マトリックスメタロプロテイナーゼ(matrix metalloproteinase；MMP)活性化などの心筋リモデリングを介した心不全の進行に関与している[6,7]。動物モデルではグルタチオンペルオキシダーゼ(glutathione peroxidase；GPx)過剰発現マウスにおいて心筋梗塞後のリモデリングと心不全の進行が抑制される[8]など、抗酸化治療による効果が示されているが、ヒトでは機序や治療応用は不明な点が多い。上述のようにNADPHオキシダーゼは心不全病態を悪化方向に導く因子であるが、一方で幹細胞から心筋細胞への分化、運動負荷によるNrf2誘導など保護的な側面にも作用している。

11.1.2 脳梗塞と脳虚血再灌流障害

ヒトの脳は心拍出量の約15%の血流量をもち、身体全体の酸素消費量の約20%を占める。脳動脈の閉塞による脳血流の急激な低下は、血管内での血小板凝集や凝固因子活性化、血管収縮などにより二次的に血栓を拡大させる。また虚血脳細胞の膜脂質からのアラキドン酸カスケードの活性化、血管内皮細胞への好中球接着と活性化などにより炎症反応を拡大し、ROS産生を増大させる[9]。脳の主要血管閉塞はときに致死的であり、生存例でも著しいQOL低下を招きうる。遺伝子組換え組織プラスミノーゲン活性化因子(r-tPA)や機械的急性期血栓回収療法は近年優れた治療成績をみせており、後者は適応をもつ症例において「施行すべき標準治療」と位置づけられるようになった[10]。しかし、血流再開後の再灌流障害は心と同様に重要な解決すべき課題である。脳における再灌流障害は臨床上虚血領域の再出血や浮腫などの二次的脳損傷を引き起こす。機械的血栓除去後の障害残存率は30〜70%、症候性出血性合併症の頻度は最大10%程度と報告されている[11,12]。

脳虚血における特徴的な病態としてグルタミン酸による興奮毒性(excitotoxicity)がある．グルタミン酸は神経伝達物質として神経細胞に内在されているが，細胞損傷により大量のグルタミン酸が放出されると隣接する神経細胞受容体に結合して持続性の細胞興奮を引き起こし，細胞内のCa^{2+}濃度やNa^+濃度を増加させる．これは神経細胞ミトコンドリア異常を誘発し$O_2^{\cdot-}$や過酸化水素産生を増加させるとともに，神経型一酸化窒素合成酵素(neuronal NOS；nNOS)活性を増加させNO産生を増大し結果的に$ONOO^-$による障害を引き起こす[13]．組織学的には細胞腫大を通じ脳浮腫につながる．このほかに虚血によるアシドーシス，壊死細胞からのヘムタンパク質放出，ホスホリパーゼ(phospholipase) A2/Cの活性化などが病態進展要因となる．

脳虚血再灌流におけるROS発生源はXO，NADPHオキシダーゼ，ミトコンドリア，リアポキシゲナーゼ(lipoxygenase)，シクロオキシゲナーゼ(cyclooxygenase)と考えられている[14]．病巣に浸潤する好中球やリンパ球はNADPHオキシダーゼ由来ROSに起因する血液-脳関門(blood-brain barrier)の破壊に関与している．脳ではアストロサイト(星状膠細胞)，神経細胞ニューロン，ミクログリアにNox 4が存在し，脳梗塞後に発現が亢進する[15]．定常状態のミトコンドリアでは複合体Ⅰ，Ⅲがおもな$O_2^{\cdot-}$発生源であるが，脳虚血状態では複合体Ⅱが電子リーク源とされている[16]．またCoQから複合体Ⅰへの逆行性電子伝達も関与する[17]．神経細胞ミトコンドリア外膜に存在するモノアミンオキシダーゼ(monoamine oxidase；MAO)は神経伝達物質の脱アミノ化に関与し，このとき過酸化水素を発生する．MAO阻害薬は動物モデル脳虚血再灌流において障害を軽減する[18]．

11.2 胃がんおよび肝臓がん

日本におけるがん罹患数は2017年現在100万例を超え，死亡数も37.8万人に及ぶ[19]．部位別では，男性は胃，肺，大腸，前立腺，肝臓の順に多く，女性では乳房，大腸，胃，肺，子宮の順に多い．また死亡数は男性では肺，女性では大腸のがん死亡が最も多い．

発がんの過程は複雑で，多くの段階を経る．遺伝性および環境性素因の両者とも発がんに関与する．発がんの過程はイニシエーション(細胞レベルでのゲノムの不可逆的変化)，プロモーション(イニシエーションを経た細胞の選択的増殖)，プログレッション(さらに悪性度の強い形質の獲得)よりなる．ROSや抗酸化機構はこの過程における，DNA損傷，発がん遺伝子の活性化，がん抑制遺伝子の不活化，

細胞増殖, アポトーシス, 転移といった発がんのほぼすべての局面で関与している. たとえば, 動物モデルにおいて Cu/Zn-SOD, Mn-SOD, あるいは GPx1,2 両者の異常により, 肝細胞がん, リンパ腫, 消化管がんの発生がおのおの増加することが示されている. 他方, ROS は免疫システムにおけるがん細胞除去など抗がん機構にも関与しており, その作用は一方向的ではない. 本節では Helicobacter pylori（H. pylori）による胃がんおよびウイルス性肝炎による肝臓がん発がんにおける ROS の関与について述べる.

11.2.1 Helicobacter pylori による胃粘膜障害, 胃発がんと活性酸素

H. pylori はらせん状のグラム陰性桿菌であり, 後にこの業績によりノーベル医学生理学賞を受賞した B. Marshall と R. Warren により, 慢性胃炎患者の胃粘膜上皮中に存在することが1983年にはじめて報告された. その後胃十二指腸潰瘍の, さらに胃がんの病原因子として同定され, 現在では International Agency for Research on Cancer（IARC）のクラス1（ヒトに対する発がん性の十分な証拠がある）に分類されている. H. pylori は一般に小児期から持続感染し, 含有するウレアーゼにより産生されるアンモニアや, 長期にわたり引き起こされる慢性炎症により胃粘膜に傷害を引き起こす. この過程には ROS が関与し, H. pylori 感染患者の胃粘膜では 8-OHdG や 8-ニトログアニン（8-nitroguanine）の上昇がみられ, 胃粘膜中の酸化型グルタチオン（gultathione-S-S-gultathione；GSSG）や胃液中のアスコルビン酸は減少している[20]。

H. pylori はヒト生体防御機構に対し独特の抗酸化的対応機序をもっている. 好中球 NADPH オキシダーゼに対しては分子内アッセンブリ阻害により, スーパーオキシド産生を自身を含有する食胞内におけるスーパーオキシド産生を阻害し, 産生させず, 細胞外に放出させる[21]. 含有するウレアーゼは尿素水解により二酸化炭素を産生し $ONOO^-$ を $ONOOCO_2^-$ へ変換することにより自身に対する殺菌作用を減弱させる[22]. またアンモニアにより HOCl を NH_2Cl に変換することによりやはり殺菌作用を減弱させる. さらにカタラーゼ, ペルオキシレドキシンなど豊富な抗酸化物質を含有しており, 宿主 ROS による攻撃に対し高い防御力をもつ結果, 長期にわたる持続感染が成立する（図11.3）.

H. pylori の持続感染は p53 遺伝子を含む DNA 変性を引き起こし, 発がんのイニシエーションに関与する. H. pylori に特徴的な機序として $ONOO^-$ など活性窒素種（reactive nitrogen species；RNS）の関与が考えられている. $ONOO^-$ は DNA との反応により 8-ニトログアニンを生じ, また一重鎖 DNA を切断する作用がある.

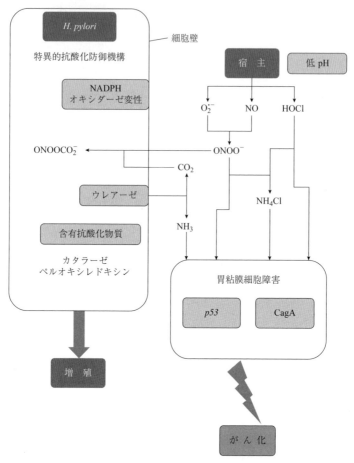

図11.3 *H. pylori* の特異的抗酸化防御機構とがん化

ヒト胃粘膜内で8-ニトログアニンの上昇が報告されている[20]ことから、ONOO$^-$の関与が大きいとされる．

H. pylori の病原因子となるがんタンパク質としてCagAがある．CagAはヒト胃粘膜細胞中でSHP2をはじめとするさまざまな細胞内タンパク質と反応し，細胞増殖シグナルの異常活性化やがん免疫に関与するマクロファージなどへのアポトーシスを誘導する．*H. pylori* の分泌型毒素VacAは標的細胞へのROS蓄積と自身の細胞内へのシスチン取込み増加により発がんリスクの上昇を引き起こす[23]．

11.2.2 肝炎ウイルスによる発がんと活性酸素

　B型肝炎ウイルス(hepatitis b virus；HBV)，C型肝炎ウイルス(hepatitis c virus；HCV)などのウイルス感染やアルコールによる慢性肝炎の持続は，肝線維化による肝硬変および肝臓がんに連なる重要な臨床上の問題である．肝炎においては，炎症に関与する肝への浸潤好中球および正常肝を構築する肝細胞内NADPHオキシダーゼやKupffer細胞がROS産生源となる．加えて肝への鉄の蓄積が酸化ストレスを増強すると考えられている．ヒト慢性B型肝炎患者における尿中ethano-DNAの上昇やC型慢性肝炎患者における肝内8-OHdGや8-ニトログアニンの上昇などが報告されており，上記の説を裏づけている．

　HCVは発がん過程に酸化ストレスの関与が大きい．C型肝炎患者はB型肝炎患者に比べ肝内8-OHdG値が高く，8-OHdGに相関して発がんリスクが高いことが示されている[24]．動物モデルにおけるHCV感染肝細胞では，肝炎所見を認めない状態でもGSHの低下や過酸化脂質の増加がみられ，さらに肝脂肪化および肝細胞がんの発がんにつながる．HCVコアタンパク質はこの機序に深く関与し，ミトコンドリア内へCa^{2+}流入が促進するとROSの産生が増加してミトコンドリア傷害を引き起こす[25]．

　肝内の鉄は肝炎ウイルスによる発がんに強く関与する．鉄代謝に関与する生体内タンパク質は多いが，とくにヘプシジンは体内への鉄取込みや細胞からの鉄放出を抑制し，体内の鉄利用を負に調整する．ヘプシジンの過剰は関節リウマチなどの炎症性疾患における貧血と関連するが，一方ヘプシジンの減少は鉄過剰となり，炎症の増強やひいては発がんにつながる．HCVはROS産生を通じヘプシジン転写因子のプロモーターへの結合を阻害しヘプシジン量を低下させることにより発がんを引き起こしている[26]．またHCVはNK(natural killer)細胞活性化によるINF(interferon)-γによるROS誘導により，がん抑制遺伝子のDNAメチル化を促進する．さらにHCVはROSを介したJNK活性化によるインスリン抵抗性増強や脂質代謝異常を通じ，さらなる酸化ストレス増強をもたらす．

　HBVタンパク質を過剰発現させたトランスジェニックマウスでは，肝での8-OHdGの上昇とともに肝炎の進行と肝細胞がんの発がんがみられる[27]．HBVにおけるウイルスX(HBx)タンパク質はNF-κBやほかの転写因子を過剰活性化し細胞増殖を促進する．

コラム

p53 遺伝子と活性酸素

p53はがん発生を抑制するタンパク質（がん抑制タンパク質）をコードするがん抑制遺伝子として重要であり、組織非特異的に作用する。定常状態でp53はDNA修復を促進し、またMn-SOD, GPx1, カタラーゼなどの抗酸化物質の発現をコントロールすることによりROSを減少させている。一方、細胞への負荷刺激が持続した状況が続くと、p53はプロオキシダントを誘導し、ROSを増加させる。この機序は負荷を受けた細胞の細胞死を誘導するが、同時にp53自体の変異も引き起こす。この変異p53は一転してDNA損傷などを通じてがん化誘導に向かう[28, 29]（図11.4）。

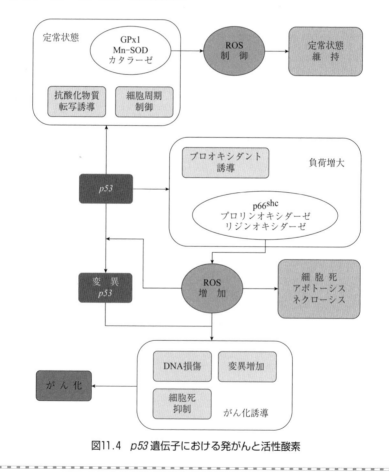

図11.4　p53遺伝子における発がんと活性酸素

11.3 神経変性疾患および発達障害と活性酸素および酸化ストレス

11.3.1 パーキンソン病と活性酸素

　パーキンソン病(Parkinson disease；PD)は罹患率の高い神経変性疾患であり，高齢化社会を反映して患者数が増加しており，なかでも60歳代以降の増加が目立っている．その病変の主体は中脳黒質のドパミン作動性ニューロンの変性であり，安静時振戦，筋固縮(筋強剛)，無動・寡動，姿勢反射障害を4大症状とする．これらの運動症状に加え，意欲の低下，認知機能障害などの精神症状や睡眠障害，自律神経障害(起立性障害，便秘，発汗異常など)などさまざまな症状を伴う．最終的には立位保持と歩行が困難になる[30]．一義的な原因は依然不明であるが，遺伝子異常や環境要因が影響することが示されている．治療はドパミン前駆体であるL-ドパ(L-dopa)が中心となる．

(a) ドパミン細胞変性と活性酸素

　PD患者のドパミン細胞変性は黒質緻密部にみられる．この部位ではニューロメラニンが減少しており，またレビー小体(Leby body)といわれる特徴的な細胞内封入体が観察される．レビー小体中にはα-シヌクレインというシナプス前終末に多く含まれるタンパク質が見いだされている．α-シヌクレインはチロシン・メチオニン残基を多くもち，ROS，とくにONOO$^-$の影響を受けやすい[31]．ROSや遺伝的要因，環境要因などにより変性したα-シヌクレインは正常状態ではユビキチン化あるいは自己貪食機能により分解されるが，パーキンソン病ではこの機構が障害され，細胞毒性をもつ変性α-シヌクレインが蓄積し細胞死に至る．またドパミンの分解過程も酸化ストレス反応と密接に関係する．ドパミン自身は鉄の存在下で自動酸化され，さまざまなROSを発生する．ドパミン代謝物である6-ヒドロキシドパミン(6-hydroxydopamine)は神経毒性をもち，溶存酸素と速やかに反応してスーパーオキシド($O_2^{\cdot-}$)と過酸化水素(H_2O_2)を生成する[32]．この代謝産物である親電子性パラキノンは，α-シヌクレイン，パーキン(parkin)，DJ-1といったPD関連タンパク質，ユビキチン化に関連するタンパク質であるユビキチンカルボキシ末端加水分解酵素L1(ubiquitin carboxy terminal hydrolase L1；UCHL1)，さらにMn-SODに影響を与える[33]．またモノアミンオキシダーゼB(monoamine oxidase B；MAO-B)によるドパミン分解系でも過酸化水素が生成される[31]．

(b) パーキンソン病における酸化ストレス機構

　パーキンソン病における酸化ストレス亢進は黒質や髄液中のDNA変性や過酸化脂質増加などにより示されている(文献33, 34にレビュー)．これを図11.5に示す．

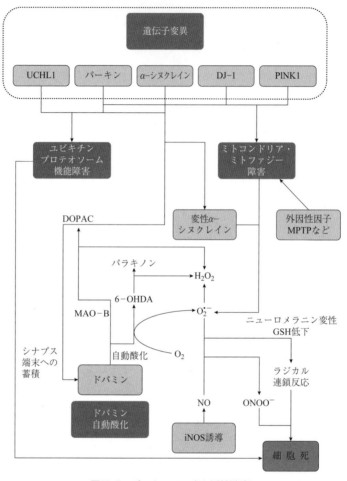

図11.5 パーキンソン病と活性酸素
DOPAC：6-ヒドロキシドパミン，DOPAC：3,4-ジヒドロキシドパミン，
MAO：モノアミンオキシダーゼ

過酸化脂質は，黒質においてアクロレインや4-ヒドロキシ-2-ノネナール（4-hydroxy-2-nonenal；HNE），チオバルビツール酸反応性物質（thiobarbituric acid reactive substance；TBARS）などの増加が，髄液中においてやはりHNEやF2-イソプラスタン（F2-isoprostane）の増加が認められている．一方，α-トコフェロール（α-tocopherol）は減少しておらず，PDに対するビタミンEの治療効果が乏しいこととと関連している．核酸は黒質や髄液における8-OHdGの増加，黒質ニューロン

ミトコンドリアにおける 8-OHdGTPase 活性増加が報告されている．黒質線条体のレビー小体中ではニトロチロシンの増加が認められており，誘導型一酸化窒素合成酵素（inducible nitric oxide synthase；iNOS）やミエロペルオキシダーゼ（myeloperoxidase；MPO）の関与が考えられている．抗酸化物質では，還元型グルタチオン（reduced glutathione；GSH）が黒質において特異的に減少していること（脳の他部位では正常）が示されているが，GPx やカタラーゼ活性は軽度の減少にとどまっている．GSH を介し過酸化水素や過酸化脂質を無毒化する作用をもつリン脂質ヒドロペルオキシドグルタチオンペルオキシダーゼ（phospholipid-hydroperoxide glutathione peroxidase；PH-GPx）活性は減少している．PD では黒質緻密部で鉄含有量の上昇も示されているが，8-OHdG 以外の DNA 塩基酸化産物の増加が認められていないことから，鉄の増加が Fenton 反応を介したヒドロキシルラジカル（HO・）産生につながっているかは定かではない．

(c) パーキンソン病とミトコンドリア異常

黒質線条体ニューロンのミトコンドリア複合体Ⅰ（NADH dehydrogenase）活性は低下している．逆にミトコンドリア複合体Ⅰ阻害作用のあるロテノン（かつて天然物由来の農薬として用いられていた）は動物モデルでパーキンソン病を発症させる[35]．1980 年代にカリフォルニアで合成ヘロインを使用した若年者に PD が多発した．この原因物質として合成ヘロインに混入していた 1-メチル-4-フェニル-1,2,3,6-テトラヒドロピリジン（1-methyl-4-phenyl-1,2,3,6-tetrahydropyridine；MPTP）が同定され，PD におけるミトコンドリア傷害機構の解明につながった．MPTP はアストロサイトで MAO-B により酸化され 1-メチル-4-フェニルピリジン（1-methyl-4-phenylpyridine；MPP$^+$）を生じる．MPP$^+$ はドパミン輸送体により黒質ニューロンに取り込まれミトコンドリアに蓄積し，やはり複合体Ⅰ活性を阻害することによりニューロンを傷害する[36]．さらに MPTP は α-シヌクレインの変性も引き起こす．ミトコンドリア複合体Ⅰ活性は PD 患者の骨格筋や血小板でも低下し，また血小板の CoQ10 量の減少も報告されている．

PD には比較的若年に発症し原因遺伝子が同定されている家族性 PD が約 1 割にみられる．このうち常染色体優性遺伝を示す若年性 PD の原因遺伝子である *PARK1* は α-シヌクレインをコードしている．また常染色体劣性若年性 PD の原因遺伝子 *PARK2* はユビキチンリガーゼであるパーキン（parkin）を，*PARK6* はミトコンドリアに局在する PTEN-induced putative kinase 1（PINK1）をそれぞれコードしているが，これらはミトコンドリア機能維持に重要な働きをしている．正常細胞ではミトコンドリア傷害により膜電位が低下すると，PINK1 がリン酸化に

より活性化されるが，これはパーキンソン病の障害ミトコンドリアへの取込みを促進しミトファジーを通じて異常ミトコンドリアを除去する[37,38]．PDではこの機構の障害によりミトコンドリア異常が持続し酸化ストレスを引き起こす．やはり常染色体劣性若年性PDの原因遺伝子である*PARK7*がコードするとされるDJ-1タンパク質はそれ自体の抗酸化能（システイン残基の還元能）に加え，Nrf2-Keap1系の活性化，GSH産生亢進を誘導する．

11.3.2 アルツハイマー病と活性酸素

アルツハイマー病（Alzheimer's disease；AD）は記憶障害を中心とする多彩な認知機能の障害（失語，失行，失認，実行機能障害）があり，これにより社会的および職業的機能が損なわれる認知症の一疾患である．主として60歳以降に発症する．近年わが国では血管性認知症の増加は少ないが，ADの有病者数は大きく増加している[39]．AD患者脳では海馬や大脳皮質の萎縮がみられ，組織学的には老人斑（アミロイド斑）と神経原線維変化に特徴づけられる．老人斑や神経原線維変化の主要構成成分としてアミロイドβタンパク質（Aβ）や高度にリン酸化されたタウタンパク質が同定されている．Aβの沈着や可溶性AβオリゴマーはAD発症機構の主要機序と考えられている．またADの約1％が常染色体優性遺伝形式の家族性ADである．これまでに原因遺伝子としてプレセニリン1（*PSEN1*），プレセニリン2（*PSEN2*），アミロイド前駆タンパク質（*APP*）の変異が同定されている．

（a）Aβの毒性と酸化ストレス

Aβはアミロイド前駆体タンパク質（APP）の細胞膜貫通部分から細胞外領域の一部であり，$\beta/\gamma/\alpha$セレクターゼにより分解される．この際最初の切断位置の違いによりC末端にはいろいろな様式が形成される．正常脳ではC末端が40位で終わるAβ1～40が主体である．一方C末端の長いAβ1～42や1～43（long Aβ）はきわめて凝集しやすく，さらにいったん凝集すると周囲にAβ1～40の線維形成を招き，老人斑の形成に連なる[40]．この凝集したAβはグリアなど周囲に炎症を引き起こすなど毒性を示す．

フィブリルを形成したAβだけでなく，可溶性Aβ（Aβオリゴマー）も毒性を呈する．この機序としてグルタミン酸輸送体やインスリン受容体を介したシナプス機能障害，小胞体（endoplasmic reticulum；ER）ストレスを介したアポトーシス誘導などが推測されている．Aβは細胞内へのCa^{2+}流入を加速させミトコンドリア異常を引き起こし過酸化脂質を増大させる[41]．また可溶性Aβでは，Glu-22/Asp-23付近にターンをもつコンホーマーが毒性をもつことが知られているが，このコンホー

マーではCu$^+$の存在下で35位のメチオニン残基が酸化されラジカル化し，脂質過酸化を引き起こす[42]．またCu$^+$はAβのチロシン残基を酸化しラジカルを生成して，Aβ自身をクロスリンクする．これらはドパミン，アスコルビン酸，コレステロールを酸化する．

Aβはアストロサイトや血管内皮細胞NADPHオキシダーゼを活性化しROSを産生することによりニューロンを傷害する[43,44]．シクロオキシゲナーゼ-2（cyclooxygenase-2；COX-2），リポキシゲナーゼ，iNOS活性もADにおいて上昇していることが報告されている．また機序は明らかでないがニューロンやマイクログリアにおいてMPOを発現させ酸化傷害を引き起こす[45]．ミトコンドリア機能に関してAβは，シナプス終末においてミトコンドリア酵素であるAβ-結合アルコール脱水素酵素（binding alcohol dehydrogenase）との共存下でROSを産生させる[46]．

(b) アルツハイマー病における酸化ストレス

AD病態における酸化ストレスの関与は大きく，ほかの神経変性疾患と比べても強固である[24]．AD患者の剖検脳や髄液中では，8-OHdGなどの核酸酸化修飾物，

表11.1 アルツハイマー病における酸化ストレスマーカー，抗酸化物質

酸化ストレスマーカー，抗酸化物質	対象	部位	文献
NeuroP アイソマー上昇	AD	中側頭回，後頭葉，側頭葉	52, 53
HNE-ヒスチジン	AD	海馬	54
タンパク質カルボニル	AD	後頭葉	55
酸化 mRNA	AD	前頭葉	56
NT, CL, 3-DHGI, FK	AD	CSF	57
F2-isoPs 上昇	進行期 AD	前頭葉，側頭葉	58
F2-isoPs 上昇	進行期 AD	CSF	58
HNE-リジン	進行期 AD	NFT-ニューロン	59
HNE 変性産物	進行期 AD	海馬	60
TBA 上昇	進行期 AD	上側頭回，扁桃体，海馬，海馬傍回，新皮質	61, 62
TBA 上昇（APOE 4 と関連）	進行期 AD		63, 64
アクロレイン	非顕性 AD	海馬傍回	48
HNE，アクロレイン	軽度認知障害，早期 AD	海馬傍回，上中側頭回	47

AD：アルツハイマー病，CL：N(イプシロン)-カルボキシメチル-リジン，CSF：脳脊髄液，3-DGHI：3-デオキシグルコソン-ヒドロイミダゾロン誘導体，F2-isoPs：F2-イソプラスタン，FK：N-ホルミルキヌレニン，NT：3-ニトロチロシン，NFT：神経系線維変化．

タンパク質カルボニル,過酸化脂質が増加していることが報告されている.脳の特性から脂質過酸化物に関する報告は多い.ADにおけるおもな抗酸化物質や酸化ストレスマーカーの変化を表11.1に示す.特筆すべきことに,軽度認知障害(mild cognitive impairment；MCI)や非顕性AD患者でも海馬傍回などで過酸化脂質の増加が報告されており,酸化ストレスは単なる病態進行の結果ではなく,早期からのAD病態進展因子であると考えられる[47,48].

このような状況下で,抗酸化物質や酸化ストレス抑制薬を用いたAD治療は多く試みられている.抗酸化物質としてはビタミンE,レスベラトロール,カテキン,CoQ10など多くが動物モデルでの有効性を示している.しかし,ヒトでの有用性の報告は限られている.ADの標準治療であるアセチルコリン分解酵素阻害剤による治療を受けている軽症から中等症のAD患者に対し高容量ビタミンE(2,000 IU/日)を投与したRCTでは,認知症症状の進行を遅らせることに成功している[49].一方同様に軽症から中等症のAD患者に対し,ビタミンE,ビタミンC,α-リポ酸の混合投与による16週のRCTでは,髄液中のF2-イソプラスタンは低下したものの,Aβ42やタウタンパク質は低下せず,認知能力(mini-mental state examination)はむしろ悪化している[50].前者[49]の結果は抗酸化治療への期待をもたらすが,使用されているビタミンEは投与により総死亡率を増加させる量である[51]ことから,現時点でADの抗酸化治療は成功しているとはいい難く.今後はドラックデリバリーシステム(drug delivery system；DDS)の応用などによるより部位特異的な抗酸化治療が必要であろう.

11.3.3 自閉症スペクトラム障害と活性酸素

自閉症スペクトラム障害(Autism spectrum disorder；ASD)は広範な社会性およびコミュニケーションの障害を呈し,反復常同的な行動様式を取ることを特徴とする神経発達障害の一つである.しばしば知的能力障害を伴う.その頻度は世界的に増大し,アメリカでは68人に1人がASDと診断され,日本でも小児の約1％がASDと考えられている[65].遺伝的要因および環境的要因の発症への関与が示されているが,特定の原因・要因が同定される患者は約10％強に留まる[66,67].治療には早期診断と療養介入が必須であるが,コミュニケーション能力を獲得する年齢以前の幼児に対する診断は非常に困難であり,熟練した専門医に依存せざるを得ない.

ASDの病態には酸化ストレスが深く関与し,メチレーションやサルフレーションサイクルの異常とともに病態の中心をなすと考えられている[68].近年のメタ解析では,ASD患児における血漿中のGSH濃度低下(正常発達児童と比べ27%,以下

同比較)とGSSG(酸化型グルタチオン)濃度上昇(45%), メチオニン(13%)・システイン(14%)の濃度低下, GPx活性減少(18%), が明らかにされた[69]. これはトランスメチレーションサイクルを通じてレドックス維持に関与するメチレンテトラヒドロ葉酸レダクターゼ(methylene tetrahydrofolate reductase)の遺伝子(*MTHFR*)上のC677Tアレルのホモ変異体(TT)においてASDのリスクが上昇することや, ASD患児においてメチオニンやシステインが減少していることと合わせ, ASDにおいてグルタチオン系を中心とした抗酸化機構の異常が存在することを強く示唆している.

一方で, ほかの抗酸化物質や酸化ストレスマーカーは上昇・減少両者の報告が混在しており, 全体像は依然明らかではない. ASD患児ではα-トコフェロールは概して低下していることが報告されているが[70〜72], 反対に筆者らは年齢相当の基準範囲でむしろ上昇していることを見いだしており, これは血清中のヒドロキシルラジカル消去活性低下とスーパーオキシド消去活性上昇を伴っている[73]. 発育過程でのα-トコフェロール(あるいはほかの抗酸化物質)濃度の年齢ごとの基準範囲が確立していないことがこれらの結果のばらつきに影響していると考えられる. CoQ10, SODについては, 上昇・減少両者の報告が混在しており, 全体像は依然明らかではない. TBARSも増減両者の報告がある. NOxはおおむね上昇していると報告されている[64].

11.4 糖尿病とその合併症

糖尿病はインスリン作用不足から生じる慢性高血糖を特徴とする代謝疾患であり, 長期に経過し種々の重篤な合併症を引き起こす. 糖尿病は生活習慣病の代表的のものであるが, 現在先進国のみならず世界規模で患者数が増加しており, その対策が急務である.

糖尿病はさまざまな遺伝因子と環境因子によって発症する. その発症様式はさまざまであるが, 共通する機序はインスリン作用不足であり, これは膵β細胞からのインスリン分泌障害と, 標的組織におけるインスリン感受性の低下すなわちインスリン抵抗性により引き起こされる. インスリンの作用不足は, 糖のみならずタンパク質, 脂質代謝などの広範かつ特異的な異常をもたらす. とくに細小血管障害が特異的であり網膜症, 腎症, 神経障害を引き起こす. さらに大動脈から中動脈レベルの動脈硬化が促進され, 心血管障害の危険因子となる. 治療には食事療法や運動療法など生活習慣改善への介入が必須であり, これにさまざまな経口血糖降下剤や

インスリン製剤などによる薬物療法を組み合わせる．

酸化ストレスは糖尿病進展における原因であり，また糖尿病病態により，もたらされる結果でもある．糖尿病モデル動物における酸化ストレスマーカーの増加は広く報告されており枚挙にいとまがない．ヒトにおいても同様に報告は多く，さらに重症度や治療効果の予測因子としても報告されている．たとえば2型糖尿病患者における血中のMDA-LDLコレステロールの増加や尿中8-OHdGの増加は，心血管イベントの重要な予測因子である冠動脈石灰化と強く相関している[74]．

一方，抗酸化物質の血中濃度に関する報告はさまざまである．血漿中ビタミンCは耐糖能正常者に比べ，前糖尿病状態や2型糖尿病で不足しており，空腹時血糖や体格指数（body mass index；BMI，ボディマスインデックス）と有意に相関する[75]．また糖尿病患者ではGSH産生と細胞内GSHは低下している[76]．

11.4.1 糖尿病の発症における酸化ストレス

糖尿病はさまざまな遺伝因子と環境因子によって発症するが，酸化ストレスは環境因子として作用すると考えられている．動物実験レベルでは，ビタミンE，SOD，デフェロキサミン（desferrioxamine；DFO）などはNODマウスやBBラットなど自然発症糖尿病モデルの発病を遅らせると報告されている[77]．また鉄摂取制限は ob/ob leptin$^{-/-}$マウスの糖尿病発症を遅らせる[78]．これらの報告はROSが糖尿病の発症そのものに関与する可能性を強く示唆している．さらに，NODマウスでは，膵β細胞に対する自己免疫機序においてROSの関与が知られ，なかでもONOO$^-$の重要性が示されている[79]．ONOO$^-$は抗酸化応答関連転写因子Nrf-2のノックアウトマウスへの糖尿病誘発においても重要であることが示されており[80]，糖尿病発症の標的ROSである可能性がある．膵β細胞からのインスリン分泌は高血糖状態の持続により阻害されるが，アセチルシステインは動物モデルでこの阻害を軽減する[81]．

インスリン抵抗性の獲得にも酸化ストレスは強く関与しているが，その効果は双方向的である．抗酸化物質や抗酸化的治療は必ずしも良好な結果をもたらさない．ROSは慢性炎症を通じ心血管系や脂肪細胞などにおいてインスリン抵抗性の獲得に大きな役割を果たしている[82,83]．一方，ビタミンCとビタミンEの投与は，ヒトにおいて運動によりもたらされるインスリン感受性増加と内因性のSOD，GPxの誘導を阻害する[84]．また，抗酸化作用のあるセレンの長期摂取はヒトでの2型糖尿病発症頻度を増加させることが大規模RCTにおいて認められている[85]．

11.4.2 糖尿病の進展における酸化ストレス

糖尿病合併症の進展には，高血糖による糖毒性に加え，低強度の慢性炎症の持続はインスリン抵抗性の増大など，酸化ストレス関連反応が重要となる．ヒト血管内皮細胞や心筋細胞での糖毒性発揮には，IL-1β などによるペントースリン酸回路を通じた NADPH オキシダーゼ活性化，プロテインキナーゼ C(protein kinase C；PKC)活性化，ミトコンドリア機能異常などによるスーパーオキシド($O_2^{\cdot-}$)の増加と酸化ストレスの増大が必須である[86]．

この病態進展に深く関与する生体内物質として終末糖化産物(advanced glycation end products：AGEs)がある．高血糖状態の持続は，タンパク質をはじめとする生体内のアミノ基と非酵素的な反応(Maillard 反応)を加速する．この糖化過程と，引き続く酸化を含む複合反応の結果，さまざまな AGEs を生成する．代表的な AGEs として，グルコソン(glucosone)，グリオキサール(glyoxal)，メチルグリオキサール(methylglyoxal)，3-デオキシグルコソン(3-deoxyglucosone；3-DG)，トリオースリン酸(triose phosphate)，カルボキシメチルリジン(carboxymethyllysine；CML)がある．AGEs は架橋形成や荷電変化によりタンパク質の構造変化を起こし酵素活性低下などの機能異常をきたすこと，あるいは AGEs 受容体(recepter for AGEs；RAGEs)を介した炎症反応の惹起により生体に悪影響を与える[87]．AGEs はそれ自体で〔例：グリコセパン(glucosepane)による赤血球 Cu/Zn-SOD 活性抑制〕，あるいはこの過程により生じた Amadori 産物，Amadori 産物の分解物と ROS の反応により生じた活性カルボニル化合物(グリオキサールやメチルグリオキサールなど)などを通じ酸化ストレスを誘導する[88]．

高血糖により発生した ROS はプロテインキナーゼ C(PKC)の活性化を通じさまざまな傷害をもたらす．高血糖はジアシルグリセロール(diacylglycerol)の増加をもたらし，PKC 活性化につながる．また高血糖はチオレドキシンによる ROS 消去機構を阻害する．この機序として，高血糖による組織内チオレドキシン相互作用タンパク質(thioredoixin interacting protein；TxnIP)の増加により TxnIP がチオレドキシンに結合しシスチン残基作用を阻害することが動物モデルおよびヒト心筋生検組織の両者で示されている[89]．TxnIP やポリオール代謝物や NADPH，AGEs 蓄積などは，$O_2^{\cdot-}$ リークの増加を伴うミトコンドリア機能異常を血管内皮細胞や心筋細胞にもたらす[90]．$O_2^{\cdot-}$ の増加は以下に示す糖尿病合併症病態発症と進展に必要な病理的反応を引き起こす．すなわち，(ⅰ)高血糖状態によりポリオール代謝系を通じた細胞内へのグルコース取込みの増加，(ⅱ)AGEs 産生の増加，(ⅲ)AGEs 受容体とその活性化リガンドの過剰発現，(ⅳ)PKC 活性化，(ⅴ)フルクトサミンおよ

びグルコサミンなどヘキソサミン代謝系の過剰な活性化である[91]．これらは内皮型一酸化窒素合成酵素(endothelial nitric synthase；eNOS)やプロスタサイクリン合成酵素を阻害し，動脈硬化へつながる慢性炎症を引き起こす．

これに加え，食事中の脂質過常は，ミトコンドリアからの$O_2^{\cdot-}$産生増加により骨格筋のインスリン抵抗性を増強する[92]．脂質異常症はメタボリックシンドロームとして糖尿病に合併する頻度が高いが，ミトコンドリア以外の経路でも骨格筋ROS産生を増加させ，脂質蓄積やインスリン作用阻害を誘導する[90,93]．

11.4.3 糖尿病の合併症における酸化ストレス

糖尿病の三大合併症として，網膜症，腎症，神経障害がある．これに加え，動脈硬化，心筋症，消化管障害ほか，いろいろな合併症が糖尿病により誘発される(図11.6，p.233)．

糖尿病性神経障害は糖尿病の合併症のなかでも頻度が高い．その病態は多彩であるが，主要病型は多発末梢神経障害である．成因の中心は上述のポリオール代謝異常であり，これによる引き続きもたらされる酸化ストレス亢進，PKC活性化やAGE増加が糖尿病本体と同様に障害を引き起こす．アルドースレダクターゼ阻害剤はポリオール代謝異常を是正し，神経伝導速度など神経機能の改善および異常感覚の改善効果が報告されている．

糖尿病病態では動脈硬化による冠動脈障害とは別に，ミトコンドリア異常に起因する心筋でのエネルギー利用障害により心機能が低下する(糖尿病性心筋症)．グルコースや遊離脂肪酸の増加は心筋でのバイオアベイラビリティを増加させ，$O_2^{\cdot-}$リークの増加を伴うミトコンドリア機能異常をもたらす[90]．この機構は上述のTxnIPやポリオール代謝物やNADPH，AGEs蓄積などによりもたらされる．

糖尿病性腎症および動脈硬化については他節(12.7節)を参照されたい．

11.5 腎疾患における活性酸素

慢性腎臓病(chronic kidney disease；CKD)は透析療法を必要とする末期腎不全への大きな危険因子であることは論を待たないが，それだけでなく全身性の心血管疾患(cardiovascular disease；CVD)の大きな危険因子でもある．実際，CKDはCVDの発症，冠動脈疾患，心筋梗塞，心不全，心房細動，脳血管障害，入院，CVDによる死亡の危険因子であることが明らかにされており，さらに原因を問わない全死亡のリスクをも高める．腎機能(糸球体ろ過能)の低下とともにタンパク質

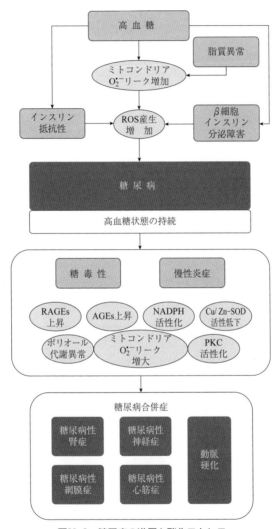

図11.6 糖尿病の進展と酸化ストレス

尿の存在もリスクを増加させる．CKDは人類の健康福祉に対する大きな脅威であると同時に，医療経済的にも大きな負担となることから，全世界的な対策が求められている．

CKDの特徴として，その進行が長期にわたり経過しかつ不可逆的であることが

あげられる[94]．この病態進行過程に酸化ストレスが大きく関与することから，酸化ストレス機構の解明と効果的な抗酸化介入はCKD進展抑制への期待は大きい．

11.5.1 慢性腎臓病の進展と活性酸素および活性窒素

上述のようにCKDは長期経過を辿り，その各過程には酸化ストレスが強く関与する．その初期は糸球体や尿細管など腎局所における炎症が主体であるが，やがて腎全体での抗酸化能の低下，レニン-アンジオテンシン-アルドステロン系(renin-angiotensin-aldosteron system；RAAS)の活性化，腎排泄能の蓄積による尿毒症性物質(uremic toxin)の蓄積，などの過程を経てCVDを中心とした全身性疾患に至る(図11.7)．

腎臓は多くの抗酸化物質を内因し，生体内でROSに対する消去還元能が最も高

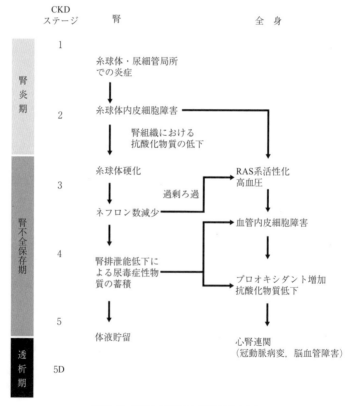

図11.7 CKDの進展と酸化ストレス

い臓器の一つである[95]．CKD には糖尿病性腎症や慢性糸球体腎炎，腎硬化症などさまざまな原因があり，糸球体や尿細管などにおける炎症細胞浸潤やメサンギウム細胞からの ROS 産生などにより酸化ストレスが増大するが，初期ではこの豊富な抗酸化能に守られ，酸化ストレス傷害は腎局所に限局される．しかし一定以上のネフロンが傷害されると，CKD は不可逆的な共通過程により進行する．すなわち，一部のネフロンが傷害されると，残存ネフロンに過剰な糸球体ろ過負担による糸球体硬化が引き起こされ，傷害ネフロンが連鎖的に増加し糸球体ろ過能が低下していく（過剰ろ過理論, hyperfiltration theory）[94]．

このような状況になると，糸球体ろ過能の低下と並行して，腎や全身での抗酸化物質の量が低下する．なかでもビタミン E は比較的早期から低下し CKD ステージ 3 では赤血球中含有量は半減する．またグルタチオンペルオキシダーゼや SOD なども透析期では 60〜80% まで減少する[96]．これらの腎内抗酸化物質の急激な減少は，腎排泄能低下による尿毒症性物質の蓄積とともに，腎局所から全身へ酸化ストレスを拡大させる．とくに心への進展による心血管障害は心腎症候群と称され，最も治療介入を要する CKD 病態である[97]．

11.5.2 尿毒症性物質と活性酸素および活性窒素

尿毒症性物質は腎機能の低下に伴い体内に蓄積し尿毒症病態へ関与する生体内物質である．これらの物質の一部は，プロオキシダント（pro-oxidant）として働くことにより CKD により引き起こされる酸化ストレス障害を全身性に拡大させる．現在同定されている尿毒症性物質は約 2800 以上に及び，さまざまな分子量の物質が含まれ種々の程度の毒性がある（表 11.2）[98]．なかでもインドキシル硫酸（3-indoxylsulfuric acid；IS）や非対称性ジメチルアルギニン（asymmetric dimethylarginine；ADMA）は毒性が高い酸化促進剤である[99]．IS はタンパク質由来のトリプトファンが腸内細菌により代謝されたあと吸収され，肝臓で硫酸抱合により生成される．IS は生体内できわめてタンパク質結合性が高く，タンパク質非結合 IS を透析により除去しても生体内濃度はあまり減少しない．IS の蓄積は CKD ステージ 3 ごろから始まるとされ，保存期における腎メサンギウム細胞の NADPH オキシダーゼ活性を上昇させ，有機アニオントランスポーターにより近位尿細管に蓄積し ROS 産生を増加させる[100]．またミトコンドリア呼吸鎖からのスーパーオキシド（$O_2^{\cdot-}$）産生増加の機序も推測されている．また心血管系への毒性も強く，NADPH オキシダーゼの活性化やグルタチオンの減少により血管内皮細胞傷害をもたらし，また微小炎症による ROS 産生増大の結果，心筋細胞の線維化をきたす．

表11.2 おもな尿毒症性物質

尿毒症性物質	生体への効果
小分子量物質(タンパク質非結合性)	
非対称性ジメチルアギニン(ADMA)	eNOS抑制,NO産生傷害 血管内皮細胞障害
グアジニノ酢酸	免疫能低下
グアジニノコハク酸	免疫能低下 NO産生傷害
メチルグアニジン	中枢神経系毒性
タンパク質結合性分子	
ジアデノシン五リン酸/六リン酸(Ap 5 A/Ap 6 A)	血管平滑筋細胞増殖 血管収縮
ホモシステイン	eNOS抑制,NO産生傷害 血管内皮細胞障害 炎症反応惹起
インドキシル硫酸	血管内皮細胞障害 糸球体硬化促進 線維化促進(腎尿細管・心筋) 炎症反応惹起
p-クレジル硫酸	血管内皮細胞障害 糸球体硬化促進 線維化促進 酸化的破壊誘発
p-クレゾール	尿細管腺腫誘発 心筋細胞変性
フェニル酢酸	血管内皮細胞障害 炎症反応惹起
インドール-3-酢酸	糸球体効果促進 線維化促進
馬尿酸	糸球体効果促進
フェノール	心筋収縮性抑制
中分子量物質	
終末糖化産物(AGEs)	血管内皮細胞障害 炎症反応惹起
アンジオテンシンA	血管収縮 アンジオテンシンⅡ受容体拮抗作用
副甲状腺ホルモン(PTH)	心毒性 心筋細胞線維化促進

PTH:parathyroid hormone.

p-クレジル硫酸(p-cresyl sulfate)もタンパク質結合性尿毒症性物質であり，心筋細胞のギャップジャンクション障害を通じ心筋障害を引き起こし，また血管内皮細胞障害を生じる．p-クレジル硫酸はp-クレゾールより体内で生成されるが，p-クレゾール血中濃度はCVDの発生率と相関する[101]．

タンパク非結合性尿毒症物質である非対称性ジメチルアルギニン(ADMA)は，タンパク質アルギニンメチルトランスフェラーゼ(protein arginine methyltransferase；PRMT)と一連のタンパク質分解過程でアルギニン残基がメチル化されることにより生成される．ADMAはL-アルギニンの競合阻害によりNO合成酵素を阻害し，NO産生を抑制する．その結果腎尿細管間質の虚血・線維化による糸球体硬化を促進し，また全身性に血管内皮細胞障害をもたらし，動脈硬化を進展させCVD進展因子となる[102]．

メチルグアニジン(methylguanidine)やグアニジノ酢酸(guanidino acetic acid)，グアニジノコハク酸(guanidino succinic acid)などのグアニジノ化合物は小分子可溶性尿毒症性物質として比較的古くから研究されている．メチルグアニジンはクレアチニンとヒドロキシルラジカルの反応により生成され[103]，尿毒症における脳症など神経系毒性が知られている．またグアニジノコハク酸はN-メチル-D-アスパラギン酸(N-methyl-D-aspartate)受容体を，グアニジノ酢酸はγ-アミノ酪酸(γ-aminobutyric acid)受容体を介した神経興奮作用が報告されている．グアニジノコハク酸，メチルグアニジンは好中球ATP合成を抑制し$O_2^{\cdot -}$産生能を低下させることにより透析患者の免疫能低下に関連する[104]．

11.5.3 糖尿病性腎症と活性酸素および活性窒素

糖尿病性腎症(diabetic nephropathy；DN)は糖尿病の三大合併症の一つであり，またわが国の透析療法導入原疾患の第一位を占めている．DN病態には酸化過程のみならず，終末糖化産物(AGEs)を介した酸化および糖化の複合過程が関与する(図11.8)．

ミトコンドリア電子伝達系の異常やNADPHオキシダーゼ活性化によるスーパーオキシドの増大，AGEs/RAGEsの増加，PKC活性化など，11.4節で述べた糖尿病合併症の進展にかかわる酸化ストレス促進因子は，ほぼすべてDNの進展に関与する．これらは腎局所では糸球体透過性の変質，足細胞(ポドサイト)や内皮細胞変性を生じることにより糸球体での恒常性を破綻させ，糸球体硬化と尿細管間質の線維化を増大し，ネフロン数の減少を引き起こす．血管径においてはRAS系の活性化を通じ動脈硬化を進展させるとともに，残存糸球体への負荷をさらに増大させ，最

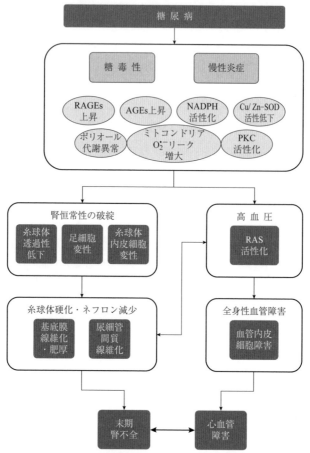

図11.8 糖尿病性腎症の進展と酸化ストレス
RAS：レニン-アンジオテンシン系.

終的に末期腎不全に進展する．また心腎連関を生じ心血管系合併症の進展につながる[105]．

　AGEsのうちメチルグリオキサールや3-デオキシグルコソンは，腎機能の予測因子である尿中アルブミン排泄量と相関し，また全身所見としても総頸動脈内膜肥厚や血圧上昇を含むCVD危険因子と相関している[106]．さらにメチルグリオキサールは腎の食塩感受性に関与し，高血圧を誘発すると考えられている．血管内皮細胞においてメチルグリオキサールはスーパーオキシド産生を増加させることが報告されており，ROSを介した機序がDN進展の大きな因子と考えられる．

11.5.4 透析療法と活性酸素および活性窒素

　腎不全が進行し腎機能が廃絶すると，腎代替療法である透析療法が行われる．透析療法には血液透析(hemodialysis；HD)と腹膜透析(peritoneal dialysis；PD)がある．現在日本において末期腎不全により維持透析療法を受けている患者はHD, PDあわせ約33万人を数える．透析療法導入後の生存率は原疾患により大きな差があり，糖尿病性腎症や高血圧性腎障害では短いが，糸球体腎炎などその他の疾患では生存率は大きく延長し，天寿の全うを期待できる例も少なくない．透析療法自体にも酸化ストレスの関与は大きく，長期間の酸化ストレスコントロールが患者の生命予後やQOLを大きく左右する．

　HDではダイアライザー(透析器)など人工物表面との接触による白血球活性化や水溶性抗酸化物質の過剰除去が酸化的に働く．反面，上述のより酸化促進剤として働く尿毒症性物質が除去されることは抗酸化的な作用をもたらす．さらに体液量の補正による心保護，アシドーシスの改善による還元系諸酵素活性の回復なども抗酸化的に働きうる．腎代替療法が酸化ストレスを軽減するためには，この酸化的要因を病態改善による抗酸化効果が上回る必要がある．酸化的要因を抑制するアプローチとして，透析膜素材の改良がなされてきた．ポリスルホンなどにビタミンEをコーティングしたビタメンブレンは酸化LDL(low-density lipoprotein), AGEs, ADMAなどの酸化的要因およびCRP(C-reactive protein，C反応性タンパク質)やIL-6などの炎症性マーカーを抑制することが報告されており，HD患者における心血管イベントの発症抑制が期待されている．

　一方，抗酸化的要因についてはより複雑である．HD時にはレドックス状態を規定する多くの物質の移動があるが，その動態は一様ではない．ESR(electron spin resonance)法を発展させた多種ラジカル消去活性測定(MULTIS, multiple free-radical scavenging)法による透析患者抗酸化能の多面的評価では，健常人と比べHD患者では$O_2^{\cdot-}$, RO・, ROO・に対する消去活性は増強するが，反対にHO・, R・, および$^1O_2$に対する消去活性が減弱している[107]．単回のHD治療中の変化についても，患者血清のヒドロキシルラジカル消去活性が健常者と同等に回復する一方，コレステリルエステルヒドロペルオキシド(cholesteryl ester hydroperoxides；CE-OOH)とホスファチジルコリンヒドロペルオキシド(phosphatidylcholine hydroperoxide；PC-OOH)が対称的な増減を示すなど，多くの酸化的および抗酸化的因子が複雑な動態を示す[105]．

11.6 自己免疫疾患およびアレルギー疾患と活性酸素

　免疫疾患は自己免疫疾患，アレルギー疾患，免疫不全に大別される．このうち自己免疫疾患は免疫系が内因性の自己抗原に対する抗体を産生し抗原・抗体反応を通じて炎症を引き起こす．炎症の場が一臓器に限局する臓器特異的自己免疫疾患と，他臓器に及ぶ全身性自己免疫疾患にわけられる．前者の代表として甲状腺機能が低下する橋本病，後者の代表として全身性エリテマトーデス（systemic lupus erythematosus；SLE）がある．自己免疫疾患では長期にわたり慢性炎症が持続し，ROSの発症への関与が示唆されているが，ヒトにおいては依然不明な点が多い．

11.6.1 自己抗体と酸化ストレス

　自己免疫疾患において標的となる自己抗原には酸化抗酸化反応系に関与するものが多い（表11.3）．抗好中球細胞質抗体（antineutrophil cytoplasmic antibody；ANCA）は顕微鏡的多発血管炎（microscopic polyangiitis；MPA）や多発血管炎性肉芽腫症（Wegener肉芽腫症，granulomatosis with polyangiitis；GPA）などにみられるが，前者では好中球ミエロペルオキシダーゼに対する抗体（MPO-ANCA）が，後者では好中球アズール顆粒内のプロテイナーゼ-3（proteinase-3）に対する抗体（PR3-ANCA）がみられ血管炎に関与する[108]．

　SLEではカタラーゼやCu/Zn-SODに対する抗体が報告されている[109]．またヒトSLE患者血清中では8-OHdG値の上昇と修復酵素ヒト8-オキソグアニンDNAグリコシラーゼ1（human 8-oxoguanine DNA glycosylase 1；hOGG 1）活性が低下している（後述）[110]．抗リン脂質抗体症候群（antiphospholipid syndrome；APS）は原発性あるいはSLEの続発性に発症する疾患で，全身性の動静脈血栓や習慣性流産を呈する．マーカー抗体は抗カルジオリピン-β2-糖タンパク質1（cardiolipin-β2-glycoprotein 1；CL・β2GP 1）抗体であるが，これはROSとの反応により酸化

表11.3 活性酸素により生じる自己抗体

自己抗体	疾患	標的分子・効果
MPO-ANCA	顕微鏡的多発血管炎	好中球ミエロペルオキシダーゼ
PR3-ANCA	多発血管炎性肉芽腫症	好中球プロテイナーゼ-3
抗dsDNA抗体	全身性エリテマトーデス	DNA転写修復傷害
抗CL・β2GP 1抗体	抗リン脂質抗体症候群	酸化カルジオリピン
抗CCP抗体	関節リウマチ	好中球貪食能亢進
抗CarP抗体	関節リウマチ	カルバミル化タンパク質

されたカルジオリピンが血漿タンパク質と結合し抗原性を示す．

抗シトルリン化ペプチド（cyclic citrullinated peptide；CCP）抗体は関節リウマチ（rheumatoid arthritis；RA）の特異抗体であり，広く診断に用いられている．CCP抗体陽性RA患者では好中球貪食能が亢進している[111]．ミエロペルオキシダーゼとの反応で生成されたシアン酸塩によりタンパク質がカルバミル化されると抗原性をもつようになり，抗カルバミル化タンパク質（carbamyl protein；CarP）抗体が生じる．これは抗CCP抗体陰性患者の診断補助に用いられている[112]．またRAではヒドロキシルラジカル（HO・）により修飾されたIgGが抗原性を示すことが報告されており，ヒトRA患者血清中でも見いだされている[113]．

11.6.2　全身性エリテマトーデス

全身性エリテマトーデス（systemic lupus erythematosus；SLE）は代表的な自己免疫疾患で依然その病因は不明である．日本では約10万人の患者数であり，男女比は1：9で女性に圧倒的に多い．遺伝的や環境要因に続発するT/B細胞，樹状細胞，マクロファージ，好中球など免疫系の異常がその病態で，広範な内因性抗原に対する自己抗体がみられる．またアポトーシスなど細胞死の機構に異常があり，この結果生じる核酸の断片は抗DNA抗体など自己抗体の出現と深く関連している．ROSはこれらの過程に関与している．

（a）動物モデルにおける活性酸素の役割

SLEには*lpr/lpr*マウス，MRL/*lpr*マウス，NZB/W-F1マウスなど自然発症動物モデルの存在が知られている．NZB/W-F1マウスはNZB/NZWの一代交配種であり，無症状であるNZWマウス側にあるSLAM/CD2遺伝子異型にNZBマウスに存在する強い酸化ストレスが加わることにより自己免疫性溶血性貧血が発症することが示されている[114]．HO-1など抗酸化応答関連転写因子Nrf2ノックアウト（KO）マウスでは，高齢雌性マウスにおいて血中抗dsDNA抗体が出現し，半月体形成や上皮下高電子密度沈着物などループス腎炎所見を呈する[115]．この病変もNrf2KOマウスの加齢過程で増大する酸化ストレスが関与し，腎炎病変発症直前期では安定ラジカル3-carbamoyl-2,2,5,5-tetramethylpyrrolidine-*N*-oxyl（Carbamoyl-PROXYL）に対する消去能が減弱していることが*in vivo* ESR/ESRイメージングにて示されている（図11.9）[116]．

一方動物モデルでは，ROSは炎症を増強するのみでなく，時として調整的に働き自己免疫疾患の発症や進展を抑制することも示されている．関節リウマチや多発性硬化症の動物モデルではROS欠損が重度な慢性炎症を引き起こす[117]．また

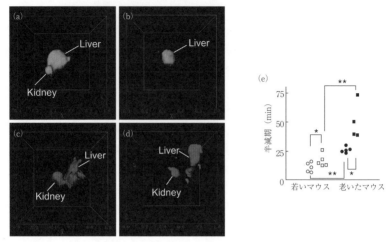

図11.9 腎炎発症期 Nrf 2 KO マウスの ESR イメージング〔(a)〜(d)〕と in vivo ESR 解析 (e)

(a)〜(d)：安定ラジカルであるカルバモイル-PROXYL をスピンプローブとして静注投与し，15分後までのラジカル消去過程を 3 D 画像化した側面像を示す．(a), (b)：野生型，(c), (d)：Nrf 2 KO. (a), (c)：静注後10分．(b), (d)：静注後15分．野生型では速やかに臓器中からカルバモイル-PROXYL が消去されるが，Nrf 2 KO では肝臓および腎臓中に長期に残存している．(e)：in vivo ESR により測定された腹部におけるカルバモイル-PROXYL 半減期．若いマウス：10週齢，老いたマウス：50週齢 Nrf 2 KO マウス．50週齢では有意にカルバモイル-PROXYL 消失半減期が延長している．Liver：肝臓，Kidney：腎臓．文献(116)より許可を得て転載．

NOX 2 を欠損させた SLE モデルでは自己免疫性が増強している．

(b) SLE 患者における活性酸素

SLE 患者における活性酸素動態は，おもに抗酸化物質や脂質，核酸，タンパク質過酸化産物により評価されている．抗酸化物質は，抗酸化活性の低下を示す報告が多い(文献118にレビュー)．とくに GSH は血清，血漿，赤血球中において有意に減少しており，疾患活動性と関連している．細胞内 GSH の低下は Th 1/Th 2 バランスや T 細胞活性化などの免疫異常や腎・中枢神経系症状に関与すると考えられている[119]．GPx や GR 活性も低下が報告されている．SOD については，上述のように抗 SOD 抗体の存在が報告されており[109]，その活性は低下していると考えられている．カタラーゼもやはり SLE 患者で自己抗体が報告されているが，ヒトでの報告は一定しない．

核酸や DNA は SLE における ROS の主要な標的であり，二本鎖 DNA(dsDNA)に対する抗体(抗 dsDNA 抗体)が産生される．抗原抗体反応で生成されるスーパー

オキシド($O_2^{\cdot-}$)やHO・，$ONOO^-$はDNAを変性させ抗原性をもたらすとともに転写を阻害する．ヒトSLE患者では血中や尿中の8-OHdG値の上昇が報告されている．またDNA修復酵素hOGG1活性は低下しており，これはCu/Zn-SOD，Mn-SOD，GPx-1/4など抗酸化酵素群の低下を伴う[110]．3-ニトロチロシン(3-nitrotyrosine)やカルボニルタンパク質の増加も報告されている．

脂質過酸化物も慢性炎症を反映して上昇している．なかでもMDAの上昇は広く報告されており，ループス腎炎やSLEにおける心血管障害と関連している[120]．4-ヒドロキシ-2-ノネナール(4-hydroxy-2-nonenal；HNE)の上昇はMRL/*lpr*マウスのSLE発症に関与するとされている．

これらの病態に影響するROSの発生源はミトコンドリアとNox2であると考えられている[119]．SLEではミトコンドリアホメオスターシスに異常があり，ヒトでは電子伝達系複合体ⅠおよびⅤをコードするミトコンドリアDNAのポリモルフィズムが報告されている．またミトコンドリア脱共役タンパク質2をコードするUCP2(uncoupling protein 2)の異常もSLE，RA，クローン病など自己免疫疾患で認められている．SLEにおけるT細胞受容体(T-cell receptor；TCR)刺激はNox2活性を上昇させ，$O_2^{\cdot-}$産生を増大させる．ウイルス感染，細菌感染，紫外線曝露などはSLEにおいてこれらのROSを亢進させる．実際SLE患者は夏季の日焼けや光線曝露，あるいは感染症の併発により症状が悪化することが広く知られている．

11.6.3 関節リウマチと活性酸素

関節リウマチ(RA)はSLEと同様に自己免疫異常の関与する疾患で，関節滑膜を病変の首座とする全身性炎症性疾患であり，関節の炎症，骨や軟骨の破壊といった症状を呈する．骨関節症状に加え全身性の血管炎を呈する(悪性関節リウマチおよびリウマトイド血管炎)場合もある．RA患者血清や関節液中ではIgGに対する自己抗体が検出されるが，このIgGの変性・抗原化にはROSが関与している．

(a) 骨代謝と活性酸素

骨代謝は，破骨細胞による骨吸収，骨芽細胞による骨基質形成，および基質の石灰化の過程よりなる．これらの異常はいずれも骨粗鬆症など骨の異常の原因となる．

骨芽細胞やその前駆細胞はROSに対する感受性が高く，過剰なROSやCu/Zn-SODなど抗酸化系の減弱は骨芽細胞の異常と骨量の低下をもたらす．ヒトでも骨量低下患者で脂質過酸化物の蓄積が報告されている．一方で，低レベルの過酸化水素や過酸化脂質は破骨細胞の機能を亢進させる[121]．Nox2やNox4は破骨細胞で

発現しており，生成される $O_2^{\cdot-}$ は骨吸収に必要であるほか，骨芽細胞の分化にも必要とされる[122]．したがって酸化的な環境は骨量減少につながる．

(b) RAの関節病変と活性酸素

RAの関節では，IL-17などのサイトカインの影響によりT細胞や滑膜でRANKL〔NF-κB受容体（RANK）リガンド〕タンパク質の発現が亢進している．このRANKLは破骨細胞のRANK受容体と結合し，骨吸収を促進して骨量を減少させる．一方，軟骨細胞もROSにより傷害を受ける．その結果引き起こされた滑膜の炎症によりパンヌスとよばれる絨毛状の組織が形成され，ここからマトリックスメタロプロテイナーゼ（matrix metalloproteinase；MMP）などのタンパク質分解酵素が分泌され，骨や軟骨破壊が進行する．

RAでは関節包内，とくに滑液という反応の場の特異性に留意する必要がある．ヒト滑液中はGSH，カタラーゼ，SODなどの抗酸化物質が血中に比べ低値である．このため壊死細胞から漏出した変性ヘモグロビンや，フェリチンと $O_2^{\cdot-}$ の反応により生じた遊離鉄を介しFenton反応が容易に引き起こされ，HO・が生成される[121]．HO・は関節包内ROSの主体であり，組織障害に加え滑液中のヒアルロン酸変性を引き起こす．好中球やマクロファージからのHOClや $O_2^{\cdot-}$ もこれらの源となる．これらの発生したROS，とくにHO・，・HOCl，$ONOO^-$ などは，IgGやコラーゲンを変性させ抗原性を生じさせることが特徴である．また定常状態でMMPを抑制する組織メタロプロテイナーゼ阻害物質（tissue inhibitor of metalloproteinases；TIMPs）はHClOや $ONOO^-$ により不活化されやすい[121]．

(c) 関節リウマチ患者における活性酸素

上述のようにRA患者では酸化的機序が強く働いているが，酸化ストレスマーカーに関する報告は多様である（文献123にレビュー）．

抗酸化物質ではGSHが血清，関節液，赤血球中で検討されているが，その濃度は必ずしも減少せず，不変，あるいはむしろ亢進しているとする報告もあり一定しない．GPxも同様である．一方，GSH/GSSG比やGR活性は上昇しているとされる．血中カタラーゼ活性はむしろ上昇を認める報告が多いが，減少を認めるものもある．SOD活性血漿や赤血球中で減少を認めたものが多い．

過酸化脂質は，血中や関節液中で上昇を認めた報告が多い．滑液中のMDA値はHO・産生を反映するとされている．また血中F2-イソプラタン値も上昇し，これはCRPやADMAと相関することから疾患活動性を反映すると考えられている．リンパ球中ではDNA損傷が進行しているが，これはSOD，GPx減少やMDA上昇と相関すると報告されている．

NADPHオキシダーゼはRA患者の血漿中で上昇が見いだされており，また滑液中では血中よりも活性が高い．MPO活性は血中では上昇および減少両方向の報告があるが，滑液中や滑液内線維芽細胞では上昇している．

参考文献

1) U. Z. Malik, N. J. Hundley, G. Romero, R. Radi, B. A. Freeman, M. M. Tarpey, E. E. Kelley, *Free Radic. Biol. Med.*, **51**, 179 (2011).
2) B. Halliwell, J. M. Gutteridge, "Free radicals in biology and medicine," Oxford University Press (2015).
3) A. J. Lokuta, N. A. Maertz, S. V. Meethal, K. T. Potter, T. J. Kamp, H. H. Valdivia, R. A. Haworth, *Circulation*, **111**, 988 (2005).
4) E. Mori, N. Haramaki, H. Ikeda, T. Imaizumi, *Cardiovasc. Res.*, **40**, 113 (1998).
5) Y. Zhang, J. W. Bissing, L. Xu, A. J. Ryan, S. M. Martin, F. J. Miller, Jr., K. C. Kregel, G. R. Buettner, R. E. Kerber, *J. Am. Coll. Cardiol.*, **38**, 546 (2001).
6) S. Kinugawa, H. Tsutsui, S. Hayashidani, T. Ide, N. Suematsu, S. Satoh, H. Utsumi, A. Takeshita, *Circ. Res.*, **87**, 392 (2000).
7) V. Braunersreuther, F. Montecucco, M. Asrih, G. Pelli, K. Galan, M. Frias, F. Burger, A. L. Quindere, C. Montessuit, K. H. Krause, F. Mach, V. Jaquet, *J. Mol. Cell. Cardiol.*, **64**, 99 (2013).
8) T. Shiomi, H. Tsutsui, H. Matsusaka, K. Murakami, S. Hayashidani, M. Ikeuchi, J. Wen, T. Kubota, H. Utsumi, A. Takeshita, *Circulation*, **109**, 544 (2004).
9) H. Ichikawa, S. Flores, P. R. Kvietys, R. E. Wolf, T. Yoshikawa, D. N. Granger, T. Y. Aw, *Circ. Res.*, **81**, 922 (1997).
10) 早川幹人，日本血栓止血学会誌, **28**, 313 (2017).
11) B. C. Campbell, P. J. Mitchell, E. -I. Investigators, *N. Engl. J. Med.*, **372**, 2365 (2015).
12) P. Khatri, W. Hacke, J. Fiehler, J. L. Saver, H. C. Diener, M. Bendszus, S. Bracard, J. Broderick, B. Campbell, A. Ciccone, A. Davalos, S. Davis, A. M. Demchuk, M. Dippel, G. Donnan, D. Fiorella, M. Goyal, M. D. Hill, E. C. Jauch, T. G. Jovin, C. S. Kidwell, C. Majoie, S. C. Martins, P. Mitchell, J. Mocco, K. Muir, R. G. Nogueira, W. J. Schonewille, A. H. Siddiqui, G. Thomalla, T. A. Tomsick, A. S. Turk, P. M. White, O. O. Zaidat, D. S. Liebeskind, R. Fulton, K. R. Lees, V. I.-E. Collaboration, *Stroke*, **46**, 1727 (2015).
13) K. Szydlowska, M. Tymianski, *Cell Calcium*, **47**, 122 (2010).
14) D. N. Granger, P. R. Kvietys, *Redox Biol.*, **6**, 524 (2015).
15) S. K. McCann, G. J. Dusting, C. L. Roulston, *J. Neurosci. Res.*, **86**, 2524 (2008).
16) E. T. Chouchani, V. R. Pell, E. Gaude, D. Aksentijevic, S. Y. Sundier, E. L. Robb, A. Logan, S. M. Nadtochiy, E. N. J. Ord, A. C. Smith, F. Eyassu, R. Shirley, C. H. Hu, A. J. Dare, A. M. James, S. Rogatti, R. C. Hartley, S. Eaton, A. S. H. Costa, P. S. Brookes, S. M. Davidson, M. R. Duchen, K. Saeb-Parsy, M. J. Shattock, A. J. Robinson, L. M. Work, C. Frezza, T. Krieg, M. P. Murphy, *Nature*, **515**, 431 (2014).
17) M. P. Murphy, *Biochem. J.*, **417**, 1 (2009).
18) T. Suzuki, N. Akaike, K. Ueno, Y. Tanaka, N. Himori, *Pharmacol.*, **50**, 357 (1995).
19) 国立研究開発法人国立がん研究センターがん対策情報センター，日本の最新がん統計まとめ，『最新がん統計』https://ganjoho.jp/reg_stat/statistics/stat/summary.html
20) M. Murata, R. Thanan, N. Ma, S. Kawanishi, *J. Biomed. Biotechnol.*, **2012**, 623019.

21) L.-a. H. Allen, B. R. Beecher, J. T. Lynch, O. V. Rohner, L. M. Wittine, *J. Immunol.*, **174**, 3658 (2005).
22) H. Kuwahara, Y. Miyamoto, T. Akaike, T. Kubota, T. Sawa, S. Okamoto, H. Maeda, *Infect. Immun.*, **68**, 4378 (2000).
23) H. Tsugawa, H. Suzuki, H. Saya, M. Hatakeyama, T. Hirayama, K. Hirata, O. Nagano, J. Matsuzaki, T. Hibi, *Cell Host Microbe*, **12**, 764 (2012).
24) N. Fujita, R. Sugimoto, N. Ma, H. Tanaka, M. Iwasa, Y. Kobayashi, S. Kawanishi, S. Watanabe, M. Kaito, Y. Takei, *J. Viral. Hepat.*, **15**, 498 (2008).
25) Y. Li, D. F. Boehning, T. Qian, V. L. Popov, S. A. Weinman, *FASEB J.*, **21**, 2474 (2007).
26) S. Nishina, K. Hino, M. Korenaga, C. Vecchi, A. Pietrangelo, Y. Mizukami, T. Furutani, A. Sakai, M. Okuda, I. Hidaka, K. Okita, I. Sakaida, *Gastroenterol.*, **134**, 226 (2008).
27) T. M. Hagen, S. Huang, J. Curnutte, P. Fowler, V. Martinez, C. M. Wehr, B. N. Ames, F. V. Chisari, *Proc. Natl. Acad. Sci. USA*, **91**, 12808 (1994).
28) A. A. Sablina, A. V. Budanov, G. V. Ilyinskaya, L. S. Agapova, J. E. Kravchenko, P. M. Chumakov, *Nat. Med.*, **11**, 1306 (2005).
29) B. Halliwell, J. M. Gutteridge, "Free radicals in biology and medicine," Oxford University Press (2015).
30) 葛原茂樹, 日本内科学会雑誌, **98**, 2131 (2009).
31) J. Lotharius, P. Brundin, *Nat. Rev. Neurosci.*, **3**, 932 (2002).
32) Y. Saito, K. Nishio, Y. Ogawa, T. Kinumi, Y. Yoshida, Y. Masuo, E. Niki, *Free Radic. Biol. Med.*, **42**, 675 (2007).
33) J. Blesa, I. Trigo-Damas, A. Quiroga-Varela, V. R. Jackson-Lewis, *Front. Neuroanatomy*, **9**, 91 (2015).
34) B. Halliwell, J. M. Gutteridge, "Free radicals in biology and medicine," Oxford University Press (2015).
35) S. Murakami, I. Miyazaki, K. Miyoshi, M. Asanuma, *Neurochem. Res.*, **40**, 1165 (2015).
36) S. Przedborski, V. Jackson-Lewis, A. B. Naini, M. Jakowec, G. Petzinger, R. Miller, M. Akram, *J. Neurochem.*, **76**, 1265 (2001).
37) D. N. Hauser, T. G. Hastings, *Neurobiol. Dis.*, **51**, 35 (2013).
38) K. L. Norris, R. Hao, L. F. Chen, C. H. Lai, M. Kapur, P. J. Shaughnessy, D. Chou, J. Yan, J. P. Taylor, S. Engelender, A. E. West, K. L. Lim, T. P. Yao, *J. Biol. Chem.*, **290**, 13862 (2015).
39) T. Ohara, J. Hata, D. Yoshida, N. Mukai, M. Nagata, T. Iwaki, T. Kitazono, S. Kanba, Y. Kiyohara, T. Ninomiya, *Neurology*, **88**, 1925 (2017).
40) J. T. Jarrett, E. P. Berger, P. T. Lansbury, Jr., *Biochemistry*, **32**, 4693 (1993).
41) P. H. Reddy, *Biochim. Biophys. Acta*, **1832**, 67 (2013).
42) Y. Masuda, S. Uemura, R. Ohashi, A. Nakanishi, K. Takegoshi, T. Shimizu, T. Shirasawa, K. Irie, *Chembiochem.*, **10**, 287 (2009).
43) A. Y. Abramov, L. Canevari, M. R. Duchen, *J. Neurosci.*, **24**, 565 (2004).
44) L. Park, J. Anrather, P. Zhou, K. Frys, R. Pitstick, S. Younkin, G. A. Carlson, C. Iadecola, *J. Neurosci.*, **25**, 1769 (2005).
45) B. Halliwell, *J. Neurochem.*, **97**, 1634 (2006).
46) J. W. Lustbader, M. Cirilli, C. Lin, H. W. Xu, K. Takuma, N. Wang, C. Caspersen, X. Chen, S. Pollak, M. Chaney, F. Trinchese, S. Liu, F. Gunn-Moore, L. F. Lue, D. G. Walker, P. Kuppusamy, Z. L. Zewier, O. Arancio, D. Stern, S. S. Yan, H. Wu, *Science*, **304**, 448 (2004).
47) T. I. Williams, B. C. Lynn, W. R. Markesbery, M. A. Lovell, *Neurobiol. Aging*, **27**, 1094 (2006).

48) M. A. Bradley, W. R. Markesbery, M. A. Lovell, *Free Radic. Biol. Med.*, **48**, 1570 (2010).
49) M. W. Dysken, M. Sano, S. Asthana, J. E. Vertrees, M. Pallaki, M. Llorente, S. Love, G. D. Schellenberg, J. R. McCarten, J. Malphurs, S. Prieto, P. Chen, D. J. Loreck, G. Trapp, R. S. Bakshi, J. E. Mintzer, J. L. Heidebrink, A. Vidal-Cardona, L. M. Arroyo, A. R. Cruz, S. Zachariah, N. W. Kowall, M. P. Chopra, S. Craft, S. Thielke, C. L. Turvey, C. Woodman, K. A. Monnell, K. Gordon, J. Tomaska, Y. Segal, P. N. Peduzzi, P. D. Guarino, *JAMA*, **311**, 33 (2014).
50) D. R. Galasko, E. Peskind, C. M. Clark, J. F. Quinn, J. M. Ringman, G. A. Jicha, C. Cotman, B. Cottrell, T. J. Montine, R. G. Thomas, P. Aisen, *Arch. Neurol.*, **69**, 836 (2012).
51) E. R. Miller, 3rd, E. Pastor-Barriuso, D. Dalal, R. A. Riemersma, L. J. Appel, E. Guallar, *Ann. Intern. Med.*, **142**, 37 (2005).
52) E. E. Reich, W. R. Markesbery, L. J. Roberts, 2nd, L. L. Swift, J. D. Morrow, T. J. Montine, *Am. J. Pathol.*, **158**, 293 (2001).
53) J. Nourooz-Zadeh, E. H. Liu, B. Yhlen, E. E. Anggard, B. Halliwell, *J. Neurochem.*, **72**, 734 (1999).
54) M. Fukuda, F. Kanou, N. Shimada, M. Sawabe, Y. Saito, S. Murayama, M. Hashimoto, N. Maruyama, A. Ishigami, *Biomed. Res.*, **30**, 227 (2009).
55) C. D. Smith, J. M. Carney, P. E. Starke-Reed, C. N. Oliver, E. R. Stadtman, R. A. Floyd, W. R. Markesbery, *PNAS*, **88**, 10540 (1991).
56) X. Shan, Y. Chang, C. L. Lin, *FASEB J.*, **21**, 2753 (2007).
57) N. Ahmed, U. Ahmed, P. J. Thornalley, K. Hager, G. Fleischer, G. Munch, *J. Neurochem.*, **92**, 255 (2005).
58) D. Pratico, M. Y. L. V, J. Q. Trojanowski, J. Rokach, G. A. Fitzgerald, *FASEB J.*, **12**, 1777 (1998).
59) K. S. Montine, S. J. Olson, V. Amarnath, W. O. Whetsell, Jr., D. G. Graham, T. J. Montine, *Am. J. Pathol.*, **150**, 437 (1997).
60) X. Zhu, R. J. Castellani, P. I. Moreira, G. Aliev, J. C. Shenk, S. L. Siedlak, P. L. R. Harris, H. Fujioka, L. M. Sayre, P. A. Szweda, L. I. Szweda, M. A. Smith, G. Perry, *Free Radic. Biol. Med.*, **52**, 699 (2012).
61) M. A. Lovell, W. D. Ehmann, S. M. Butler, W. R. Markesbery, *Neurology*, **45**, 1594 (1995).
62) A. M. Palmer, M. A. Burns, *Brain Res.*, **645**, 338 (1994).
63) C. Ramassamy, D. Averill, U. Beffert, S. Bastianetto, L. Theroux, S. Lussier-Cacan, J. S. Cohn, Y. Christen, J. Davignon, R. Quirion, J. Poirier, *Free Radic. Biol. Med.*, **27**, 544 (1999).
64) A. Tamaoka, F. Miyatake, S. Matsuno, K. Ishii, S. Nagase, N. Sahara, S. Ono, H. Mori, K. Wakabayashi, S. Tsuji, H. Takahashi, S. Shoji, *Neurology*, **54**, 2319 (2000).
65) S. Dawson, E. J. Glasson, G. Dixon, C. Bower, *Am. J. Epidemiol.*, **169**, 1296 (2009).
66) F. R. Volkmar, D. Pauls, *Lancet*, **362**, 1133 (2003).
67) J. K. Grether, M. C. Anderson, L. A. Croen, D. Smith, G. C. Windham, *Am. J. Epidemiol.*, **170**, 1118 (2009).
68) A. Chauhan, V. Chauhan, *Pathophysiology*, **13**, 171 (2006).
69) A. Frustaci, M. Neri, A. Cesario, J. B. Adams, E. Domenici, B. Dalla Bernardina, S. Bonassi, *Free Radic. Biol. Med.*, **52**, 2128 (2012).
70) M. Krajcovicova-Kudlackova, M. Valachovicova, C. Mislanova, Z. Hudecova, M. Sustrova, D. Ostatnikova, *Bratisl. Lek. Listy*, **110**, 247 (2009).
71) Y. Al-Gadani, A. El-Ansary, O. Attas, L. Al-Ayadhi, *Clin. Biochem.*, **42**, 1032 (2009).
72) J. B. Adams, T. Audhya, S. McDonough-Means, R. A. Rubin, D. Quig, E. Geis, E. Gehn, M.

Loresto, J. Mitchell, S. Atwood, S. Barnhouse, W. Lee, *Nutr. Metab* (*Lond*)., **8**, 34 (2011).
73) A. Hirayama, H. Matsuzaki, *Free Radic. Biol. Med.*, **112**, 132 (2017).
74) M. Ono, N. Takebe, T. Oda, R. Nakagawa, M. Matsui, T. Sasai, K. Nagasawa, H. Honma, T. Kajiwara, H. Taneichi, Y. Takahashi, K. Takahashi, J. Satoh, *Intern. Med.*, **53**, 391 (2014).
75) R. Wilson, J. Willis, R. Gearry, P. Skidmore, E. Fleming, C. Frampton, A. Carr, *Nutrients*, **9**, 997 (2017).
76) R. V. Sekhar, S. V. McKay, S. G. Patel, A. P. Guthikonda, V. T. Reddy, A. Balasubramanyam, F. Jahoor, *Diabetes Care*, **34**, 162 (2011).
77) M. A. Bowman, E. H. Leiter, M. A. Atkinson, *Immunol. Today*, **15**, 115 (1994).
78) R. C. Cooksey, D. Jones, S. Gabrielsen, J. Huang, J. A. Simcox, B. Luo, Y. Soesanto, H. Rienhoff, E. D. Abel, D. A. Mcclain, *Am. J. Physiol. Endocrinol. Metab.*, **298**, E1236 (2010).
79) J. D. Piganelli, S. C. Flores, C. Cruz, J. Koepp, I. Batinic-Haberle, J. Crapo, B. Day, R. Kachadourian, R. Young, B. Bradley, K. Haskins, *Diabetes*, **51**, 347 (2002).
80) K. Yoh, A. Hirayama, K. Ishizaki, A. Yamada, M. Takeuchi, S. Yamagishi, N. Morito, T. Nakano, M. Ojima, H. Shimohata, K. Itoh, S. Takahashi, M. Yamamoto, *Genes Cells*, **13**, 1159 (2008).
81) H. Kaneto, Y. Kajimoto, J. Miyagawa, T. Matsuoka, Y. Fujitani, Y. Umayahara, T. Hanafusa, Y. Matsuzawa, Y. Yamasaki, M. Hori, *Diabetes*, **48**, 2398 (1999).
82) B. C. Lee, J. Lee, *Biochim. Biophys. Acta*, **1842**, 446 (2014).
83) A. R. Aroor, S. McKarns, V. G. Demarco, G. Jia, J. R. Sowers, *Metabolism*, **62**, 1543 (2013).
84) M. Ristow, K. Zarse, A. Oberbach, N. Kloting, M. Birringer, M. Kiehntopf, M. Stumvoll, C. R. Kahn, M. Bluher, *Proc. Natl. Acad. Sci. USA*, **106**, 8665 (2009).
85) S. Stranges, J. R. Marshall, R. Natarajan, R. P. Donahue, M. Trevisan, G. F. Combs, F. P. Cappuccio, A. Ceriello, M. E. Reid, *Ann. Int. Med.*, **147**, 217 (2007).
86) C. Peiró, T. Romacho, V. Azcutia, L. Villalobos, E. Fernández, J. P. Bolaños, S. Moncada, C. F. Sánchez-Ferrer, *Cardiovascular Diabetology*, **15**, 82 (2016).
87) 白河潤一，永井竜児，化学と生物，**53**, 299 (2015).
88) B. Halliwell, J. M. Gutteridge. "Free radicals in biology and medicine," Oxford University Press (2015).
89) K. A. Connelly, A. Advani, S. L. Advani, Y. Zhang, Y. M. Kim, V. Shen, K. Thai, D. J. Kelly, R. E. Gilbert, *Acta Diabetol.*, **51**, 771 (2014).
90) M. A. Aon, C. G. Tocchetti, N. Bhatt, N. Paolocci, S. Cortassa, *Antioxid. Redox Signal.*, **22**, 1563 (2015).
91) F. Giacco, M. Brownlee, *Circ. Res.*, **107**, 1058 (2010).
92) E. J. Anderson, M. E. Lustig, K. E. Boyle, T. L. Woodlief, D. A. Kane, C. T. Lin, J. W. Price, 3rd, L. Kang, P. S. Rabinovitch, H. H. Szeto, J. A. Houmard, R. N. Cortright, D. H. Wasserman, P. D. Neufer, *J. Clin. Invest.*, **119**, 573 (2009).
93) S. Di Meo, S. Iossa, P. Venditti, *J. Endocrinol.*, **233**, R15 (2017).
94) B. M. Brenner, T. W. Meyer, T. H. Hostetter, *N. Engl. J. Med.*, **307**, 652 (1982).
95) A. Ueda, A. Hirayama, S. Nagase, M. Inoue, T. Oteki, M. Aoyama, H. Yokoyama, *Free Radic. Res.*, **41**, 823 (2007).
96) H. F. Tbahriti, A. Kaddous, M. Bouchenak, K. Mekki, *Biochem. Res. Int.*, **2013**, 358985.
97) H. Tomiyama, A. Yamashina, *Intern. Med.*, **54**, 1465 (2015).
98) F. Duranton, G. Cohen, R. De Smet, M. Rodriguez, J. Jankowski, R. Vanholder, A. Argiles, *J. Am. Soc. Nephrol.*, **23**, 1257 (2012).

99) T. Niwa, *Ther. Apher. Dial.*, **15**, 120 (2011).
100) S. Lekawanvijit, A. R. Kompa, B. H. Wang, D. J. Kelly, H. Krum, *Circ. Res.*, **111**, 1470 (2012).
101) R. Vanholder, E. Schepers, A. Pletinck, E. V. Nagler, G. Glorieux, *J. Am. Soc. Nephrol.*, **25**, 1897 (2014).
102) J. T. Kielstein, C. Zoccali, *Am. J. Kidney Dis.*, **46**, 186 (2005).
103) S. Nagase, K. Aoyagi, M. Narita, S. Tojo, *Nephron*, **44**, 299 (1986).
104) A. Hirayama, A. A. Noronha-Dutra, M. P. Gordge, G. H. Neild, J. S. Hothersall, *J. Am. Soc. Nephrol.*, **11**, 684 (2000).
105) M. Obara, A. Hirayama, M. Gotoh, A. Ueda, T. Ishizu, Y. Taru, Y. Shimozawa, K. Yamagata, S. Nagase, A. Koyama, *Nephron Clin. Pract.*, **106**, c162 (2007).
106) S. Ogawa, K. Nakayama, M. Nakayama, T. Mori, M. Matsushima, M. Okamura, M. Senda, K. Nako, T. Miyata, S. Ito, *Hypertension*, **56**, 471 (2010).
107) S. Oowada, N. Endo, H. Kameya, M. Shimmei, Y. Kotake, *J. Clin. Biochem. Nutr.*, **51**, 117 (2012).
108) J. C. Jennette, R. J. Falk, *Am. J. Kidney Dis.*, **15**, 517 (1990).
109) R. B. Mansour, S. Lassoued, B. Gargouri, A. El Gaid, H. Attia, F. Fakhfakh, *Scand. J. Rheumatol.*, **37**, 103 (2008).
110) H. T. Lee, C. S. Lin, C. S. Lee, C. Y. Tsai, Y. H. Wei, *Clin. Exp. Immunol.*, **176**, 66 (2014).
111) M. B. De Siqueira, L. M. Da Mota, S. C. Couto, M. I. Muniz-Junqueira, *BMC Musculoskelet. Disord.*, **16**, 159 (2015).
112) J. Shi, R. Knevel, P. Suwannalai, M. P. van der Linden, G. M. C. Janssen, P. A. van Veelen, N. E. Levarht, A. H. M. van der Helm-van Mil, A. Cerami, T. W. J. Huizinga, R. E. M. Toes, L. A. Trouw, *Proc. Natl. Acad. Sci. USA*, **108**, 17372 (2011).
113) Z. Rasheed, *Clin. Biochem.*, **41**, 663 (2008).
114) T. Konno, N. Otsuki, T. Kurahashi, N. Kibe, S. Tsunoda, Y. Iuchi, J. Fujii, *Free Radic. Biol. Med.*, **65**, 1378 (2013).
115) K. Yoh, K. Itoh, A. Enomoto, A. Hirayama, N. Yamaguchi, M. Kobayashi, N. Morito, A. Koyama, M. Yamamoto, S. Takahashi, *Kidney Int.*, **60**, 1343 (2001).
116) A. Hirayama, K. Yoh, S. Nagase, A. Ueda, K. Itoh, N. Morito, K. Hirayama, S. Takahashi, M. Yamamoto, A. Koyama, *Free Radic. Biol. Med.*, **34** (10), 1236 (2003).
117) M. Hultqvist, P. Olofsson, J. Holmberg, B. T. Backstrom, J. Tordsson, R. Holmdahl, *Proc. Natl. Acad. Sci. USA*, **101**, 12646 (2004).
118) D. Shah, N. Mahajan, S. Sah, S. K. Nath, B. Paudyal, *J. Biomed. Sci.*, **21**, 23 (2014).
119) A. Perl, *Nat. Rev. Rheumatol.*, **9**, 674 (2013).
120) S. Turi, I. Nemeth, A. Torkos, L. Saghy, I. Varga, B. Matkovics, J. Nagy, *Free Radic. Biol. Med.*, **22**, 161 (1997).
121) B. Halliwell, J. M. Gutteridge, "Free radicals in biology and medicine," Oxford University Press (2015).
122) C. Goettsch, A. Babelova, O. Trummer, R. G. Erben, M. Rauner, S. Rammelt, N. Weissmann, V. Weinberger, S. Benkhoff, M. Kampschulte, B. Obermayer-Pietsch, L. C. Hofbauer, R. P. Brandes, K. Schroder, *J. Clin. Invest.*, **123**, 4731 (2013).
123) C. M. Quinonez-Flores, S. A. Gonzalez-Chavez, D. Del Rio Najera, C. Pacheco-Tena, *Biomed. Res. Int.*, **2016**, 6097417.

第12章

予防医学：酸化ストレス傷害を予防する食事の摂取

12.1 はじめに

　高齢化に伴う日本の医療費の増加は2015年度で42兆円以上となっており，国民1人当たりおよそ33万円である．この金額は毎年増加の一途を辿っており，国家財政を圧迫するほどにまでなっている．そのため，日常に摂取する食事から病気にならないようにする（いわゆる未病，予防医学）取組みに対して，これまでになく注目が集まっている．そこで，本章では食事摂取由来の各種栄養素と活性酸素の関係について述べる．

12.2 プリン体とは

　近年，プリン体ゼロの発泡酒が大手酒造メーカーから発売されるなど，プリン体摂取が生体に及ぼす影響について注目が集まっている．プリン体とは，プリン骨格をもった物質の総称である（図12.1）．プリン体は多くの食品に含まれており，かつわれわれの生体内でも産生されている．比率では生体内で産生される量のほうが圧倒的に多い．生体内では核酸やATP (adenosine 5′-triphosphate) を原料としてプリン体が産生されている．
　プリン体摂取が注目を集める理由は，プリン体が尿酸に代謝されるためである．尿酸値の上昇は痛風のリスクファクターとして知られている．通常，食品中に含まれるプリン体の多くは核酸として存在している．
　プリン体物質はその構造から三つに大別される．一つはプリン塩基とよばれ，ア

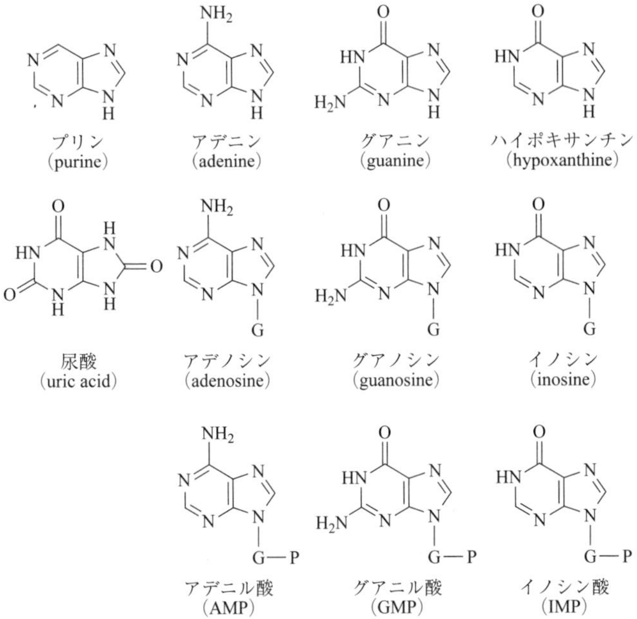

図12.1 プリン骨格と代表的なプリン体の構造式
AMP：adenosine 5′-monophosphate，GMP：guanosine 5′-monophosphate，
IMP：inosine 5′-monophosphate，G：糖，P：リン酸基．

デニンやグアニンとして存在する．第二にプリン塩基に糖が付加したものがプリンヌクレオチドとして存在する．これにはアデノシンやグアノシンが該当する．最後にプリンヌクレオチドにリン酸基が付加したものが存在し，アデニル酸やグアニル酸が該当する．これらは，魚卵や肝臓など細胞数が多い細胞分裂が盛んな部位に比較的多く存在する．

12.2.1 尿酸の酸化作用および抗酸化作用

通常，尿酸は腎臓から排泄されるが，多くは尿細管から再吸収される．そのため，プリン体の過剰摂取は代謝物である尿酸が尿細管から再吸収できる量よりも多く糸球体からろ過されるので，尿酸値の上昇につながる．尿酸は水に溶けにくいため結晶化して関節に沈着，痛風を発症する．しかし，尿酸には抗酸化作用があるとの報告が散在する．$In\ vitro$ の実験系では一重項酸素（$^1O_2$），ヒドロペルオキシドラジカル（HOO・），ヒドロキシルラジカル（HO・）を消去する．

海馬初代培養ニューロンでは，尿酸はグルタミン酸の神経毒性に由来する酸化ス

トレスからの神経保護効果を呈する[1]．また，アルツハイマー型認知症やパーキンソン病，多発性硬化症と尿酸値の関係も指摘されている．しかし，高尿酸血症の場合，動脈硬化症や高血圧症，腎症などを発症するリスクが上昇するため，適切な血中濃度を維持するのが重要である．その一方で，近年，尿酸が酸化促進剤として作用するとの相反する報告がある．尿酸の添加は脂肪組織内で還元型ニコチンアデニンジヌクレオチドリン酸(reduced nicotinamide adenine dinucleotide phosphate；NADPH)を活性化して活性酸素種(reactive oxygen species；ROS)の産生を促進する[2]．このように，尿酸には抗酸化作用と酸化作用と相反する効果が報告されている．

12.2.2 8-OHdG

既知のように活性酸素は脂質やタンパク質を攻撃するが，DNAも活性酸素により攻撃を受ける．デオキシグアノシン(deoxyguanosine；dG)の8位の部分がヒドロキシル化(OHラジカル消去)され，8-ヒドロキシ-2′-デオキシグアノシン(8-hydroxy-2′-deoxyguanosine；8-OHdG)が産生される(図12.2)．8-OHdGの測定はキットも市販されるなど広く浸透しており，TBA(thiobarbituric acid)法のように生体の酸化損傷を示す一つの指標として用いられている．

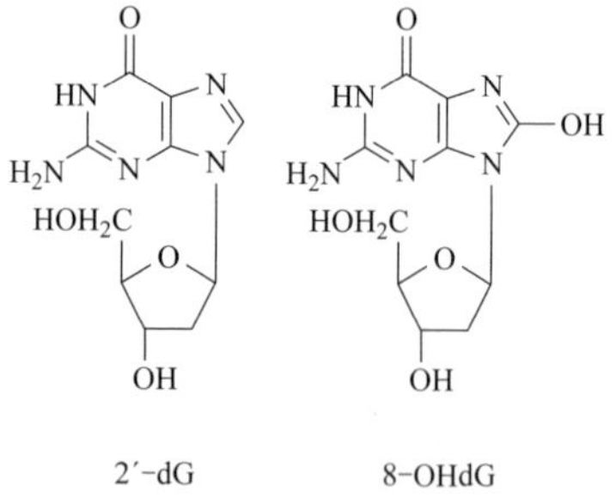

2′-dG   8-OHdG

図12.2　2′-dGおよび8-OHdGの構造式

12.3　糖質の摂取と酸化ストレス

ここ数年，「糖質制限」や「糖質ダイエット」という単語を耳にするようになった．コメを主食とする日本人は多くの糖質を白米から摂取している．また，麺類にも多くの糖質が含まれている(表12.1参照)．糖質の過剰摂取は糖尿病や高血圧のリスクファクターとなる．そこで，本節では，糖質摂取と酸化ストレスの関係について述

べる.

われわれは炭水化物として糖質を日常的に摂取している[3]. 炭水化物はタンパク質, 脂肪とともに三大栄養素とよばれており, 生存には必要不可欠な有機化合物である. 植物の光合成でつくられる炭水化物は糖質と食物繊維の総称である. 摂取後は, 唾液, 胃液, 膵液などで単糖に分解され, 小腸から吸収される. 単糖類にはグルコース, フルクトース, ガラクトースなどがあるが, このうち, グルコースは生体内でのエネルギー源として重要である. 1日当たり成人男性ではおよそ400 g, 女性では300 gの摂取が必要とされている. グルコースはMaillard反応(糖化反応)(注)に関与して最終的には終末糖化産物(advanced glycation end products；AGEs)が生成する. AGEsはあくまでも糖化してできた最終生成物の総称であり, 固有の物質の名称ではない. この糖化反応の際に活性酸素の産生が関与することがわかっている.

表12.1　おもな食品100 g中に含まれる糖質の量[4), a)]

食材名	100 g当たりの糖質量(g)	食材名	100 g当たりの糖質量(g)
精米白ご飯	55.2	いちご	4.7
食パン	44.4	なつみかん	8.8
うどん(茹で)	20.8	バナナ	18.3
中華麺(茹で)	27.9	りんご	14.1
そば(茹で)	24.0	牛サーロイン	0.3
キャベツ(生)	3.4	牛バラ	0.1
きゅうり(生)	1.9	豚ロース	0.2
だいこん	2.7	豚バラ	0.1
かぼちゃ(茹で)	8.1	鶏モモ	0
さつまいも(蒸し)	29.6	まぐろ	0.1
じゃがいも(蒸し)	17.9	紅鮭	0.1
		鯛	0.1

a) 主食とよばれる穀物類には糖類の含有量が多く, その一方で魚介類では値が低いことがわかる. 麺類などの場合は, 上記以外につゆや具が含まれるため, 1食当たりの摂取量はさらに多くなる.

〈脚注〉：肉塊を焼いたときの褐変, コーヒー豆の焙煎, 味噌やしょう油の色素形成などはいずれもMaillard反応によるものである.

12.3.1 糖化およびMaillard反応と活性酸素

グルコースなどの還元糖とアミノ化合物との反応(Maillard反応)では,Schiff塩基やメチルグリオキサール,Amadori化合物の生成を経て最終的には終末糖化産物(AGEs)ができる(図12.3).酸化ストレスはAmadori化合物の生成後のAGEsの生成を促進する.また,グルコースは自動酸化の過程でスーパーオキシド($O_2^{\cdot-}$)を産生することも知られている[5].つまり,酸化ストレスが過多の状態では,活性酸素の生成量が増加するため,AGEsの産生量も多くなる[6].Maillard反応は生体内で広く起こっている反応であるため,結果的に活性酸素も多くの部位で産生されていることになる.とくにコラーゲンの糖化(glycation)は皮膚老化や骨強度の維持に深く関与する.また,合併症としての糖尿病の発症は白内障や動脈硬化,心疾患イベントなどを併発するリスクを伴う.以上より,糖質の過剰摂取により,生体内ではMaillard反応より生じるAGEsが蓄積,さまざまな疾患の発症に関与するとともに老化を亢進させる.

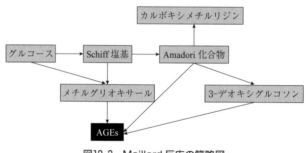

図12.3　Maillard反応の簡略図

12.4 脂質の過剰摂取と活性酸素

食生活の欧米化に伴い,日本でも肥満が増加傾向にある.肥満の基準は体格指数(body mass index;BMI,ボディマスインデックス)で表されるが,肥満に該当するBMI値25以上は男性で3割,女性で2割が該当する.とくに男性では,中年期に肥満者の割合が多い[7].欧米では肥満は「疾患」と位置づけられており,治療の対象となっている.過度の肥満は心臓病や糖尿病などの二次的疾患のリスクを上昇させることから,肥満を回避することが健康寿命の増進につながることはいうまでもない.そこで,本節では肥満を引き起こすとされる脂質の過剰摂取と活性酸素の関係について述べる.

12.4.1 脂質の分類

　脂質とは元来，生物から単離された水に不溶なものの総称である．しかし，近年では長鎖脂肪酸もしくは炭化水素鎖をもつ分子の総称として用いられることが多い．最近では過剰摂取に目が向けられがちであるが，脂質は細胞膜を構成したり，脂溶性ビタミンの吸収を助ける，生体内でのエネルギー源となるなど，われわれにとって必要不可欠なものである．

　脂質は単純脂質，複合脂質，誘導脂質の三つに大別される(図12.4)．自然界に最も多く存在する中性脂肪のトリアシルグリセロールはこの単純脂質に含まれ，植物油や肉，バターなどに多く含まれている．複合脂質にはリン脂質と糖脂質が含まれる．リン脂質は細胞膜の一部となる．誘導物質には飽和脂肪酸，不飽和脂肪酸，コレステロールが含まれる．不飽和脂肪酸はドコサヘキサエン酸(docosahexaenoic acid；DHA)やエイコサペンタエン酸(eicosapentaenoic acid；EPA)がこれに該当し，魚に多く含まれている．細胞膜成分のもととなるが，二重結合をもつ構造上，非常に不安定で酸化されやすい．

　通常，天然由来の脂肪酸にはシス形しか存在しないが，マーガリンなど硬化油の製造過程でトランス形の脂肪酸，つまりトランス脂肪酸が少量生成される．世界保健機関(World Health Organization；WHO)ではトランス脂肪酸の過剰摂取が，血管疾患のリスクを高める可能性があると注意を喚起し，総摂取量をエネルギー総摂取量の1％以下にするように提示している．日本の場合は元来のトランス脂肪酸の摂取量が，総エネルギー摂取量の0.3％と非常に少ないことから，通常の食生活での健康被害は少ないと考えられており，厚生労働省では特段制限は設けていない[8]．卵黄やレバーなどに多く含まれるコレステロールはホルモンをつくる材料ともなるが，過剰摂取は心疾患のリスクを高めるとされる．

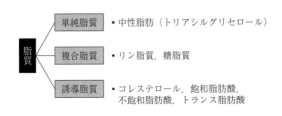

図12.4　脂質の分類

12.4.2 油脂の分類

　前述した単純脂質には油脂も含まれる．油脂とは脂肪酸にアルコールが付加した

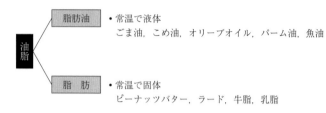

分類			おもな脂肪酸	食品例
飽和脂肪酸			パルミチン酸	バター
			ステアリン酸	牛脂
			ミスチリン酸	パーム油
			ラウリン酸	ヤシ油
不飽和脂肪酸	単価不飽和脂肪酸		オレイン酸	オリーブ油
	多価不飽和脂肪酸	n-6系	リノール酸	コーン油
			γ-リノレン酸	母乳
			アラキドン産	レバー
		n-3系	α-リノレン酸	アマニ油
			EPA	イワシ・マグロ・サンマ
			DHA	
トランス脂肪酸				マーガリン

図12.5　油脂の分類

化合物の総称であり，トリアシルグリセロールも油脂に含まれる．われわれは食品中から油脂の形で脂肪酸を摂取することで，同時に脂溶性ビタミンやカロテノイドなど，油に溶けやすい栄養成分を容易に吸収している．

油脂は常温で液体の脂肪油と固体の脂肪に大別され，さらに脂肪油は原料の違いから動物性油と植物性油に分けられる．とくにオリーブオイルやパーム油，こめ油などは前述した理由からビタミンEなどの脂溶性ビタミンも多く含んでいる．ピーナッツバターやラード，牛脂などは脂肪に分類される（図12.5）．

12.4.3　脂質の過剰摂取

高度不飽和脂肪酸の摂取は，フリーラジカルが標的とする基質を体内にたくさん取り込むことで，生体での酸化傷害を減弱させる．また，高度不飽和脂肪酸やリン脂質が生体膜の原料となることも，膜酸化後の修復機能を担う物質として機能する．とくにヒトの脳は体重に占める重量は成人男性で約8％しかないのにもかかわらず，酸素消費量は約20％と大量であること，また高度不飽和脂肪酸の割合がほか

の臓器よりも多いこと，さらに遷移金属が黒質などの部位に多いことからつねに酸化の危険性にさらされている[9]．そのため，高度不飽和脂肪酸の摂取は直接の抗酸化作用があるわけではないが，生体を酸化傷害から守る作用があるとされており，摂取が推奨されている．

しかし，近年，n-3系脂肪酸とn-6系の脂肪酸摂取のバランスが食生活の変化によって崩れていると指摘されている．リノール酸をはじめとするn-6系脂肪酸はサラダ油やマヨネーズに含まれることから過剰摂取に陥りやすく，その結果，免疫細胞の不活性化や動脈硬化などの心疾患イベントなどのリスク上昇の可能性が指摘されている．その理由は，高度不飽和脂肪酸を過剰摂取しすぎたために，過酸化物が逆に生体内で多くなることによるとの意見もあるが詳細は不明である．

その一方で飽和脂肪酸の過剰摂取は，中性脂肪やコレステロール値の上昇を招き，その結果，高血圧や動脈硬化の危険性を上昇させることが明らかとなっており，アメリカやカナダ，韓国では，食品表示にコレステロール，飽和脂肪酸，トランス脂肪酸の表示が義務づけられている（日本では2018年8月現在，不飽和脂肪酸や飽和脂肪酸，トランス脂肪酸の表示が義務づけられていない）．20歳以上の日本人が平均的に摂取している飽和脂肪酸の量は過剰であることが指摘されている．これより，脂質（高度不飽和脂肪酸を除く），飽和脂肪酸，トランス脂肪酸の摂取は避け，高度不飽和脂肪酸をバランスよく多めに摂取するというのが現状では最善のようである．

近年，脂質の過剰摂取で生じる肥満に抗酸化物質であるビタミンEの摂取が有効との報告が散在する．ビタミンEは脂溶性の抗酸化物質であるが，このなかでも側鎖に二重結合がついたトコトリエノール体が抗肥満効果をもっている．ラットやマウスへ高脂肪食を摂取させたモデルにトコトリエノールを添加すると，インスリン抵抗性や血中グルコース濃度の改善を介して抗肥満効果を呈する[10,11]．しかし，その詳細な作用メカニズムはまだ解明されていない．

12.5　アミノ酸の摂取と活性酸素

アミノ酸とはアミノ基とカルボキシ基をもった有機化合物の総称であり，天然には500種類ほどが存在する．このうち，ヒトでは神経伝達物質やホルモンなど，すべてのタンパク質が20種類のアミノ酸からつくられている．このうち，9種類は生体内で合成ができないため必須アミノ酸とよばれている（表12.2）．それぞれのアミノ酸は，タンパク質の合成や分解に関与したり神経伝達物質やホルモンの材料となったりと，生体内のさまざまな機能を担っている．WHOで必須アミノ酸の1日

表12.2　アミノ酸の種類〔(　)内は一文字記号〕

必須アミノ酸		非必須アミノ酸	
バリン	Val(V)	グリシン	Gly(G)
ロイシン	Leu(L)	アラニン	Ala(A)
イソロイシン	Ile(I)	アルギニン	Arg(R)
リジン	Lys(K)	システイン	Cys(C)
メチオニン	Met(M)	アスパラギン	Asn(N)
フェニルアラニン	Phe(F)	アスパラギン酸	Asp(D)
トレオニン	The(T)	グルタミン	Gln(Q)
トリプトファン	Trp(W)	グルタミン酸	Glu(E)
ヒスチジン	His(H)	セリン	Ser(S)
		チロシン	Tyr(Y)
		プロリン	Pro(P)

当たりの推奨摂取量が公表されているが，日本では許容上限摂取量も含めて決められていない．コメではアスパラギン酸やグルタミン酸の含有量が多くトリプトファンが少ないなど，食品に含まれるアミノ酸には偏りがあるため，複合的にアミノ酸を摂取することが望ましい．

12.5.1　アミノ酸の過剰摂取

非必須アミノ酸に含まれるグルタミン酸は生体内では中枢神経系において興奮性の神経伝達物質としても作用し，学習や記憶など高次機能の形成維持に重要な役割を果たしている．その一方で，神経毒としての性質ももっており，シナプス間隙における過剰放出は，濃度依存的に神経細胞死を誘引する．NMDA（*N*-methyl-D-aspartate）型グルタミン酸受容体の過剰な活性化を介したカルシウムイオン（Ca^{2+}）の神経細胞内への過剰流入はとくに有名である．アルツハイマー型認知症，パーキンソン病，ハンチントン病などの神経変性疾患にグルタミン酸の神経毒性は深く関与している[12]．ラットに大量のグルタミン酸を皮下注射すると運動ニューロンの脱落や筋委縮が確認されている．

グルタミン酸にナトリウムが付加したグルタミン酸ナトリウムは食品添加物（化学調味料）として使用されている．うま味調味料としても有名なグルタミン酸ナトリウムであるが，1960年代後半より過剰摂取が生体に及ぼす影響が問題視されている．片頭痛や緑内障の原因物質ではないかとの指摘[13]があり，欧州食品安全機関（European Food Safety Authority；EFSA）ではヒトの1日当たりの許容摂取量を

30 mg/kg/日とするのが望ましいとの見解をだしている[14]．グルタミン酸ナトリウムは，摂取しても塩分やほかの調味料のように味覚で感じることができない（ある一定量以上で飽和となり，味覚に変化が生じない）ため過剰摂取となる．そのため，中華料理に多用されるアジア圏では，他地域に比べ多く使用されている．

　また，分岐鎖アミノ酸（branched chain amino acid；BCAA）であるバリン，ロイシン，イソロイシンの摂取は筋肉のエネルギー代謝に重要であることから，アスリートがトレーニング前後にサプリメントとして服用している．しかし，過剰摂取は血中クレアチニン値が上昇するとの報告がある．腎臓に負荷がかかり，腎機能が低下する可能性が指摘されている．これ以外にも高カロリー食の過剰摂取で生じる高メチオニン血症や，トリプトファンの過剰摂取は代謝物であるセロトニンの増加を招くことからセロトニン症候群を発症する危険性などがある．

　その一方でアミノ酸の摂取不足は，アミノ酸シグナルの低下とインスリンシグナルの増強を介して脂肪肝を誘引するとの知見もある．この反応にはリジンとアルギニンの関与が想定されているが，詳細は不明である[15]．

12.5.2　アミノ酸と活性酸素

　運動トレーニング時には筋細胞内で大量の活性酸素が発生するが，BCAA摂取は前述した機能のほかに，筋細胞内でのミトコンドリア生合成を促進することで，酸化を抑制する作用があることが報告されている[16]．またエルゴチオネインは，ヒトの生体内にもわずかながら存在するアミノ酸で，キノコや穀物に多く含まれる．このエルゴチオネインは，スーパーオキシド（$O_2^{\cdot-}$）を消去する抗酸化能をもつことが知られている．また，トリプトファンも前述したように，セロトニンに代謝される以外にも抗酸化能をもつとされる．フェニルアラニンやチロシン，トリプトファンのヒドロキシ化酵素の補酵素であるテトラヒドロビオプテリン（tetrahydrobiopterin, BH_4）は，実験条件によっては，スーパーオキシド（$O_2^{\cdot-}$）を産生および消去の両機能を呈することも知られている．これ以外にも，魚肉由来のアミノ酸には抗酸化作用があるなどの報告もあることから，アミノ酸をバランスよく摂取することは生体内酸化の抑制に寄与する．

12.5.3　カロリー制限と寿命との関連と活性酸素

　1956年にDenham Harman博士が，生体内で発生した活性酸素による酸化傷害の蓄積が老化を促進させる原因である，との「老化のフリーラジカル説」を提唱したこと[17]は，あまりにも有名である．アメリカのNational Institute on Agingの

Rafael de Cabo博士は，カロリー制限をしたアカゲザルやマウスにおいて寿命延長効果があることを報告している[18]．その原因は複数あり，いまだ詳細な機構は解明されていないが，長寿遺伝子 *SIRT 1* の発現とともに，酸素代謝や消費が関与している可能性を述べている．この点からも食物の過剰摂取は，生体内で酸化ストレスを増大させ，結果的に老化を促進させていることがわかる．

12.6 ミネラルの摂取と活性酸素

　ミネラルとは，炭素，水素，窒素，酸素を除いた元素のことであり，栄養素の一つである．厚生労働省は健康増進法に基づき，1日当たりの食事摂取基準として，ナトリウム，カリウム，カルシウム，マグネシウム，リン，鉄，亜鉛，銅，マンガン，ヨウ素，セレン，クロム，モリブデンの13種類の値を必須ミネラルとして公表している[19]（表12.3）．ミネラルはヒトの生体内でつくりだすことはできないため，すべて食事由来で摂取する必要がある．これらの物質は，糖脂質代謝や血圧の維持，神経伝達物質の合成や細胞内シグナル伝達など，われわれにとって非常に重要な役割を果たしている．しかし，過剰症や欠乏症を引き起こすものも多いため，適度な量をとることが重要となる．それぞれのミネラルの分布や機能についてはすでに多数の報告があるため，本章ではミネラルと活性酸素に特化して述べる．

表12.3　日本人の成人男性18～29歳の1日当たりのミネラルの推奨摂取量

元素名	推定平均必要量	目安量
ナトリウム	600 mg/日	
カリウム		2,500 mg/日
カルシウム	650 mg/日	
マグネシウム	280 mg/日	
リン	1,000 mg/日	
鉄	6.0 mg/日	
亜鉛	8 mg/日	
銅	0.7 mg/日	
マンガン	4.0 mg/日	
ヨウ素	95 μg/日	
セレン	25 μg/日	
クロム	10 μg/日	
モリブデン	20 μg/日	

12.6.1 ミネラルと抗酸化酵素

生体内で発生した活性酸素の一つ,スーパーオキシド($O_2^{\cdot -}$)を消去する酵素としてスーパーオキシドジスムターゼ(superoxide dismutase;SOD)が存在する.SODは3種類存在するが,それぞれ活性中心に銅,亜鉛,マンガンが配位している.SOD活性の低下や遺伝子変異は,最大寿命の低下やパーキンソン病の発症との関係が多数報告されていることから,SODが正しく抗酸化作用を発揮するためにも,これらのミネラル摂取が重要であることはいうまでもない.過酸化水素を解毒するグルタチオンペルオキシダーゼ(glutathione peroxidase;GPx)は,アミノ酸のシステインの硫黄がセレンに置き換わったセレノシステイン(selenocysteine)構造をもつことでその効果を発揮している.もう一つの抗酸化酵素であるカタラーゼ(catalase)は,ヘム鉄やマンガンがあることで機能する.このようにわれわれの生体内に存在する抗酸化酵素の多くが,ミネラルの力を借りてその効果を発揮している.

セレノシステイン

12.6.2 ミネラルと活性酸素

細胞内においてカルシウム(Ca)はさまざまなシグナル伝達に関与する重要なミネラルであることが知られている.しかし,高濃度のカルシウムは毒性を発揮する.筆者の実験では,細胞内への過剰なカルシウムの流入は,ミトコンドリアでのスーパーオキシド($O_2^{\cdot -}$)の過剰産生を誘引し,細胞膜の酸化を促進して最終的には細胞死を誘引する[20].

鉄(Fe)は生体内では最も多く存在するミネラルであり,欠乏症は貧血を誘引する.鉄は前述した抗酸化酵素以外にも,肝臓や血液,脳内では黒質内に多く存在する.過剰の鉄はFenton反応により活性酸素を生成することはよく知られている.C型慢性肝炎では肝臓内の鉄過剰に由来する酸化ストレスの軽減を目的とした瀉血による除鉄療法が行われている.

組織や血中におけるマグネシウムイオンの減少は,脂質やタンパク質の酸化を招く可能性が指摘されており,血中のマグネシウム量の低下と糖尿病に相関があることも報告されている[21].また,糖尿病時には酸化ストレス状態にあることから,血

中マグネシウム量の維持が病態の改善に重要な役割を果たす可能性もある.

また,鉄や銅,亜鉛量の正常値からの逸脱は活性酸素や活性窒素の産生を誘引して,アルツハイマー型認知症でのアミロイドβの重合化を促進する[22].ミネラルにおいては過剰あるいは欠乏どちらにおいても活性酸素産生を増加させるとの報告もあることから,生体におけるミネラル値の変化と活性酸素生成に関してはさらなる報告が必要である.いずれにしても,ほかの栄養素と同様にバランスよく摂取することが生体を酸化から防ぐためには重要である.

12.7 まとめ

本章では,予防医学に関連して各種栄養素の過剰摂取と活性酸素の関係について紹介した.糖質制限が流行しているが,近年では過剰の糖質制限は生体にとって逆効果である,との意見もみられる.しかし,糖質制限に関しては長期に実施した際のデータがないことから,影響については未知の部分が多い.終末糖化産物(AGEs)の生成など,ROSによる酸化反応が関与していることは間違いないが,安易な実施は注意が必要であろう.

脂質摂取に関しては,肥満に直結することから,世間ではつねにマイナスのイメージがもたれているように感じる.しかし,脂質摂取は生体内で細胞膜の原料となるなど必要不可欠であることはいうまでもない.また,適度な摂取は生体内酸化を最終的には抑制する方向へと導く.肥満者数は確かに増加しているが,日本人の場合,若年層の女性では逆に痩せすぎだとの指摘もある.一部の食材に偏ることなく,バランスよく脂質を摂取することで,(酸化抑制を含めた)生体内恒常性を維持することが重要である.

また,ミネラルの摂取は三大栄養素と同様に生体の恒常性維持には必要不可欠である.しかし,ビタミンやアミノ酸と比較すると世間の注目度は低いように感じる.過剰摂取や摂取量が十分でない場合,生体の酸化を促進することもある.そのため,サプリメントで大量に摂取すればよい,ということにも必ずしもならない.したがって,個々のミネラルに対する知識を正しく理解し,適切な量を摂取することが重要である.

参考文献

1) Z. F. Yu, A. J. Bruce-Keller, Y. Goodman, M. P. Mattoson, *J. Neurosci. Res.*, **53**, 613 (1998).
2) Y. Y. Sautin, R. J. Johnson, *Nucleotides Nucleotides Nucleic Acids*, **27**, 608 (2008).
3) 渡邊智子,安井 健,田中敬一,布施 望,鈴木亜由夕帆,佐々木 敏,山下市二,安本教傳,

日本食生活学会誌, **21**, 314 (2011).
4) 文部科学省,『日本食品標準成分表2015年度版(七訂)』, 文部科学省 科学技術・学術審議会 資源調査分科会報告 (2015).
5) S. P. Wolff, R. T. Dean, *Biochem. J.*, **245**, 243 (1987).
6) 早瀬文孝, 日本油化学会誌, **46**, 1137 (1997).
7) 福井浩二, ビタミン, **88**, 573 (2014).
8) 『新開発食品評価書 食品に含まれるトランス脂肪酸』, http://www.fsc.go.jp/sonota/trans_fat/iinkai422_trans-sibosan_hyoka.pdf, 食品安全委員会 (2012).
9) K. Fukui, *J. Clin. Biochem. Nutr.*, **59**, 155 (2016).
10) L. Zhao, I. Kang, X. Fang, W. Wang, M. A. Lee, R. R. Hollins, M. R. Marshall, S. Chung, *Int. J. Obes. (Lond)*, **39**, 438 (2015).
11) W. Y. Wong, H. Poudyal, L. C. Ward, L. Brown, *Nutrients*, **4**, 1527 (2012).
12) 龍野 徹, 田中祥裕, 化学と生物, **31**, 726 (1993).
13) H. Ohguro, H. Katsushima, I. Maruyama, T. Maeda, S. Yanagihashi, T. Metoki, M. Nakazawa, *Exp. Eye Res.*, **75**, 307 (2002).
14) EFSA Panel on Food Additives and Nutrient Sources added to Food (ANS), A. Mortensen, F. Aguilar, R. Crebelli, A. di Domenico, B. Dusemund, J. M. Frutos, G. Pierre, D. Gott, U. Gundert-Remy, J. C. Leblanc, O. Lindtner, P. Moldeus, P. Mosesso, D. Parent-Massin, A. Oskarsson, I. Stankovic, I. Waalkens-Berendsen, R. A. Woutersen, M. Wright, M. Younes, P. Boon, D. Chrysafidis, R. Gürtler, P. Tobback, A. Altieri, A. M. Rincon, C. Lambré, *EFSA Journal*, **15**, e04910 (2017).
15) H. Nishi, D. Yamanaka, H. Kamei, Y. Goda, M. Kumano, Y. Toyoshima, A. Takenaka, M. Masuda, Y. Nakabayashi, R. Shioya, N. Kataoka, F. Hakuno, S. I. Takahashi, *Sci. Rep.*, **8**, 5461 (2018).
16) A. Valerio, G. D'Antona, E. Nisoli, *Aging (Albany NY)*, **3**, 464 (2011).
17) D. Harman, *J. Gerontol.*, **11**, 298 (1956).
18) H. Y. Cohen, C. Miller, K. J. Bitterman, N. R. Wall, B. Hekking, B. Kessler, K. T. Howitz, M. Gorospe, R. de Cabo, D. A Sinclair, *Science*, **305**, 390 (2004).
19) 日本人の食事摂取基準(2015年版)の概要, https://www.mhlw.go.jp/file/04-Houdouhappyou-10904750-Kenkoukyoku-Gantaisakukenkouzoushinka/0000041955.pdf
20) S. Nakamura, A. Nakanishi, M. Takazawa, S. Okihiro, S. Urano, K. Fukui, *Free Radic. Res.*, **50**, 1214 (2016).
21) F. A. Sampaio, M. M. Feitosa, C. H. Sales, D. M. C. Silva, K. J. C. Cruz, F. E. Oliveira, C. Colli, D. N. Marreiro, *Nutr. Hosp.*, **30**, 570 (2014).
22) Y. Yuan, F. Niu, Y. Liu, N. Lu, *Neurol. Sci.*, **35**, 923 (2014).

第V部
天然由来の抗酸化物質

第13章　酸化ストレス反応を抑制する抗酸化物質：
　　　　必須ビタミンの役割
第14章　青果物のもつ抗酸化機能についての考察

第13章

酸化ストレス反応を抑制する抗酸化物質：必須ビタミンの役割

13.1　はじめに

　ヒトが食事由来で摂取するものは，大きく分けて栄養素（糖質，脂質，タンパク質）と水，無機電解質，ビタミンに大別することができる．ビタミンの定義は，「ヒトが正常な生理機能を維持するために必要不可欠で，体内では生成することができない微量栄養素」とされている．これまでに，研究者間で若干の違いはあるものの脂溶性4種類と水溶性9種類の合計13種類がビタミンとされている（表13.1）．当初は発

表13.1　ビタミンの分類

分　類	ビタミン名	化合物名
脂溶性ビタミン	ビタミンA	レチノール，レチナール
	ビタミンD	エルゴカシフェロール，コレカシフェロール，エルゴステロール
	ビタミンE	トコフェロール，トコトリエノール
	ビタミンK	フィロキノン，メナキノン，メナジオン
水溶性ビタミン	ビタミンB_1	チアミン
	ビタミンB_2	リボフラビン
	ビタミンB_6	ピリドキシン，ピリドキサール，ピリドキサミン
	ビタミンB_{12}	コバラミン
	葉　酸	葉　酸
	ナイアシン	ニコチン酸，ニコチン酸アミド
	パントテン酸	パントテン酸
	ビオチン	ビオチン
	ビタミンC	アスコルビン酸

見された順にA，B，C…と名称をつけていた（途中からこのルールは用いられなくなった）．ビタミン類が保持する作用は補酵素や成長および細胞分裂に関与するなど，さまざまである．これらの作用のなかに生体内で発生した活性酸素およびフリーラジカルを除去する抗酸化作用がある．個々のビタミンの特有の機能についてはすでに多くの書物が刊行されているため，詳細はそれらを参照していただき，本章では抗酸化を中心とした役割について述べる．

13.2 ビタミンC

水溶性ビタミンの一種であるビタミンC（図13.1）はビタミンのなかでも世間に対する認知度は非常に高く，食品に含まれるだけでなく，サプリメントや含有飲料などさまざまな形で世間に浸透している．ビタミンCは生体内ではコラーゲン合成に関与するが，欠乏は壊血病を誘引することで知られる．一般的にビタミンCというとL-アスコルビン酸（ascorbic acid；AsA）を指すことが多く，「抗壊血病の作用をもつ酸（anti-scorbutic acid）」にその名称は由来する．ヒトやサルではアスコルビン酸の生合成経路の最終律速酵素であるL-グロノ-γ-ラクトンオキシダーゼが欠損しているため，食物から必ず摂取しなくてはならない．

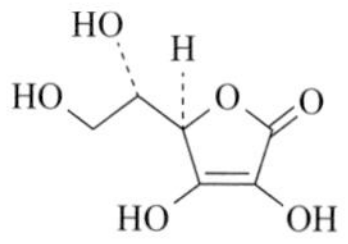

図13.1 ビタミンCの構造式
化学式：$C_6H_8O_6$，分子量：176.12．

13.2.1 ビタミンCの酸化還元

AsA（還元型アスコルビン酸）はアスコルビン酸ペルオキシダーゼ（ascorbate peroxidase；APX）の作用により過酸化水素を水に還元することで自身は電子を一つ失い，モノデヒドロアスコルビン酸（monodehydroascorbic acid；MDHA）となる．その後，不均化反応によりデヒドロアスコルビン酸（dehydroascorbic acid；DHA）（酸化型アスコルビン酸）となる．MDHAやDHAはそれぞれレダクターゼの働きによってAsAに還元されるが，DHAの場合は還元型グルタチオン（reduced glutathione；GSH）が酸化型グルタチオン（oxidized glutathione；GSSG）となる過程で，同時にデヒドロアスコルビン酸レダクターゼ（dehydroascorbate reductase；DHAR）の作用

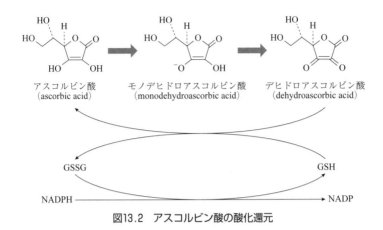

図13.2 アスコルビン酸の酸化還元

により AsA に還元される.また,GSSG は NADPH(reduced nicotinamide adenine dinucleotide phosphate, 還元型ニコチンアミドアデニンジヌクレオチドリン酸)存在下で還元される.このように AsA の酸化還元反応は可逆的に生じている(図13.2).

13.2.2 ビタミン C の抗酸化と酸化促進作用

AsA はスーパーオキシド($O_2^{\cdot-}$), ヒドロキシルラジカル(HO·), 過酸化水素(H_2O_2), 一重項酸素($^1O_2$)を消去する作用をもっている.前述したように,APX による反応時には H_2O_2 を水に還元する.2,2-ジフェニル-1-ピクリルヒドラジル(2,2-diphenyl-1-picrylhydrazyl;DPPH)を用いたラジカル消去反応では,α-トコフェロールやカテキンなどよりも高いラジカル消去能のあることが示されており[1],動脈硬化症や心臓血管疾患に効果のあることが期待されている.動物実験では,AsA の添加により LDL(low-density lipoprotein, 低密度リポタンパク質)コレステロールの形成の抑制が確認されているが,ヒトレベルでは確定的な結果は得られていない[2].

その一方で AsA は酸化反応を進めるプロオキシダントしても作用する.AsA と鉄との反応はあまりにも有名である.AsA は三価鉄を二価鉄に還元し,その二価鉄は H_2O_2 と反応して HO· を生じる.HO· は脂質と反応することで,いわゆる脂質過酸化連鎖反応が亢進するとされている.筆者は大学の学生実習でこの実験を行っており,一般的に AsA は抗酸化作用をもち,体によいものとのイメージが強く定着しているため(間違いではないが…),学生は AsA が酸化を促進するという実験

結果にとても驚く.この働きを利用したのががん患者における高濃度点滴療法である.一度に数十gのAsAを点滴することでHO・を生じさせ,正常細胞に比べカタラーゼ(catalase)活性が低いがん細胞を選択的に死滅させることを目的としている[3].実際に日本では自由診療として,いくつかの病院でこの治療法が取り扱われている.

13.2.3 ビタミンCとEの相互作用

AsAはビタミンE(α-トコフェロール)と相互作用することでも知られる(図13.3).細胞膜上に存在するα-トコフェロールは,脂質過酸化連鎖反応に関与する脂質ペルオキシドラジカル(LOO・)と反応して,脂質過酸化連鎖反応を停止させると同時に,自身がα-トコフェロキシルラジカルとなるが,このラジカル状のα-トコフェロールとAsAが反応してα-トコフェロールが再生される[4].しかしこの系は,リポソーム膜を用いた in vitro 系では証明されているものの,実際の生体内で起こっているかは議論が分かれている.

図13.3 アスコルビン酸によるビタミンEの再生作用

13.3 ビタミンE

脂溶性ビタミンの一つであるビタミンE(vitamin E)は,ラットの抗不妊因子として1922年に発見されたことに端を発する.クロマン環とイソプレン側鎖が結合した構造をもっており,クロマン環部位につくメチル基の数と位置の違いにより$\alpha, \beta, \gamma, \delta$体に,さらにイソプレノイド鎖における二重結合の有無によりトコフェロール体(Tocs)とトコトリエノール体(T3s)に分類される(図13.4).これらの組合せにより,天然には合計8種類のビタミンEが存在する.オリーブ油やパーム油,アーモンドなどに多く含まれている.一般的にはビタミンEというとα-Tocを指すことが多い.その理由は生体内にはα-Tocを選択的に輸送するタンパク質(α-tocopherol transfer protein;αTTP)が存在するためである.その結果,生体内の各臓器中ではα-Tocが最も多い[5].

αTTPの遺伝子に異常があると生体内に十分な量のビタミンEが供給されない

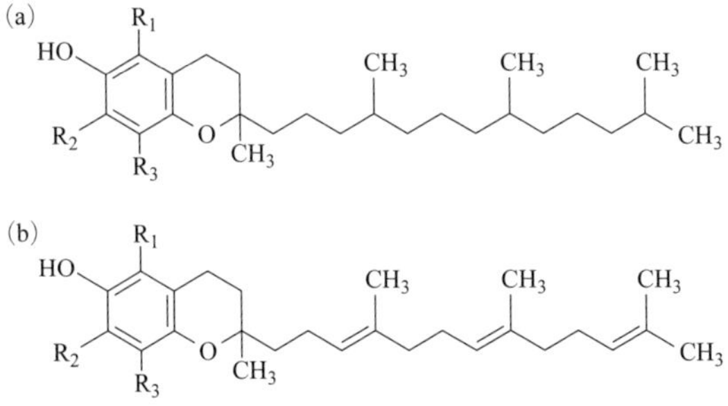

(a), (b) の構造図

名　称	R_1	R_2	R_3	化学式	分子量
α-トコフェロール	CH_3	CH_3	CH_3	$C_{29}H_{50}O_2$	430.71
α-トコトリエノール				$C_{29}H_{44}O_2$	424.67
β-トコフェロール	CH_3	H	CH_3	$C_{28}H_{48}O_2$	416.69
β-トコトリエノール				$C_{28}H_{42}O_2$	410.64
γ-トコフェロール	H	CH_3	CH_3	$C_{28}H_{48}O_2$	416.69
γ-トコトリエノール				$C_{28}H_{42}O_2$	410.64
δ-トコフェロール	H	H	CH_3	$C_{27}H_{46}O_2$	402.66
δ-トコトリエノール				$C_{27}H_{40}O_2$	396.61

図13.4　ビタミンEの構造と同族体
(a)トコフェロール体, (b)トコトリエノール体.

ために，欠乏症状を呈する．小脳のプルキンエ細胞がダメージを受け歩行障害を呈したり，赤血球の形成異常が起こる．しかし，健常者において食事由来での欠乏症が起こることはほとんどない．

　ビタミンEの最も有名な作用は抗酸化作用であり，生体内では高度不飽和脂肪酸を酸化から防ぐとともに，さまざまな加工食品中にも酸化防止剤として加えられている．また，非アルコール性肝炎や末梢循環阻害を改善する医療用医薬品としても利用されるなど，その用途は近年広がりをみせている．

13.3.1　ビタミンEの抗酸化作用

　ビタミンEは脂溶性であるが，クロマン環部位は親水性で側鎖部位が親油性と両親媒性の性質がある．そのために生体膜中に存在する際には，クロマン環の部位が生体膜上に顔をだした状態で存在するといわれ，抗酸化作用として脂質過酸化の抑制，非抗酸化作用として生体膜の安定化に寄与する．とくに高度不飽和脂肪酸が多い脳中では強力にその作用を発揮していると考えられている．前者の作用として

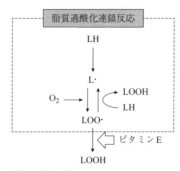

図13.5 脂質過酸化連鎖反応とビタミンEによる連鎖反応の停止

は,脂質過酸化連鎖反応中に生成する脂質ペルオキシドラジカル(LOO·)と反応して,自身はビタミンEラジカルとなることでLOO·が非ラジカル産物である安定産物となり,脂質過酸化連鎖反応が停止する(図13.5).この際,LOO·とα-Tocとの反応速度定数は,LOO·と不飽和脂質(LH)との反応よりも高いことがわかっている.また,この捕捉活性は,α-Toc>β-Toc>γ-Toc>δ-Tocの順となっている[6].高度不飽和脂肪酸に占めるビタミンEの生体膜中での量はごくわずかであるが,ビタミンCなどによって再生されるために,脂質過酸化の抑制に効果的に作用している.

また,近年ではTocsよりT3sの方が抗酸化作用が強いとの報告も相次いでいる.筆者も培養細胞にH_2O_2と同時にビタミンEを添加したところ,α-Tocよりもα-T3の方が有意に細胞死を抑制したことを確認した[7].その有意性の根拠はT3sでは側鎖が二重構造のため,Tocsとは立体構造が異なり生体膜に取り込まれやすいためとされているが,詳細は明らかではない.T3sにはがん細胞におけるアポトーシス誘因作用,HMG-CoAレダクターゼ(hydroxymethylglutaryl-CoA reductase)阻害作用,抗肥満作用,神経細胞保護効果などTocsにはない特有の作用が示されている.これらの作用のうちのいくつかは非抗酸化的に作用している可能性が示唆されている.しかし,生体中でのT3sの濃度はTocsと比較すると数千倍低い.その結果,生体においてTocsとT3sでどちらの抗酸化作用が強いかは,取り込まれやすさや反応速度など何を基準にするかで異なるため,一概に単純な比較は難しい.

13.3.2 ビタミンEと老化および疾患

D. Harmanは「生体内で発生した活性酸素による酸化傷害の蓄積が老化を促進させる」という「老化のフリーラジカル説」を1956年に発表した[8].この仮説のとおり,

マウスやラットを用いた実験では、さまざまな臓器において加齢に伴いチオバルビツール酸反応性物質(thiobarbituric acid reactive substances；TBARS)や過酸化脂質(LOOH)などが増加し、行動実験では認識機能が低下する。しかし、この際に摂餌由来でT3sを老齢マウスに添加すると、認識機能は有意に改善するとの報告がある[9]。これら一連の結果は、通常環境下においても加齢に伴い酸化傷害は蓄積して認識機能などに影響を及ぼすこと、またビタミンEの摂取が抗酸化的に作用して認識機能を保護する可能性を示している。

同様にヒトにおいてもビタミンE投与の研究がさまざま行われている。とくに酸化ストレスが病態の発症や亢進に深く関与するとされているアルツハイマー型認知症やパーキンソン病などの脳神経変性疾患に対する大規模臨床試験は、これまでも世界中で行われてきた[10]。しかし、その効果はバラツキがある。その背景には各試験における投与条件の違い、被験者の背景など複雑であり、効果の真意を明確にするにはまだ時間が必要であろう。しかし、試験管や培養細胞、動物実験レベルでは、ビタミンE欠乏マウスで脳内にβアミロイド斑のような凝集タンパク質がみられること、またβアミロイドが活性酸素を放出すること、さらにビタミンEの過剰投与ではこれらの現象はみられないことなどから、ビタミンEが抗酸化的にアルツハイマー型認知症において効果を発揮する可能性は十分に考えられる。

これ以外にも非アルコール性脂肪性肝疾患(nonalcoholic fatty liver disease；NAFLD)やがんといった炎症反応を伴い酸化ストレスが亢進しているであろう疾患に対してもビタミンEの投与が有効であるとの報告がある。ビタミンEの場合、過剰摂取による影響は小さいため、加齢に伴う生体内酸化の亢進を防ぐためには積極的な摂取が推奨される。

13.4 ビタミンB類

水溶性ビタミンに分類されるビタミンB群には、ビタミンB_1、ビタミンB_2、ビタミンB_6、ビタミンB_{12}、葉酸、ナイアシン、パントテン酸、ビオチンの8種が含まれる。このなかでもビタミンB_1は1911年に鈴木梅太郎博士によって脚気予防の有効成分として糠中に含まれる「オリザニン(後のビタミンB_1、チアミン)」として発見されたことはあまりに有名である。これ以降、類似した作用をもつ化合物が複数相次いで発見され、ビタミンB群に分類された。ビタミンB群の特徴は補酵素として働くこと、また、すべてではないが多くが腸内細菌で合成される点にある。本節ではビタミンB群の機能と抗酸化作用を中心に述べる。

チアミン

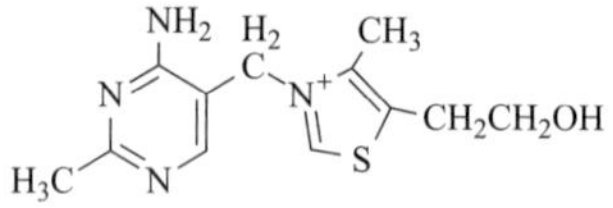

チアミン一リン酸

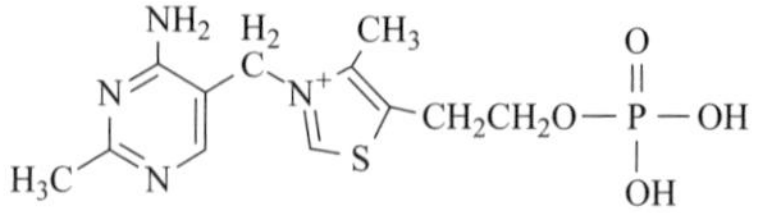

チアミン二リン酸

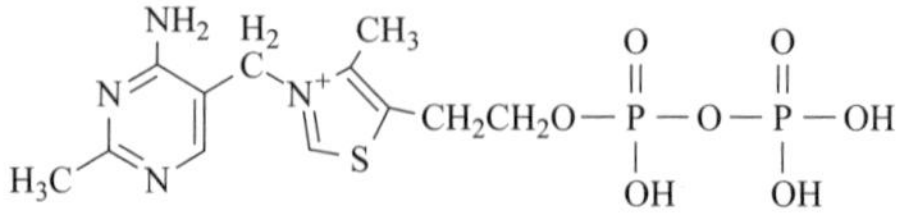

チアミン三リン酸

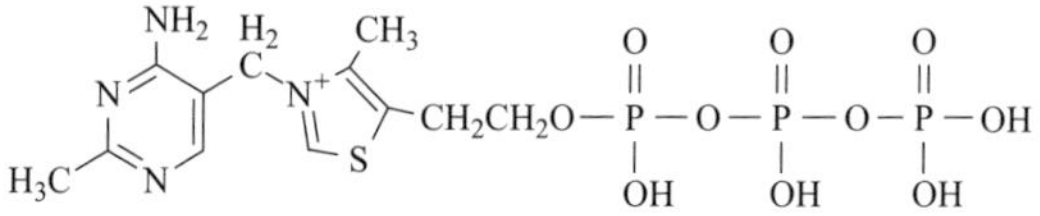

図13.6　ビタミン B_1 リン酸エステルの構造式

13.4.1　ビタミン B_1

ビタミン B_1 の化合物はチアミンであり，生体内にはチアミンと 3 種類のエステル体が存在する（図13.6）．しかし，エステル体は消化管内でホスファターゼの働きにより，チアミンとなり十二指腸から吸収される．吸収後は生体内でチアミンキナーゼの存在により再びリン酸化される．しかし，糖代謝の補酵素として作用するのはこのなかでもチアミン二リン酸エステルのみである．解糖系において，ビタミン B_1 は，ペントースリン酸経路でのトランスケトラーゼ，TCA 回路（tricarboxylic acid cycle，クエン酸回路）内でのピルビン酸をアセチル CoA に変換するピルビン酸デヒドロゲナーゼと，2-ケトグルタル酸をスクシニル CoA に変換する α-ケトグルタル酸デヒドロゲナーゼの補酵素として作用することが知られている．チアミン一リン酸とチアミン三リン酸の機能については不明である．

13.4.2　ビタミン B_2

ビタミン B_2 の化合物はリボフラビンであるが，生体内ではリボフラビンにリン酸がエステル結合したフラビンモノヌクレオチド（flavin mononucleotide；FMN），FMN にアデノシン一リン酸が結合したフラビンアデニンジヌクレオチド（flavin

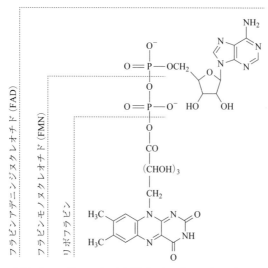

図13.7 リボフラビンと補酵素型リボフラビンの構造

adenine dinucleotide；FAD)の形で補酵素型として存在することが多い（図13.7）.ミトコンドリアの電子伝達系や脂肪酸のβ酸化にも寄与している．これらの補酵素型リボフラビンは，赤血球の生成やタンパク質代謝，呼吸鎖，エネルギー代謝などの健康維持および発育に関与するため，発育ビタミンとも称されることで知られる．ヒトにおいて欠乏症状としては口角炎や口内炎，角膜炎，貧血や成長阻害がある．しかし，さまざまな食品に含まれていることから，日本人において欠乏症状を呈するケースは稀である．

13.4.3 ビタミンB_6

ビタミンB_6とは，ピリドキシン，ピリドキサール，ピリドキサミンとそれぞれのリン酸化型であるピリドキシン 5′-リン酸(pyridoxine 5′-phosphate；PNP)，ピリドキサール 5′-リン酸(pyridoxal 5′-phosphate；PLP)，ピリドキサミン 5′-リン酸(pyridoxamine 5′-phosphate；PMP)の6種類の総称である（図13.8）．これらの化合物は生体内でそれぞれ相互変換されるが，ほかのビタミンB群と同様に主として補酵素として機能する．しかし，補酵素として機能する際はPNPとPLP型がほとんどである．ヒトにおいてビタミンB_6は欠乏すると，口内炎や痙攣発作が起きるとされているが，食物中に多く含まれるため，欠乏症は稀である．ビタミンB_6もその主要な機能はアミノ酸代謝などにかかわる補酵素であるが，ほかのビタミ

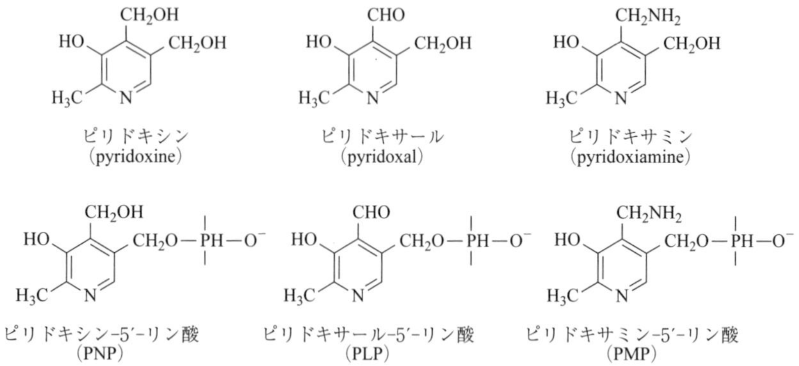

図13.8　ビタミンB_6の構造式

ピリドキシン (pyridoxine)　ピリドキサール (pyridoxal)　ピリドキサミン (pyridoxiamine)

ピリドキシン-5′-リン酸 (PNP)　ピリドキサール-5′-リン酸 (PLP)　ピリドキサミン-5′-リン酸 (PMP)

ンB群と比較すると，機能する酵素反応は100種類を優に超える．赤血球でのヘモグロビン合成や，神経伝達物質であるγ-アミノ酪酸（γ-aminobutyric acid；GABA）の生成促進などといった生理作用もある．また，近年ではがんや糖尿病，動脈硬化症との関連が取りだたされている．

13.4.4. ナイアシン

ナイアシンとは，ニコチン酸とニコチン酸アミドの総称でビタミンB_3と称する場合もある（図13.9）．もともとは，1700年代からヨーロッパで流行していたトウモロコシの摂取が原因で発症するペラグラを治癒する因子として，1900年前半に同定されたことに由来する．生体内では肝臓においてトリプトファンから生合成されるが（ヒトの場合，腸内細菌においても生合成が行われる），多くは酸化型ニコチンアミドアデニンジヌクレオチド（NAD^+），酸化型ニコチンアミドジヌクレオチドリン酸（$NADP^+$）の形となる．多くの食品に含まれるため，日本人において欠乏症は稀である．おもな作用は，ほかのB群と同様に酸化還元反応を触媒する多数の酵素の補酵素をして作用する．その数は500を超え，補酵素のなかでも最も多いといわれている．

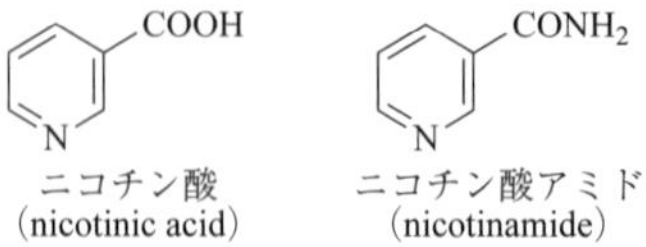

ニコチン酸 (nicotinic acid)　ニコチン酸アミド (nicotinamide)

図13.9　ナイアシンの構造式

(a) ナイアシンと老化および酸化ストレス

近年，ナイアシンと老化や酸化ストレスの関係がワシントン大学医学部の今井らを中心としたグループによって明らかにされた[11]．加齢に伴いナイアシン量は減少するが，NAD^+のマウスへの投与は寿命遺伝子の一つ $SIRT1$ を活性化して寿命延長効果を示す．また，PARP〔poly(ADP-ribose)polymerase〕をはじめとしたポリADPのリボシル化によるクロマチン修飾による転写制御や，多くの代謝および免疫機構に関連することも明らかとなっており，インスリン抵抗性や脂質代謝，ミトコンドリア呼吸鎖への関与も報告されている[11]．さらにはアルツハイマー型認知症などの神経疾患やがん，心疾患などへの有効性も示唆されるなど，その広がりは多岐にわたる．

また，NAD^+の前駆体であるニコチンアミドモノヌクレオチド(nicotinamide mononucleotide；NMN)の投与は，加齢に伴う動脈の機能不全や酸化ストレスに対しても効果がある．マウスの実験において，加齢に伴うスーパーオキシドやニトロチロシンの産生をNMN投与で抑制したことが報告されている[12]．

13.4.5 パントテン酸

パントテン酸はかつてビタミン B_5 ともよばれた物質であり，多くの食品中に含まれている(図13.10)．そのため，通常の生活を送っている限り欠乏症に陥ることはない．おもな働きは，補酵素CoAの構成成分として糖代謝や脂肪酸代謝に重要な役割を果たす．一般的に老化や主要組織内では，CoAレベルが低下していることから，パントテン酸代謝が影響していると考えられているが，詳細は不明である．

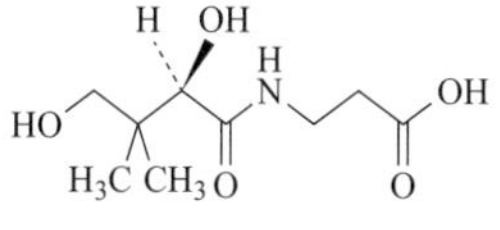

図13.10 パントテン酸の構造式

(a) パントテン酸の抗酸化作用

パントテン酸と酸化ストレスとに関連する研究がいくつか報告されている．ガンマ線(γ線)を照射したラットへのパントテン酸の投与は，脳内での過酸化脂質上昇やアポトーシスの誘因を抑制する[13]．UV照射やFenton反応に起因する酸化ストレスによるミトコンドリア傷害に有効であるとの報告がある[14]．しかし，報告数としては少なく，抗酸化作用やその機序解明には今後の報告が待たれる．

13.4.6. 葉酸

葉酸は，ビタミン M やビタミン B_9，プテロイルグルタミン酸とも称されるビタミン B 群の一種である(図13.11)．葉酸の機能はアミノ酸の代謝やタンパク質および DNA の生合成である．妊婦にはサプリメントからの摂取も推奨されている．細胞分裂が胎児で盛んなことと，女性は妊娠時に貧血症状を呈しやすいことから，妊婦には葉酸の摂取が推奨されている．狭義の葉酸は，プテロイルグルタミン酸を指し，広義にはポリグルタミン酸が付加した活性化型のテトラヒドロ体も加えて葉酸と称する．テトラヒドロ葉酸は一炭素転移反応に関与することでも知られている．

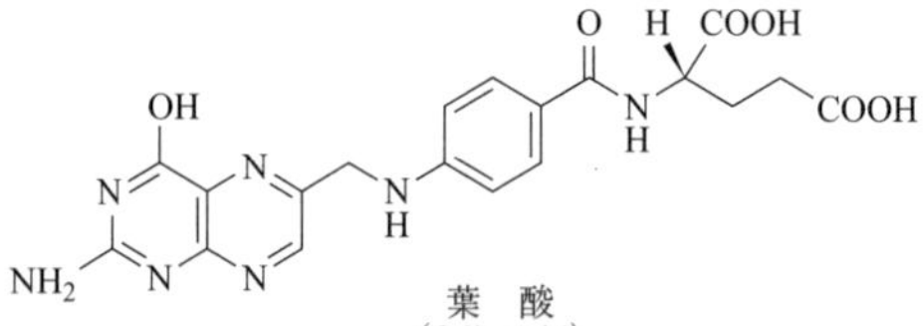

葉酸
(folic acid)

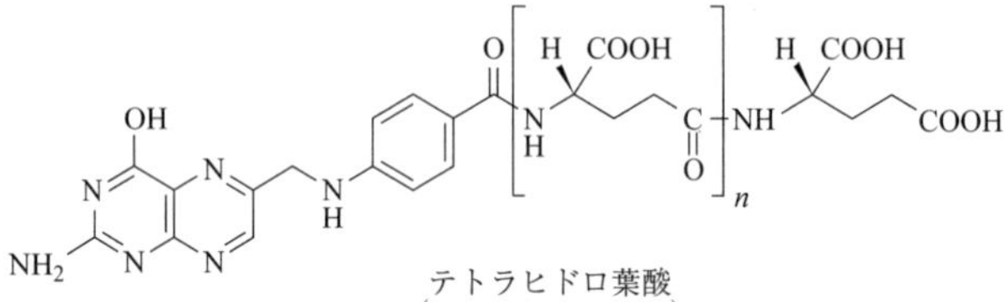

テトラヒドロ葉酸
(tetrahydrofolic acid)

図13.11 葉酸とテトラヒドロ葉酸の構造式

(a) 葉酸の抗酸化作用

葉酸は，LDL の酸化作用をもつホモシステインの血中濃度を低下させることで抗酸化作用を発揮する．血漿中ホモシステイン濃度の上昇は，炎症性サイトカインの産生に関与しているため，葉酸は抗炎症作用を呈するともいえる[15]．また，ビタミン B_6 や B_{12}，オメガ－3 脂肪酸との共投与は酸化ストレスを減弱させることが多数報告されている．また，ケタミン投与によるラットの行動異常に対して，葉酸の投与が脂質過酸化とカルボニル化タンパク質の増加を抑制したことで有効であったことを示す報告もある[16]．このほかにがんや心疾患に対する有効性も報告されていることから，さまざまな疾患に対して有効に作用する可能性がある．

13.4.7 ビオチンおよびビタミン B_{12}

ビオチンの化学名は，D-[(+)-*cis*-ヘキサヒドロ-2-oxo-1-*H*-チエノ-[3,4]-イミダゾール-4-吉草酸〔5-[(3a*S*,4*S*,6a*R*)-2-oxohexahydro-1*H*-thieno[3,4-d]imidazole-4-yl]pentanoic acid〕であり，ビタミン B_7 ともよばれる(図13.12)．卵黄や肝臓に多く含まれる．また，腸内細菌によっても生合成されるために，通常ヒトにおいて欠乏症はみられない．

一方，ビタミン B_{12} は貧血に対する治療因子として肝臓から単離同定された．図13.13にはビタミン B_{12} 関連化合物のなかでも代表的なシアノコバラミンの構造式を示す．この化合物はコバルトを含む．ビタミン B_{12} は葉酸のリサイクルに関与している．いずれの場合も生体内で補酵素として機能している．

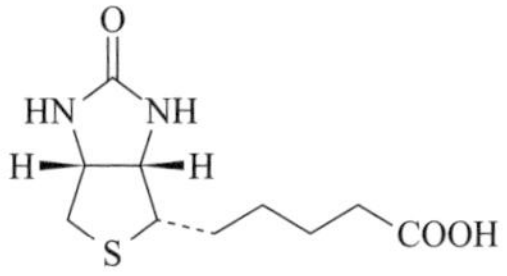

図13.12 ビオチンの構造式

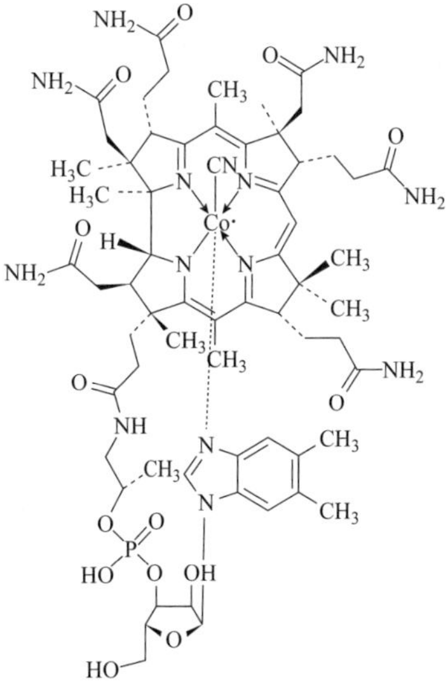

図13.13 シアノコバラミンの構造式

13.4.8 ビタミンB群の抗酸化作用について

ビタミンB群は主要な作用が補酵素であるがために，同じ水溶性のビタミンCとは異なり，抗酸化作用について述べられることはほとんどなかった．しかし，近年ビタミンB群が抗酸化作用をもつ可能性が示唆されている(図13.14)．ビタミンB_2(リボフラビン)にはグルタチオンを再活性化する作用があり[17]，脂質過酸化を抑制したり再灌流時の酸化傷害を抑制する効果があるとされ，ヒトや動物モデルにおいて多数検討がされている．そのため，リボフラビンの欠乏食で飼育したマウスやラットでは脂質過酸化が亢進する．

また，ビタミンB_6(ピリドキシン)はヒドロキシルラジカル($HO·$)と反応性が高く[18]，糖尿病ラットへの投与は脂質過酸化を抑制し，ビタミンCとの共投与によってスーパーオキシドジスムターゼ(superoxide dismutase；SOD)やグルタチオンペルオキシダーゼ(glutathione peroxidase；GPx)といった抗酸化酵素活性が上昇したとの報告がある[19]．国内においても，一部の医療機関ではグルタチオンとビタミンB群を疲労回復や片頭痛対策として点滴に用いている(しかし，これらの療法においては科学的根拠が完全には明確でない)．しかし，一部ではプロオキシダントの可能性も指摘されていることから，今後のエビデンスの集約が待たれるところである．

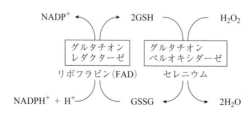

図13.14 グルタチオンサイクルとリボフラビンのかかわり

13.5 ビタミンA

ビタミンAは，レチノール，レチナール，レチノイン酸(ビタミンA_1群)とこれら3種の3-デヒドロ体(ビタミンA_2群)，およびその誘導体の総称であり，脂溶性ビタミンに分類される(図13.15)．一般的に動物のみに存在し，とくに肝臓内に高濃度で貯蔵されている．植物中には$β$-カロテンの形で存在しており，緑黄色野菜に多く含まれる．小腸粘膜上皮細胞で吸収され，エステル化された後，肝実質細胞にてレチノールとなる．細胞の正常な分裂に必須で成長に関与したり，光を認識す

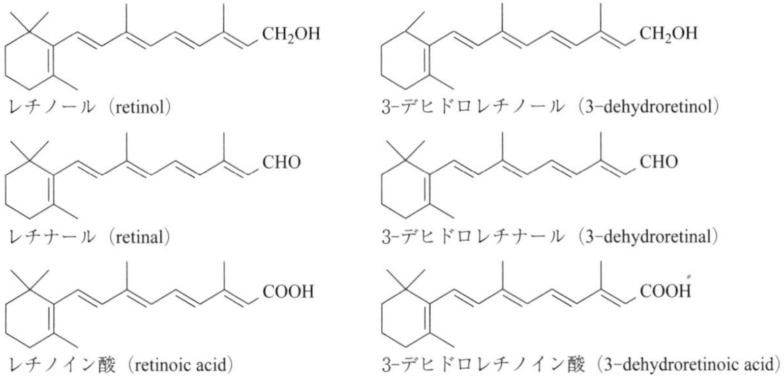

図13.15 ビタミン A_1 と A_2 の構造式

るロドプシンの材料となるなどが明らかとなっている．そのためか一般には，点眼薬に含有されていることが多い．また生体内には，結合タンパク質や受容体が存在することから，さまざまな誘導体が合成されている．

13.5.1 ビタミンAの抗酸化作用

ビタミンA前駆体のβ-カロテンは高い抗酸化活性をもっている．マウスの実験からは，β-カロテンを摂取させると赤血球膜中のリン脂質ヒドロペルオキシド量の減少が認められる[20]．また，β-カロテンは一重項酸素($^1O_2$)も消去する[21]．一重項酸素はβ-カロテンに自身の励起エネルギーを渡すことで三重項酸素($^3O_2$)になる．その後，β-カロテンはそのエネルギーを熱として放出し，自身は基底状態となるために再利用が可能となる．その一重項酸素の消去速度はα-トコフェロールより数十倍高いとされる[22]．しかし，これは *in vitro* のSOAC(singlet oxygen absorption capacity，一重項酸素消去能)法に基づく実験系であることから，実際の生体内での反応については意見が分かれている．

β-カロテンを含むカロテノイド類は既知のように天然色素である．植物が太陽光中の紫外線から自身を保護していると考えると，β-カロテンが紫外線や光エネルギーによって生じる一重項酸素を除去する活性が高いことも納得ができる．

13.6 ほかのカロテノイド類と抗酸化活性

β-カロテン以外にもカロテノイド類は広く微生物や動植物中に存在する．その

数は750種類以上といわれている[23]. 多くは前述したように太陽光から自身を守る抗酸化作用をもつ. カロテノイド類はリコペンやβ-カロテンのように炭素と水素だけで構成されるカロテン類と, アスタキサンチンやルテインのように酸素原子も含むキサントフィル類に大別される(図13.16). 動物は自ら合成ができないため植物や微生物が合成したカロテノイドを摂取して自身の体内に蓄積させる. カニの甲羅やマダイにはアスタキサンチンが, 卵黄にはルテインが含まれる. また, 魚類や両生類, 爬虫類から鳥類など, 広く動物中にカロテノイド類が取り込まれている.

これらカロテノイド類の一重項酸素の消去能活性が広く調べられている. それによると, リコペンやβ-カロテン, アスタキサンチン, イソゼアキサンチン, カプサイシン, ゼアキサンチンの活性はSOAC値でα-トコフェロールよりも数十倍高いとされる[22]. また, α-トコフェロールと共存させることでより相乗効果が発揮されるとの報告も散在される[24]. このことから, 単独摂取よりも複数種の抗酸化物質と摂取したほうがよいと思われる. これ以外にもペルオキシナイトライト(peroxynitrite, $ONOO^-$)との反応や酸化型LDL(low-density lipoprotein), 8-*iso*-PGF2α, TBARS(2-thiobarbituric acid reactive substances, 2-チオバルビツール酸反応性物質)値を減少させるなど, 血中脂質の酸化抑制や抗動脈硬化作用についても注目が集まっている.

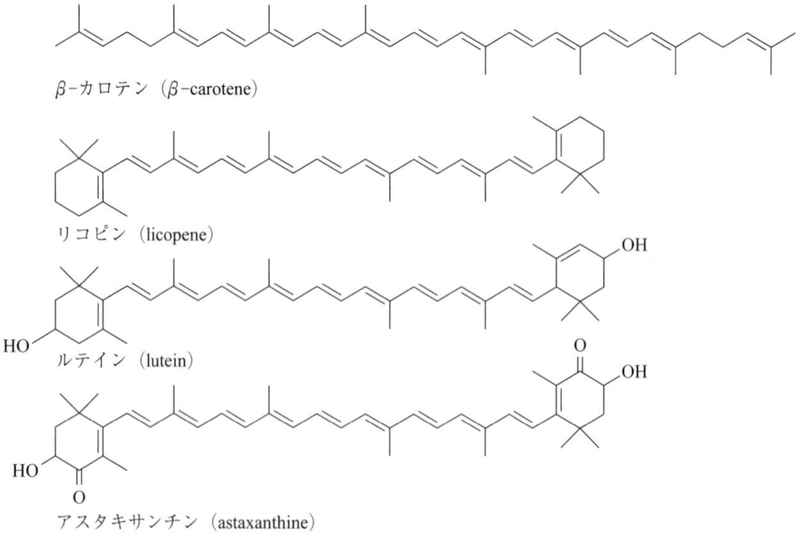

図13.16 カロテノイド類の構造式

13.7 ビタミンK

　脂溶性ビタミンの一つであるビタミンKは，血液凝固に関する因子として1929年に発見された．ビタミンKはナフトキノンの誘導体であり，側鎖構造の違いからビタミンK_1(フィロキノン)とK_2(メナキノン)類に大別される．さらにメナキノン類は側鎖であるイソプレン数の違いにより10種類の同族体がある．K_1は植物起源であるのに対し，メナキノン類は微生物起源である．生体内では酵素反応でメナキノン-4(menaquinone-4；MK-4)が生成され，納豆菌からはMK-7，チーズからはMK-8が産生される(図13.17)．欠乏症は血液凝固の遅延を起こすが，近年では骨粗鬆症の要因の可能性も指摘されている．納豆や海藻，葉物野菜に多く含まれるため，日本人において欠乏症は稀である．γ-カルボキシグルタミン酸(γ-carboxyglutamic acid)への変換反応(Gla化)や抗酸化作用以外にも新たに神経細胞の分化誘導作用が指摘されるなど，注目を浴びている．

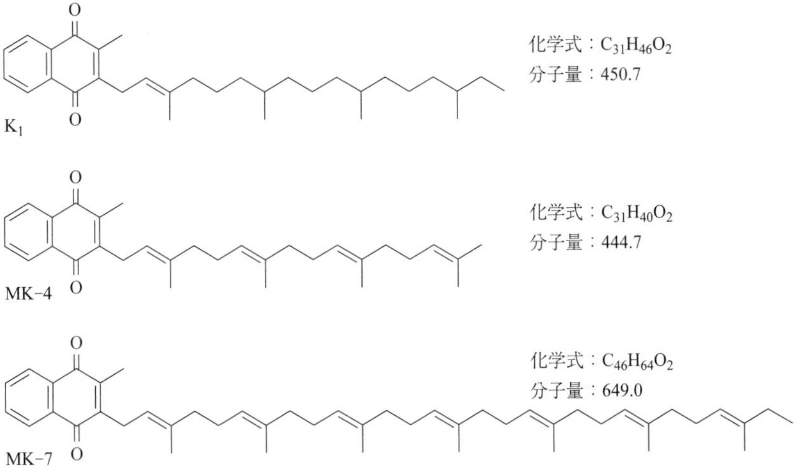

K_1　　化学式：$C_{31}H_{46}O_2$　　分子量：450.7

MK-4　　化学式：$C_{31}H_{40}O_2$　　分子量：444.7

MK-7　　化学式：$C_{46}H_{64}O_2$　　分子量：649.0

図13.17　代表的なビタミンKの構造式

13.7.1　ビタミンKの抗酸化性

　ビタミンKは生体内でビタミンKサイクルによって，おもに肝臓でレダクターゼによりヒドロキノン体となる．このヒドロキノン体が抗酸化性をもつ[25]．とくにK_1のヒドロキノン体はα-トコフェロールと比較して抗酸化活性が10倍高いとされ

ている.また,ビタミンK_3とも称されることもあるメナジオンには,脂質過酸化を抑制する働きがある.いくつかの論文において,リポソームに対する鉄/アスコルビン酸系の過酸化をビタミンK類が抑制することが報告されている.しかし,この作用はビタミンK_1やビタミンK_2においても確認されているもののメナジオンと比較すると弱い[26].さらに,グルタチオン欠乏に由来する酸化傷害による細胞死を抑制したとの報告もある[27].しかし,そのメカニズムについては意見が分かれている.

13.8 まとめ

多くのビタミンが,個々のビタミンがもつ特有の作用のほかに,抗酸化作用をもっていることがわかる.生体内酸化の促進は,老化やさまざまな疾病の発症や亢進の要因となることは自明である.しかし,これらビタミンの作用は,単独よりも複数が存在することでより大きな抗酸化作用を発揮することは間違いない.マスメディアでは固有のビタミン種が取りあげられることもあるが,日常的にはバランスよく摂取することが体を酸化から守るために重要であろう.

参考文献

1) Y. Sawai, J. H. Moon, *J. Agric. Food Chem.*, **48**, 6247 (2000).
2) N. M. Mahfouz, H. Kawano, F. A. Kummerow, *Am. J. Clin. Nutr.*, **66**, 1240 (1997).
3) Q. Chen, M. G. Espey, M. C. Krishna, J. B. Mitchell, C. P. Corpe, G. R. Buettner, E. Shacter, M. Levine, *Proc. Natl. Acad. Sci. USA*, **102**, 13604 (2005).
4) M. G. Traber, J. F. Stevens, *Free Radic. Biol. Med.*, **51**, 1000 (2011).
5) H. Tamai, H. S. Kin, H. Arai, K. Inoue, M. Mino, *Biofactors*, **7**, 87 (1998).
6) K. Mukai, A. Tokunaga, S. Itoh, Y. Kanesaki, K. Ohara, S. Nagaoka, K. Abe, *J. Phys. Chem. B*, **111**, 652 (2007).
7) K. Fukui, H. Takatsu, T. Koike, S. Urano, *Free Radic. Res.*, **45**, 681 (2011).
8) D. Harman, *J. Gerontol*, **11**, 298 (1956).
9) N. Kaneai, K. Sumitani, K. Fukui, T. Koike, H. Takatsu, S. Urano, *J. Clin. Biochem. Nutr.*, **58**, 114 (2016).
10) M. Sano, C. Ernesto, R. G. Thomas, M. R. Klauber, K. Schafer, M. Grundman, P. Woodbury, J. Growdon, C. W. Cotman, E. Pfeiffer, L. S. Schneider, L. J. Thal, *N. Engl. J. Med.*, **336**, 1216 (1997).
11) S. I. Imai, L. Guarente, *NPJ Aging Mech. Dis.*, **18**(2), 16017 (2016).
12) N. E. de Picciotto, L. B. Gano, L. C. Johnson, C. R. Martens, A. L. Sindler, K. F. Mills, S. Imai, D. R. Seals, *Aging Cell*, **15**, 522 (2016).
13) S. Sm, S. Hn, E. Na, H. As, *Indian J. Clin. Biochem.*, **33**, 314 (2017).
14) V. S. Slyshenkov, A. G. Moiseenok, L. Wojtczak, *Free Radic. Biol. Med.*, **20**, 793 (1996).
15) 岡 達三, ビタミン, **83**, 321 (2009).
16) A. I. Zugno, L. Canever, A. S. Heylmann, P. G. Wessler, A. Steckert, G. A. Mastella, M. B. de Oliveira, L. S. Damazio, F. D. Pacheco, O. P. Calixto, F. P. Pereira, T. P. Macan, T. H. Pedro, P. F. Schuck, J. Quevedo, J. Budni, *J. Phychiatr. Res.*, **81**, 23 (2016).

17) M. Ashoori, A. Saedisomeolia, *Br. J. Nutr.*, **111**, 1985 (2014).
18) J. M. Matxain, M. Ristilä, Å. Strid, L. A. Eriksson, *J. Phys. Chem.*, **110**, 13068 (2006).
19) S. Tas, E. Sarandöl, M. Dirican, *Sci. World J.*, **2014**, 7.
20) 宮沢陽夫, 仲川清隆, 日本油化学会誌, **47**, 1073 (1998).
21) 寺尾純二, ビタミン, **90**, 525 (2016).
22) A. Ouchi, K. Aizawa, Y. Iwasaki, T. Inakuma, J. Terao, S. Nagaoka, K. Mukai, *J. Agric. Food Chem.*, **58**, 9967 (2010).
23) 乾 博, 『ビタミン総合辞典』, 日本ビタミン学会 編, 朝倉書店 (2010), p. 420.
24) K. M. Halia, S. M. Lievonen, M. I. Heinonen, *J. Agric. Food Chem.*, **44**, 2096 (1996).
25) K. Mukai, S. Itoh, H. Morimoto, *J. Biol. Chem.*, **267**, 22277 (1992).
26) L. M. Vervoort, J. E. Ronden, H. H. Thijssen, *Biochem. Pharmacol.*, **54**, 871 (1997).
27) J. Li, J. C. Lin, H. Wang, J. W. Peterson, B. C. Furie, B. Furie, S. L. Booth, J. J. Volpe, P. A. Rosenberg, *J. Neurosci.*, **23**, 5816 (2003).

第14章

青果物のもつ抗酸化能についての考察：活性酸素消去活性

14.1 はじめに

　1990年代にアメリカ国立がん研究所（National Cancer Institute；NCI）によって，がん予防に有効性のあると考えられる野菜類40種ほどがリストにあげられ公開された．これがデザイナーフーズリストである．研究対象となったのは，野菜や果物，穀類，海藻類などの植物性食品である．これらはがん予防効果をもち，どのような化学物質を含んでいるかを研究テーマとし，さらに一歩進んで，食品中の化学物質が変化してその予防効果を発揮することも期待された．その結果，600種類ほどのがん予防効果が期待される食品や化学物質が候補にあがった[1〜3]．また，世界がん研究基金（World Cancer Research Fund；WCRF）とアメリカがん研究財団（the American Institute for Cancer Research；AICR）による1997年の報告では，野菜および果物が各種のがんのリスクを下げることを発表している．

　アメリカで行われている"five-a-day"ガイダンスは"1日に5皿の野菜や果物を食べましょう"というキャンペーン運動であり，国や食品会社，民間団体，さらに地方自治体から教育機関まで巻き込んで野菜の摂取を推奨する啓蒙運動[4,5]である．農務省が食事に対する指針をアピールし，その結果，アメリカ合衆国におけるがんの罹患者数は年々減少している．2000年にはすでにこの運動の成果として腫瘍に対する効果の研究（1日500gと100gを摂取した場合のバイオマーカーの比較）[6]，さらには野菜や青果物が示す"色"の成分と腫瘍への効果に関する書籍が出版されている[7]．

　さまざまな疫学的調査に基づいた継続的な活動の成果の報告書から，野菜摂取に

関する継続的なキャンペーンが，これまでのがん早期発見技術の発展および進歩と併せて，がん発症低下および心臓疾患への予防効果を成功に導いていることがわかる．また各種疾患の発症予防が国家的事業となり，20世紀末から21世紀へと世代交代が進むなかで，徐々に，その効果と野菜およびサプリメントなど健康に及ぼす影響が明らかになっている[8~12]．

このように，野菜から得られるビタミンやミネラルの補給と同時に抗酸化能成分の効率のよい摂取が酸化ストレス傷害を防ぎ，各種の疾患を予防し，健康寿命の延伸に貢献しているという見解には問題はないであろう[12]．本章では，野菜のもつ機能が健康長寿の延伸にどのように役立っているかについて，活性酸素およびフリーラジカルに対する抗酸化能の面から述べる．

14.2 青果物中にある抗酸化能をもつアスコルビン酸とトコフェロールの役割

1937年にノーベル生理学医学賞を受賞したN. Sent-györgi Albertらによって，パプリカから抽出精製され，"ヘキスロン酸(hexuronic acid)"と命名された化学物質は，生体内で不足すると壊血症にかかるアスコルビン酸(ビタミンC)であることが明らかとなった．1960年には電子スピン共鳴〔electron spin resonance；ESRあるいはEPR(electron paramagnetic resonance)〕装置を用いて酵素反応による酸化還元反応からアスコルビン酸ラジカルの検出が行われ，生体内におけるラジカル反応へのアスコルビン酸の役割が示唆された[13]．

また，合成飼料に添加したさまざまなビタミン化合物をネズミに与えたところネズミは不妊となったが，レタスを与えると再び正常の状態に戻った．このため，関係する生体内物質の抽出および同定を行ったところ，脂溶性化学物質のα-トコフェロールであった．α-トコフェロール(α-tocopherol，ギリシャ語で"Tocos"は「子どもを生む」，"phero"は「力を与える」の意)は，ビタミンEとして食品中の油脂に含まれる．過酸化抑制作用をもち，ヒトにおけるトコフェロールの望ましい含有量なども報告された[14]．魚類だけでなく緑黄色野菜や果物類もトコフェロールの含有量は多く，ビタミンEの供給源として優れていることが判明している．

魚油などの不飽和脂肪酸の多い油を動物に摂取させた場合，肝臓や血漿中のトコフェロール量は減少し，肝臓中の2-チオバルビツール酸反応性物質(2-thiobarbituric acid reactive substances；TBARS)と血漿と肝臓の過酸化リン脂質が増加した[15,16]．血漿トコフェロール濃度と血漿過酸化リン脂質量，および肝臓トコフェロール量と

肝臓過酸化リン脂質濃度の間にはともに強い負の相関関係を示すことが認められた[16]。これらは酸化ストレスのマーカーとなることが知られている。

　脂溶性抗酸化物質のトコフェロールと水溶性アスコルビン酸は、生理活性物質（壊血病予防および細胞膜への弾力性強化）としてヒトに不可欠な化学物質である。また、化学的な面では in vitro および in vivo において活性酸素種（reactive oxygen species；ROS）と反応する重要な化学物質でもある。さらに、生体膜中のトコフェロールと膜外の水溶性部分のアスコルビン酸は1電子還元による相互作用の研究が1979年以降多数報告されていた[17]。

　ここで医薬品について、考察してみよう。近代治療の確立する以前は民間療法として頻繁に植物由来のものが利用されてきた。これは漢方薬（herbal medicine）とよばれるもので、日本の食用ハーブとは異なり、漢方薬の原料となる"生薬"（薬用植物）ともいい、現在も研究されている。たとえば、昔、ヒトは頭痛などの痛みを和らげるためヤナギの皮の内側を舐めていた。このヤナギの皮からサリチル酸が抽出され、第一次世界大戦前にアセチルサリチル酸すなわちアスピリンが合成された。アメリカが、敗戦したドイツの賠償にアスピリン合成に関する特許権を要求したことからも、当時としては画期的な化学物質であったことがうかがえる。現在では、鎮痛効果の薬理作用以外にもさまざまな疾患に利用され、息の長い医薬品となっている。

　近代において、このような薬理効果をもつ植物や植物成分の研究が行われ、多くの植物性成分が医薬品として利用されてきた。そのなかには活性酸素種（ROS）との関係も報告されている[18]。われわれの食卓に並ぶ野菜や果物は劇的な薬理効果を示さないが、アスコルビン酸やトコフェロールをはじめ、多くの青果物の植物成分（フィトケミカル）のカロテノイド類、テルペノイド類、フラボノイド類、ポリフェノール類なども、1電子酸化還元反応により活性酸素種消去種として反応（消去）することが指摘されている[18,19]。

14.3　研究対象となった青果物

　実験に用いた青果物は、日本人がおもに食するものを中心に選び、野菜の旬にかかわらず量販店で売られているものを選択した。データ数が一品種10以上あるものを取りあげている。

　シソ科シソ属の"大葉"（*Perilla frutescens* var. *crispa*）、バラ科の多年草の"イチゴ"（*Fragaria* × *ananassaDuchesne* ex Rozier）、ナス科の多年草の"パプリカ"

(*Capsicum annuum* L. 'grossum'), アブラナ科アブラナ属の"菜の花"(*Brassica rapa* L. var. *nippo-oleifera*), マタタビ科マタタビ属の"グリーンキウイ"(*Actinidia deliciosa*), ナス科の1年草の"ピーマン"(*Capsicum annuum* L. 'grossum'), ヒユ科アカザ亜科ホウレンソウ属の"ホウレンソウ"(*Spinacia oleracea*), アブラナ科の越年草の"みず菜"(*Brassica rapa* var. *laciniifolia*), アブラナ科の"小松菜"(*Brassica rapa* var. *perviridis*), キジカクシ科の"アスパラガス"(*Asparagus* spp.), ナス科ナ

表14.1 実験に用いた青果物とそのサンプル数

青果物	学術名	種別	サンプル数
大葉	*Perilla frutescens* var. *crispa*	シソ科シソ属	13
イチゴ	*Fragaria* × *ananassa*Duchesne ex Rozier	バラ科の多年草	81
パプリカ	*Capsicum annuum* L. 'grossum'	ナス科の多年草	28
菜の花	*Brassica rapa* L. var. *nippo-oleifera*	アブラナ科アブラナ属の花の総称	14
グリーンキウイ	*Actinidia deliciosa*	キウイ：マタタビ科マタタビ属	84
ピーマン	*Capsicum annuum* L. 'grossum'	ナス科の1年草	41
ホウレンソウ	*Spinacia oleracea*	ヒユ科アカザ亜科ホウレンソウ属	52
みず菜	*Brassica rapa* var. *laciniifolia*	アブラナ科の越年草	34
小松菜	*Brassica rapa* var. *perviridis*	アブラナ科	53
アスパラガス	*Asparagus* spp.	キジカクシ科	48
ナス	*Solanum melongena*	ナス科ナス属	78
ニンニク	*Allium sativum*	ヒガンバナ科ネギ属	21
ダイコン	*Raphanus sativus* var. *longipinnatus*	アブラナ科ダイコン属	163
ブロッコリー	*Brassica oleracea* var. *italica*	アブラナ科アブラナ属の緑黄色野菜	18
サツマイモ	*Ipomoea batatas*	ヒルガオ科サツマイモ属	86
トマト	*Solanum lycopersicum*	ナス科ナス属	489
キャベツ	Cabbage, *Brassica oleracea* var. *capitata*	アブラナ科アブラナ属	151
ロメインレタス	Romaine lettuce, *Lactuca sativa* L. var. *longifolia*	キク科アキノノゲシ属	31
ジャガイモ	*Solanum tuberosum* L.	ナス科ナス属の多年草	37
カボチャ	*Cucurbita*	ウリ科カボチャ属	31
タマネギ	*Allium cepa*	ネギ属の多年草	24
レタス	*Lactuca sativa*	キク科アキノノゲシ属	37
ニンジン	*Daucus carota* subsp. *Sativus*	セリ科ニンジン属	17
キュウリ	*Cucumis sativus* L.	ウリ科キュウリ属	26

ス属の"ナス"(Solanum melongena)、ヒガンバナ科ネギ属の"ニンニク"(Allium sativum)、アブラナ科ダイコン属の"ダイコン"(Raphanus sativus var. longipinnatus)、アブラナ科アブラナ属の"ブロッコリー"(Brassica oleracea var. italica)、ヒルガオ科サツマイモ属の"サツマイモ"(Ipomoea batatas)、ナス科ナス属のトマト(Solanum lycopersicum)、アブラナ科アブラナ属の"キャベツ"(Cabbage, Brassica oleracea var. capitate)、キク科アキノノゲシ属の"ロメインレタス"(Romaine lettuce, Lactuca sativa L. var. longifolia)、ナス科ナス属の多年草の"ジャガイモ"(Solanum tuberosum L.)、ウリ科カボチャ属の"カボチャ"(Cucurbita)、ネギ属の多年草の"タマネギ"(Allium cepa)、キク科アキノノゲシ属の"レタス"(Lactuca sativa)、セリ科ニンジン属の"ニンジン"(Daucus carota subsp. Sativus)、ウリ科キュウリ属の"キュウリ"(Cucumis sativus L.)の24種類である(表14.1)。

14.4 サンプル調製と活性酸素消去測定法

青果物は食用に適する部分を適当な大きさとし、全量約400gになるよう超純水を添加し、ミキサー(チタン製カッター)にて粉砕および撹拌し溶液とした。各溶液の希釈には、ピュアラボフレクス3で生成される超純水(18.2 MΩ・水温18℃)を使用した。アスコルビン酸を不活化するため、この溶液を三角フラスコに取りウォーターバスにて80℃・30分間加温後、冷水にて十分冷やし、不溶化物をADVANTEC製のろ紙(JIS P 3801)にて除去して液体をサンプルとし−40℃で保管した。

スピントラップ剤については、スーパーオキシド($O_2^{\cdot-}$)およびヒドロキシルラジカル(HO・)は5,5-dimethyl-1-pyrroline-N-oxide(DMPO:ラボテック社製)、一重項酸素($^1O_2$)に関しては2,2,6,6-tetramethyl-4-piperidone・hydrochloride(TMPD:SIGMA-ALDRICH社製)を用いた。ESRはJES-FA100 spectrometer〔(株)JEOL RESONACE・JEOL(株)〕とサンプル測定に扁平セル(LC-12:ラボテック社製)を用いた。ESRの測定条件やトラップ法の特徴については、ほかの研究者らが解説を行っているのでそれらを参考にしてほしい。

各活性酸素生成には、$O_2^{\cdot-}$は、8.8 mol L^{-1} DMPO 30 μL、1.25 mmol L^{-1}ヒポキサンチン(SIGMA-ALDRICH社製)50 μL(DMSO:SIGMA-ALDRICH社製)、0.1 U/mL XOD(xanthine oxidase:SIGMA-ALDRICH社製)50 μLを用いた。HO・の生成には5.7 mol L^{-1} DMPO 20 μL、2.5 mmol L^{-1}過酸化水素(富士フイルム和光純薬社製)90 μLを用い、$^1O_2$においては55.5 mmol L^{-1}リボフラビン(東京化成工業社製)、2.5 mmol L^{-1} DMSO 100 μLを用いて混合し、$O_2^{\cdot-}$は酵素系による活性酸

素の生成を，HO・および$^1O_2$は混合試薬をスポット光源（浜松ホトニクス社製 LIGHTNINGCUR LC 8）で30秒間照射し，一重項酸素では UV カットフィルターを装着し，20秒間照射後の ESR スペクトルを求めた．

各活性酸素の測定に用いた青果物の液量はすべて50 μL とした．各青果物のサンプルの三つの活性値を求めるため，各活性酸素において各標準液とその濃度依存曲線を作成し，Stern-Volmer 型プロットを作成後，50％阻害濃度（IC_{50}）を求めた．$^1O_2$の検量線は二次曲線検量線を用いる．$O_2^{\cdot-}$はスーパーオキシドジスムターゼ（SOD：SIGMA-ALDRICH 社製）水溶液 40〜0.625 U/mL，HO・においてはDMSO 水溶液1000〜62.5 mmol L^{-1}，一重項酸素消去活性においては L-ヒスチジン（富士フイルム和光純薬社製）水溶液 50〜3.125 mmol L^{-1}で検量線を作成した．

各試薬の希釈については，スピントラップ剤溶液およびヒポキサンチン溶液は超純水を用い，ほかの試薬調製には pH 7.8 の0.1 mol L^{-1}リン酸緩衝液を用いた．また，活性酸素消去能の共通の基準物質として L-アスコルビン酸（富士フイルム和光純薬社製）を用いて570 μmol L^{-1}濃度を調製し実験に用いた．DMPO 以外は特級品のグレードの試薬を用いた．

14.5　野菜の示す酸化ストレス消去活性値の統計処理と活性値の規格化

各活性酸素について ESR-スピントラップ剤を用いて，反応した活性酸素-スピントラップ剤反応化合物のシグナル強度，および測定部位に固定された測定部内内部標準物質 Mn^{2+}のシグナル強度（低磁場側の4本目のシグナルの強度）の二つを求め，ピーク高の相対強度をデータとして用いた．図14.1に示す各活性酸素消去活性（IC_{50}）の単位について，スーパーオキシド（$O_2^{\cdot-}$）は"SOD mg/g"，ヒドロキシルラジカル（HO・）が"DMSO g/g"，一重項酸素（$^1O_2$）は"His g/g"で表示し，比較対象として DPPH（2,2-diphenyl-1-picrylhydrazyl；2,2-ジフェニル-1-ピクリルヒドラジル）法と ORAC（oxygen radical absorption capacity；酸素ラジカル吸収能）法で求めたデータを添付し，各単位はともに"Trolox（トロロックス）mg/g"値である．青果物の活性値のデータは Smirnov-Grubbs 検定（$p<0.05$）により外れ値を除外し，各青果物のサンプル数が10以上となるものを選択し，平均値，標準偏差，中央値，最大値，最小値を求めた．

その結果，24種類の青果物約1600以上で構成されるデータが整った．DPPH 法で求められた消去活性値の低いほうから順に野菜を並べ，この棒グラフの青果物の並びを基準に，ESR で求めた3種類の活性酸素消去活性，および ORAC 法の活性値

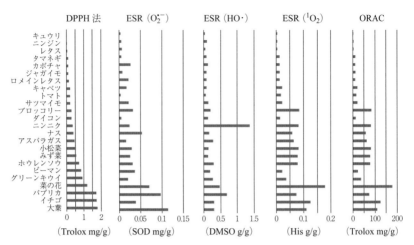

図14.1 各野菜の測定結果：DPPH法，ESR法（3種類の活性酸素），ORAC法

表14.2 活性酸素の測定法の比較：ESR-スピントラップ法，ORAC法，DPPH法

測定方法	ESR-スピント ラップ法	ESR-スピント ラップ法	ESR-スピント ラップ法	ORAC法	DPPH
活性酸素あるい はラジカル種	$O_2^{\cdot-}$	$HO\cdot$	$^1O_2$	$ROO\cdot$	DPPH
標準物質	SOD	DMSO	ヒスチジン	トロロックス	トロロックス
単位	units/g	μmol/g	μmol/g	μg/100 g	mol/g
規格化基準物質	アスコルビン酸	アスコルビン酸	アスコルビン酸	–	–
単位	mg/g	mg/g	mg/g	–	–

を棒グラフに併記した（図14.1）．

さらに3種類の活性酸素について，まずアスコルビン酸について各IC_{50}求め，速度論的な手法により，SOD 4.3U/mLに対しアスコルビン酸は0.09 mmol L^{-1}，DMSO 869.9 mmol L^{-1}に対しアスコルビン酸0.66 mmol L^{-1}，His 13.2 mmol L^{-1}に対しアスコルビン酸 0.33 mmol L^{-1}より各IC_{50}を割りだし，これらの値からアスコルビン酸換算係数とした（表14.2）．

14.6 スーパーオキシドとDPPH消去活性およびORACの測定値の相関

抗酸化測定法として幅広く利用されているDPPH法やORAC法で得られる消去活性値が，どの活性酸素種と関係するかについて検証することは，これまでのデー

14.6 スーパーオキシドと DPPH 消去活性および ORAC の測定値の相関 ● *293*

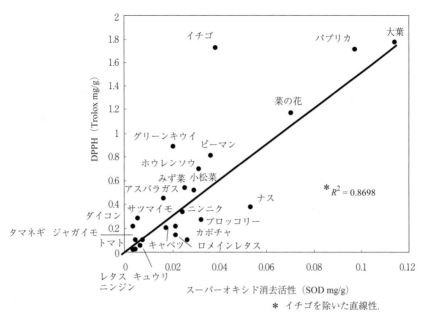

図14.2 スーパーオキシド消去活性と DPPH 消去活性の相関プロット

タを応用するために重要である．そのため，野菜の示すスーパーオキシド($O_2^{\cdot -}$)と DPPH 消去活性値および ORAC 法の活性値を比較した．

　DPPH は固体では深黒色の常磁性粉末であり，きわめて安定な遊離ラジカル化合物のため，ESR の基準物質として磁場の調整と感度調整に利用されてきた歴史をもつ．エタノールに溶解させると水で希釈できるようになるため，520 nm に吸収極大をもち，抗酸化物質を添加すると強力なラジカル捕捉作用によって非常磁性へと変化し，溶液は透明あるいは黄色に変化する．そのため，計測波長が阻害されなければ，簡便さとローコストの測定法として現在でも用いられている[20]．DPPH 消去活性値と $O_2^{\cdot -}$ 消去活性値の相関はイチゴを除いた場合，よい直線相関が得られた（図14.2）．DPPH 消去活性値はポリフェノール含有量との相関性が指摘されていることから，$O_2^{\cdot -}$ 消去能をもつフィトケミカルがこの反応に関与していると推測される．

　一方，過酸化ラジカル消去活性を測定する ORAC 法における活性値との関係は，ニンニクとパプリカを除いた青果物で相関性のよいプロットが得られた（図14.3）．DPPH は活性酸素ではなく有機化合物であり，ORAC 法では過酸化ラジカルのペ

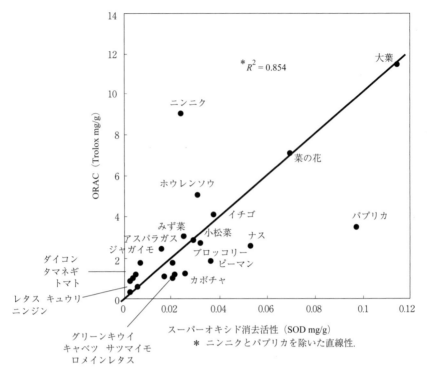

図14.3　スーパーオキシド消去活性と ORAC 測定値の相関プロット

ルオキシルラジカルを利用している．この二つの測定法の活性値に相関性があることは興味深い．SOD 様活性を示す化合物が過酸化ラジカル消去能をもっていると示唆される ORAC 法は，蛍光分析を利用しローコストの簡便さで多くの研究者が利用している．すなわち，スーパーオキシドと反応する化学物質は ORAC 法においても，反応する可能性を示唆している．

14.7　アスコルビン酸を使った活性酸素消去活性の規格化

3 種類の活性酸素に対する反応性(抗酸化能)を議論する場合，それぞれの活性値の平均値を基準に相対値を求める必要があった．そこで，各測定系においてアスコルビン酸の IC_{50} を求め，変換係数を求め同一の化学物質で規格化を試みた(表14.2)．各活性値のアスコルビン酸相当量の平均値を"50"という数字に置き換え，

14.7 アスコルビン酸を使った活性酸素消去活性の規格化 ● 295

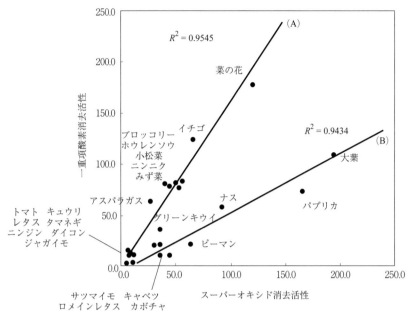

図14.4 スーパーオキシド消去活性と一重項酸素消去活性の相関を示すプロット

　各活性値のレンジ幅をほぼ一定の値にすることで，3種類の活性酸素消去能の規格化を行った．図14.4は，横軸にスーパーオキシド($O_2^{\cdot -}$)消去活性を，縦軸には$^1O_2$消去活性値をプロットしたものである．菜の花やイチゴなどの$^1O_2$よりに活性が高い"グループ(A)"の青果物と，$O_2^{\cdot -}$寄りに活性が高い大葉やパプリカの"グループ(B)"の青果物に分かれることが示された．

　また，$O_2^{\cdot -}$とヒドロキシルラジカル($HO\cdot$)の各消去活性値の相関関係はニンニクと大葉を除外すると，高い相関関係が示され(図14.5)，さらに，一重項酸素($^1O_2$)と$HO\cdot$についての相関性についても，ニンニクとパプリカを除くと高い相関関係が得られた(図14.6)．これらを三次元プロットに展開すると，明らかにニンニクは$HO\cdot$に対して高い活性を示し，$O_2^{\cdot -}$と$^1O_2$の消去活性値相関には二つのグループが存在することが確認できた(図14.7)．この三次元プロットにDPPH消去活性値を色調レベルにして表示すると，菜の花，イチゴ，大葉そしてパプリカが高い消去活性を示していることがわかる．一方ニンニクは，DPPH消去活性は比較的高い活性を示すものの，パプリカと比較すると$HO\cdot$消去活性能に特化した野菜であることが

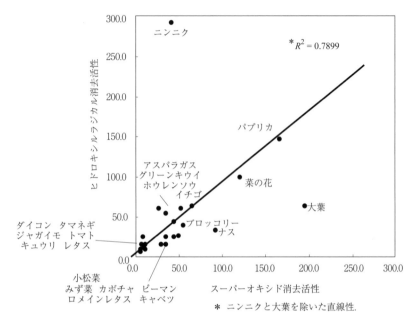

図14.5 スーパーオキシド消去活性とヒドロキシルラジカル消去活性の活性相関のプロット

わかる.

14.8 活性値の相関からみえてくる野菜の傾向

　図14.4の一重項酸素($^1O_2$)に対して強い活性を示す野菜のグループ(A)は，このアブラナ科の菜の花，みず菜，ブロッコリー，小松菜が含まれ，含硫酸化合物のイソシアネートやスルフォラファン，インドール骨格のカルビノールなどが想定される．一方，スーパーオキシド($O_2^{・-}$)に高活性傾向を示したグループ(B)には，カロテン類とアントシアニンが多い大葉と，パプリカ，ナス，ピーマンなどのナス科が含まれ，紫色素のアントシアニン系色素(ナスニン)[16]とクロロゲン酸(chlorogenic acid)が寄与していると考えられる．またアブラナ科の菜の花，水溶性のアントシアニン類が豊富な大葉，パプリカ，イチゴは，親水性フィトケミカルや水溶性ポリフェノール類が活性酸素消去に大きく寄与していると考えられる．
　大葉，イチゴ，パプリカ，菜の花について三つの消去活性値をレーダーチャート

14.8 活性値の相関からみえてくる野菜の傾向

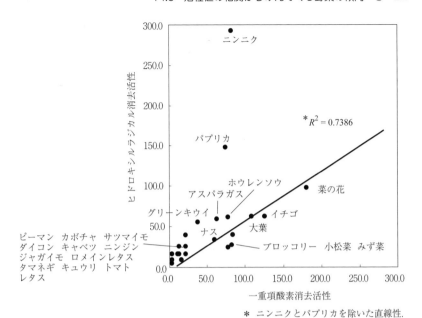

図14.6 24種の野菜:ヒドロキシルラジカルと一重項酸素の活性相関性を示すプロット

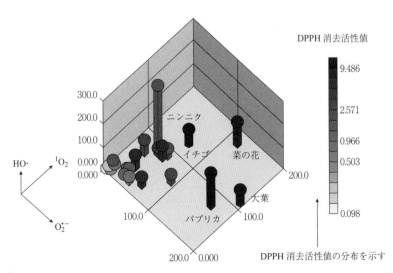

図14.7 3Ðプロットの活性値表現:二つのラインと突出した高い青果物の値

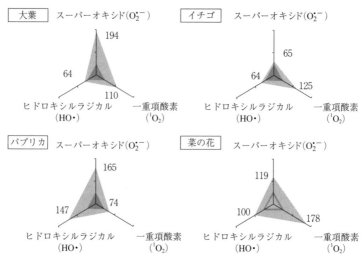

図14.8 アスコルビン酸換算で規格化：各活性値のスケールが同じ意味をもつレーダーチャート表示（大葉，イチゴ，パプリカ，菜の花）

で表すと，各青果物の活性酸素に対する反応性に特徴があることが示された（図14.8）．このうち三つの活性酸素消去機能は同じスケールで比較することができる．大葉は$O_2^{\cdot-}$と$^1O_2$に高い活性値をもち，糖類が多いと思われるイチゴはHO・に対しては平均値に近い活性をもち，$^1O_2$に特化して高い活性値を示している．菜の花は三つの活性酸素に対してマルチに活性が高いことがわかる．

規格化された値の合計値について高い値から低い値まで大まかに三つのグループに分けると，ニンニク，菜の花，大葉，パプリカは上位のグループに，イチゴ，ホウレンソウ，ナス，ブロッコリーなどは真ん中のグループ，キュウリ，レタス，ジャガイモ，キャベツなどは下のグループに分けられた（図14.9）．ニンニクが高いグループに入るのはヒドロキシルラジカル（HO・）に対してほかより高い活性値が寄与しているからであろう．

実験に用いた青果物のサンプルは水溶性あるいは両親媒性の化合物が消去活性の主体化合物である．実験で得られたデータは植物細胞中の液胞にある水溶性のフラボノイド（フラボン類，アントシアニン類，カルコン，イソフラボン類，フラバン類，カテキン類，オーロン類）[20〜22]，配糖体化合物なども親水性フィトケミカルが消去活性物質として機能していると考えられる．一方，脂溶性フィトケミカルを多く含有している化学物質は本実験の結果への寄与は低い．そのため，とくに脂溶性カプ

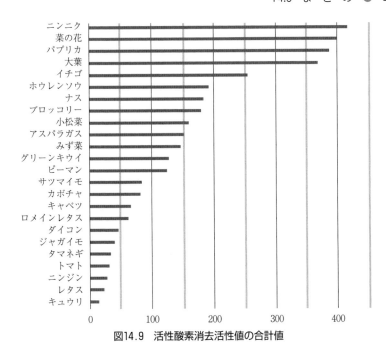

図14.9　活性酸素消去活性値の合計値

サンチン類を多く含むピーマン，脂溶性のβ-カロテン，リコペンが豊富なニンジン，トマト，タマネギなどは低い活性を示す結果となった．

14.9　まとめ

没食子酸エステル，フラボノイド，タンニンなどのフェノール性化合物，トコフェロール類，アスコルビン酸，リコペンなどのカロテン類，アミノ酸やタンパク質，イソチオシアネート（含硫化合物），クエン酸などの有機酸，糖アルコールなど，それらの誘導体を含めてさまざまな化合物が抗酸化機能性物質として青果物には含まれており，その含有量がその青果物の特徴となっている．すでに，2004年にはHPLC（high performance liquid chromatography）で野菜から抽出された成分の抗酸化能の確認[24]が始められ，栄養成分強化の観点からもいろいろな色のニンジンの抗酸化能の報告[25]や，とくに野菜のカリフラワー，タマネギ，アスパラガス，ナスに含まれる抽出精製した化学物質の抗酸化研究（DPPHやORAC）が報告されている[26]．

本実験の水溶液抽出物の活性酸素消去能に関する内容が，青果物の特徴を表す一つの指標になり，各成分の抗酸化研究に何らかのヒントに利用できないかと考えている．たとえば，活性値相関性の具体的な化学物質の種類と量的関係，主成分以外の活性を示す化学物質の存在とその意義，あるいは消化器系における多種の抗酸化物質がどのように腸内細菌叢(腸内フローラ：腸内細菌の遺伝子的解明が進むなか，免疫的な活性に青果物由来のフィトケミカルが何らかの作用をもっているのではないか，それをいかに体全体にフィードバックさせているのか)に興味をもって研究する資料に活用されることを期待している．これまで in vitro の研究において，アスコルビン酸とトコフェロールと同様に特定のフィトケミカルが O_2^{-} と反応しラジカル体へと変化することが確認されてきた．

一方，生体内の電子伝達系に重要なフラビン類やユビキノン類はラジカル中間体を形成[27,28]し，生体内のレドックスバランスに関係していることが1970年代初頭に判明している．そこで，抗酸化物質の反応は1電子酸化還元反応(redox)であるとするならば，実証するのは難しいかもしれないが，1電子授受によってフィトケミカルのラジカル体がNADPH(reduced nicotinamide adenine dinucleotide phosphate；還元型ニコチンアミドアデニンジヌクレオチドリン酸)やFAD(flavin adenine dinucleotide；フラビンアデニンジヌクレオチド)などの補酵素を利用して酸素分子を活性酸素生成に関与している研究も必要と考えている．

青果物研究の今後の課題は，前田らも提言しているように，環境的因子(温度，雨量，湿度，日照条件，土質)・人工的因子(栽培者，有機無機の肥料や農薬の散布量とその時期や収穫時期)，収穫後の因子(保存経過時間，保存状態，収穫後の処理，流通方法)，そして測定するための抽出作業までの時間やサンプルの保存期間など，あらゆる因子が反映される．一方，論文の動物実験においては，マウスの週齢，系統，性差，体重などを統一しガイドラインに従う実験手法をとっており，動物の多様性に一定の枠組みを設定し，そのなかで再現性を重視することを学術的方法としている．

青果物では同属同科目に同品種でさらに同じ圃場で生産者が同じ作業を行ったとしても，青果物のデータの再現性については難しさが伴い，科学的なデータの裏づけとして悩ましさが生じる．そこで疫学的な調査研究を蓄積し，野菜の生体への機能性を明らかにする必要性から，多くの疫学的調査が現在行われている[12]．また，青果物の脂溶性成分の抗酸化能や反応性，および摂取した青果物の影響を追及していかねばならない．

抗酸化研究という言葉には大きく二つの意味があり，一つは脂溶性環境の活性酸

素およびラジカル研究と，もう一つは1980年代後半から始まった生体内の親水性環境下の活性酸素研究である．青果物の成分はこの両翼の面を研究することで，活性酸素の生体への影響および役割を詳細に明らかにできるであろう．

　肝臓などの治療に使用される漢方薬の小柴胡湯(しょうさいことう)を水溶液にしてラットに摂取させ続けると，排せつされる尿から有機ラジカルが検出される．これは，アスコルビン酸がスーパーオキシドと反応してラジカル体に変化する反応とよく似ている．また，除草剤のパラコートは植物中でNADHと反応するとパラコートラジカルとなり，酸素分子と活性酸素を生じる．ほかにも，漢方薬のやけど薬として利用される「紫雲膏」の主成分で，シコン(紫根)から抽出されるシコニンは，抗酸化物質として働きながら自らはラジカル体となる[18]．さらに条件が整えば，シコニンはNAD(P)Hと反応して溶存酸素をスーパーオキシドに変換する．最近では，生体内におけるラジカル反応の視覚化を視野に入れ，FADラジカル体を検出する磁気共鳴イメージング装置の開発も徐々に進められている[28]．

　この章では青果物の抗酸化について述べた．スーパーオキシドを消去するということは，その青果物から抽出された化学物質が相補的にラジカル体に変化することを意味する．一方，消去されたスーパーオキシドはさらに反応が進み，最終生成物として過酸化水素になっているはずである．これまで，1電子酸化還元反応による電子の授受を生体内で議論することはほとんどなかったが，われわれが摂取する青果物などからさまざまな化学物質が生体内に取り込まれ，1電子酸化還元反応，すなわち活性酸素消去およびラジカル生成の両面から，さらにその先にある電子移動反応へかかわることが重要となろう．

　また，研究の一つの糸口として重要だった野菜の成分についての"機能性食品因子データベース[29]"が現在，閉鎖されているため，現時点では国立研究開発法人農業・食品産業技術総合研究機構のホームページ[30]で公開されている農作物機能性成分データベースが，研究には欠かせない．野菜のさまざまな成分が多くの疾病のリスクを低減できると考えられ，さらに老化予防に寄与しているといわれ始めてきた．今後さらに青果物の抗酸化活性(能)の研究を深め，人体で生成される活性酸素種(ROS：現時点で明らかになっている種)に対し，青果物ならびに全食品の活性酸素消去活性値を栄養成分表などに掲載するなどして，健康長寿社会に寄与できることを期待したい．

参考文献

1) J. E. Brody, "デザイナーフーズ計画"(1991). "Fortified Foods Could Fight Off Cancer," *The*

New York Times (2011).
2) 矢野友啓,「食品成分による癌予防」, 日本未病システム学会雑誌, **12** (1), 56 (2006).
3) A. B. Caragay, "Cancer preventive foods and ngredients." *Food Technol.*, **4**, 65 (1992).
4) 大澤俊彦,「がん予防と食品」, 日本食生活学会誌, **20** (1), 11 (2009).
5) http://www.5sday.net/, http://www.5aday.org/, http://www.dole5aday.com/
6) W. M. Broekmans, I. A. Klopping-Ketelaars, C. R. Schuurman, H. Verhagen, H. van den Berg, F. J. Kok, G. van Poppel, *J. Nutr.*, **130**, 1578 (2000).
7) D. Herver, S. Bowerman, "What Color is Your Diet?," Haper-Collins/Regan Books (2001).
8) M. G. L. Hertog, E. J. M. Feskens, D. Kromhout, P. C. H. Hollman, M. B. Katan, *Lancet*, **342**, 1007 (1993).
9) C. Sauvaget, J. Nagano, N. Allen, K. Kodama, *Stroke*, **34**, 2355 (2003).
10) F. J. He, C. A. Nowson, G. A. MacGregor, *Lancet*, **367**, 320 (2006).
11) P. Knekt, J. Kumpulainen, R. Jarvinen, H. Rissanen, M. Heliovaara, A. Reunanen, T. Hakulinen, A. Aromaa, *Am. J. Clin. Nutr.*, **76**, 560 (2002).
12) A. M. Freeman, P. B. Morris, N. Barnard, C. B. Esselstyn, E. Ros, A. Agatston, S. Devries, J. O'Keefe, M. Miller, D. Ornish, K. Williams, P. K. -Etherton, *JACC*, **69**, 1172 (2017).
13) I. Yamazaki, H. S. Mason, L. Piette, *J. Biol. Chem.*, **235**, 2444 (1960).
14) M. K. Horwitt, *Am. J. Clin. Ntur.*, **8**, 451 (1960).
15) T. Miyazawa, T. Suzuki, K. Fujimoto, K. Yasuda, *J. Lipid Res.*, **33**, 1051 (1992).
16) T. Miyazawa, "Essential Fatty Acids and Eicosanoids," ed. by A. Sinclair, R. Gibson, Am. OIL Chem. Soc. Champaign (1993), p. 383.
17) J. E. Packer, T. F. Slater, R. L. Willson, *Nature*, **278**, 737 (1979).
18) T. Sekine, T. Masumizu, Y. Mai-tani, T. Nagai, *Int. J. Phama.*, **174**, 133 (1998).
19) Y. Noda, T. Kneyuki, K. Igarashi, A. Mori, *Toxicology*, **148**, 119 (2000).
20) J. Xie, K. M. Schaich, *J. Agric. Food Chem.*, **62**, 4251 (2014).
21) W. Bors, W. Heller, C. Michel, M. Saran, *Methods Enzymol.*, **186**, 343 (1990).
22) C. A. Rice-Evans, N. J. Miller, P. G. Bolwell, P. M. Bramley, J. B. Pridham, *Free Radic. Res.*, **22**, 375 (1995).
23) C. Manach, G. Williamson, C. Morand, A. Scalbert, C. Rémésy, *Am. J. Clin. Nutr.*, **81**, 230S (2005).
24) R. Tsao, Z. Deng, *J. Chrom. B*, **812**, 85 (2004).
25) T. Sun, P. W. Simon, S. A. Tanumihardjo, *J. Agric. Food Chem.*, **57** (10), 4142 (2009).
26) L. Hongyan, D. Zeyuan, Z. Honghui, H. Chanli, L. Ronghua, J. C. Young, R. Tsao, *Food Res. Inter.*, **46**, 250 (2012).
27) R. B. James, C. B. Donald, M. Harold, H. Swartz, "Biological Applications of Electron Spin Resonance," Wiley-Interscience (1972).
28) F. Hyodo, S. Ito, K. Yasukawa, R. Kobayashi, H. Utsumi, *Anal. Chem.*, **86**(15), 7234 (2014).
29) X. G. Zhuo, S. Watanabe, *Biofactors*, **22**, 329 (2004).
30) http://www.naro.affrc.go.jp/laboratory/nfri/contens/ffdb/crops.html

入門あるいは総説
● 食品と活性酸素の関係をコンパクトに, かつ, 多岐にわたり解説. とくに過酸化脂質について詳しい.
・井上正康 編者,『活性酸素と医食同源：分子論的背景と医療の接点を求めて(第2版)』, 共立出版(1996).
・荒井綜一, 吉川敏一, 金沢和樹, 阿部啓子, 渡邊 昌 編,『機能性食品の辞典』, 朝倉書店 (2007).

- ● 活性酸素全般と野菜の重要性を科学的に解説.
- ・前田 浩 著, 金澤文子 執筆協力,『21世紀の健康を考える：活性酸素と野菜の力』, 幸書房 (2007).
- ● 酸素とストレス疾患：活性酸素の科学から植物由来の化合物, 測定法から最新の抗酸化まで.
- ・"Oxidative Stress and Antioxidant Protection : The Science of Free Radical Biology and Disease-," ed. by D. Armstrong, R. D. Stratton, Wiley Blackwell (2016).
- ・"Free Radical in Biology & Medicine, 5th Ed.," ed. by B. Halliwell, J. M. C. Gutteridge, Oxford University Press (2015). 第2版の邦訳：松尾光芳 訳,『フリーラジカルと生体』, 学会出版センター (1988).
- ● 機能性食品分野からマーケットリサーチまでを解説.
- ・「食品機能性の科学」編集委員会・西川研次郎 監修,『食品機能性の科学』, 産業技術サービスセンター (2008).

あとがき

　本書は「まえがき」にもある通り，酸素と活性酸素およびフリーラジカルによって引き起こされる酸化ストレス障害を抑制する抗酸化反応の解説書である．とくに活性酸素種の定義に関する議論や測定方法を詳細に記載した．それぞれの章では，活性酸素種および活性窒素種の物理的および化学的な特徴と産生機構，酸化ストレス反応と抗酸化反応の機構について解説している．

　活性酸素およびフリーラジカルといった定義があいまいであり，分野が異なると使い方が異なる．

　数年前，化学同人より『〈CSJ カレントレビュー〉活性酸素・フリーラジカルの化学——計測技術の新展開と広がる応用』が刊行された．ここでは，生体系のみならず固体触媒反応における酸化反応の活性種の議論もされているが，分野によって用語の使い方が異なっており，活性酸素種についての明確な定義はない．そこで，活性酸素種名を統一するために，日本化学会の命名法に基づいて記した．本書でも，混乱を避けるために活性酸素種の表記については，統一して使用し，別の表記についても参考までに示し，読者にわかりやすい記述を心掛けた．

　活性酸素種の議論が重要であるにもかかわらず，あいまいになっている原因の一つは，検出が困難なことである．検出方法が限られていることと，活性酸素種の寿命が短いため，*in vivo* での実験が困難なことにある．測定方法は確立されたといわれているが，スピントラップ法などのように，別のラジカル種に置き換えて測定する測定方法が主となっているため，定量的な測定は難しい．

　本書では実験方法をできるだけ本文の内容と関連させた章立てとし，具体的な計測方法がわかるように記載した．

　応用例として活性酸素種の医薬品への利用と天然由来の抗酸化物質とをそれぞれ章を改めて記載した．酸化ストレス傷害をどのように防御し，一方で抗酸化物質を生体外から摂取することによって，その予防医学的な役割が理解いただけるものと

思う．また現在，青果物など，天然物に含まれる抗酸化物質の機能について，活性酸素種消去能の膨大な計測結果が蓄積されている．本書では，その一端を示すことにより，機能成分の摂取が酸化ストレスを防ぎ，健康長寿に貢献できることも例示した．

近年，酸化ストレス関連分野の研究者は急増しており，酸化ストレス関連学会の発表件数は増加している．本書のテーマに深く関連する学会としては，「日本酸化ストレス学会」がある．これは「日本過酸化脂質・フリーラジカル学会」と「日本フリーラジカル学会」が合併したものである．この研究対象が学際領域であることから，学会の参加者は医学系に限らず，薬学や生化学，工学，農学系など幅広く，酸素由来の活性種や各種フリーラジカルによる酸化ストレスに関する研究発表の場となっている．現在，会員数は約1000名となり，毎年学術集会を国内で，また国際学会としてInternational for Free Radical Researchを2年おきに，さらにアジア支部の年会が2年に1回開催され，世界的にも活性酸素およびフリーラジカルの研究が活発に行われている．

本書の執筆者の多くが加入しているNPO法人「科学的根拠に基づく健康寿命を延ばす会」は3年前に設立され，ここでも活発な活動が行われている．

抗酸化反応に関する研究は今後ますます盛んになると思われるが，本書はこの分野のバックグラウンドを理解するために企画されたものである．執筆者には抗酸化反応に関するバイブルとなるような本を，ということで執筆をお願いした次第である．

酸化ストレスに関する，今後の研究の助けになれば幸いである．

略語集

略　語	英　語	日本語
ABAP/AAPH	2,2'-azobis(2-amidinopropane)	2,2'-アゾビス-2-アミジノプロパン二塩酸塩
ACE	angiotensin-converting enzyme	アンギオテンシン変換酵素
AD	Alzheimer's disease	アルツハイマー病
ADMA	asymmetric dimethylarginine	非対称性ジメチルアルギニン
ADP	adenosine diphosphate	アデノシン 5'-二リン酸
AGEs	advanced glycation end products	終末糖化産物
AKI	acute kidney injury	急性腎障害
ALS	amyotrophic lateral sclerosis	筋委縮性側索硬化症
ALT	alanine aminotransferase	アラニンアミノトランスフェラーゼ
AMP	adenosine 5'-monophosphate	アデノシン 5'-一リン酸
ANCA	antineutrophil cytoplasmic antibody	抗好中球細胞質抗体
APS	antiphospholipid syndrome	抗リン脂質抗体症候群
APX	ascorbate peroxidase	アスコルビン酸ペルオキシダーゼ
ARB	angiotensin Ⅱ type 1 receptor blocker	アンギオテンシンⅡタイプ1受容体(AT1)拮抗薬
AsA	ascorbic acid	L-アスコルビン酸
ASD	Autism spectrum disorder	自閉症スペクトラム障害
AST	aspartic aminotransferase	アスパラギン酸アミノトランスフェラーゼ
ATP	adenosine 5'-triphosphate	アデノシン 5'-三リン酸
BCAA	branched chain amino acid	分岐鎖アミノ酸
BH_4	tetrahydrobiopterin	テトラヒドロビオプテリン
BHA	butylated hydroxyanisole	ブチル化ヒドロキシアニソール
BHC	benzene hexachloride	ベンゼンヘキサクロリド
BHT	butylated hydroxytoluene	ブチル化ヒドロキシトルエン

略 語	英 語	日本語
BILAG	British isles lupus assessment group	
BMI	body mass index	体格指数, ボディマスインデックス
CABG	coronary artery bypass grafing	冠動脈バイパス術
CaM	calmodulin	カルモジュリン
CCP	cyclic citrullinated peptide	抗シトルリン化ペプチド
CE-OOH	cholesteryl ester hydroperoxides	コレステリルエステルヒドロペルオキシド
cGMP	cyclic guanosine monophosphate	サイクリックGMP(サイクリックグアノシン 3',5'—リン酸)
CKD	chronic kidney disease	慢性腎臓病
CLβ2-GP 1	cardiolipin-β2-glycoprotein 1	抗カルジオリピン-β2-糖タンパク質1
CML	carboxymethyllysine	カルボキシメチルリシン
cNOS	constitutive NO synthase	構成型一酸化窒素合成酵素(構成型 NOS)
COX-2	cyclooxygenase-2	シクロオキシゲナーゼ-2
CPK	creatine phosphokinase	クレアチンホスホキナーゼ
CRP	C-reactive protein	C反応性タンパク質
CuNIR	copper containing nitrite reductase	銅含有亜硝酸レダクターゼ
CVD	cardiovascular disease	心血管疾患
DMARDs	disease modifying anti-rheumatic drugs	疾患修飾性抗リウマチ薬
DDS	drug delivery system	ドラッグデリバリーシステム
DDT	dichloro-diphenyl-trichloroethane	ジクロロジフェニルトリクロロエタン
DFO	deferrioxamine	デフェロキサミン
3-DG	3-deoxyglucosone	3-デオキシグルコソン
dG	deoxyguanosine	デオキシグアノシン
DHA	docosahexaenoic acid	ドコサヘキサエン酸
DHA	dehydroascorbic acid	デヒドロアスコルビン酸

略　語	英　語	日本語
DHAR	dehydroascorbate reductase	デヒドロアスコルビン酸レダクターゼ
DMPO	5,5-dimethyl-1-pyrroline N-oxide	5,5-ジメチル-1-ピロリン N-オキシド
DMPO	3,4-dihydro-2,2-dimethyl-2H-pyrrole 1-oxide	3,4-ジヒドロ-2,2-ジメチル-2H-ピロール 1-オキシド
DMSO	dimethyl sulfoxide	ジメチルスルホキシド
DN	diabetic nephropathy	糖尿病性腎症
DPPH	1,1-diphenyl-2-picrylhydrazyl	1,1-ジフェニル-2-ピクリルヒドラジル
EC	extracellular	細胞外
EFSA	European Food Safety Authority	欧州食品安全機関
eGFR	estimated glemerular filtration rate	推算糸球体ろ過値
eNOS	endothelial cell NO synthase	内皮型一酸化窒素合成酵素（内皮型 NOS）
EPA	eicosapentaenoic acid	エイコサペンタエン酸
ESR	electron spin resonance	電子スピン共鳴
FAD	flavin adenine dinucleotide	フラビンアデニンジヌクレオチド
FADH$_2$	reduced flavin adenine dinucleotide	還元型フラビンアデニンジヌクレオチド
FMN	flavin mononucleotide	フラビンモノヌクレオチド
GABA	γ-aminobutyric acid	γ-アミノ酪酸
GarP	carbamyl protein	抗カルバミル化タンパク質
GC-MS	gas chromatography mass spectrometry	ガスクロマトグラフィー-質量分析法
GMP	guanosine 5′-monophosphate	グアノシン 5′-一リン酸
GPA	granulomatosis with polyangiitis	多発血管炎性肉芽腫症
GPx	glutathione peroxidase	グルタチオンペルオキシダーゼ
GR	glutathione reductase	グルタチオン還元酵素
GSH	reduced glutathione	還元型グルタチオン
GSSG	oxidized glutathione	酸化型グルタチオン

略語	英語	日本語
GST	glutathione S-transferase	グルタチオン S-トランスフェラーゼ
GSTc	cytosol glutathione S-transferase	サイトゾルグルタチオン S-トランスフェラーゼ
GTP	guanosine 5'-triphosphate	グアノシン 5'-三リン酸
HBV	hepatitis b virus	B 型肝炎ウイルス
HCV	hepatitis c virus	C 型肝炎ウイルス
HD	hemodialysis	血液透析
HNE	4-hydroxy-2-nonenal	4-ヒドロキシ-2-ノネナール
hOGG1	human 8-oxoguanine DNA glycosylase 1	8-オキソグアニン DNA グリコシラーゼ 1
HPLC	high performance liquid chromatography	高速液体クロマトグラフィー
HRP	horse radish peroxidase	セイヨウワサビペルオキシダーゼ
HTS	high-throughput screening	ハイスループットスクリーニング
IL	interleukin	インターロイキン
IMP	inosine 5'-monophosphate	イノシン 5'—リン酸
iNOS	inducible NO synthase	誘導型一酸化窒素合成酵素（誘導型 NOS）
IS	3-indoxylsulfuric acid	インドキシル硫酸
L-NNA	N^G-nitro-L-arginine	N^G-ニトロ-L-アルギニン
LC-MS	liquid chromatography-mass spectrometry	液体クロマトグラフィー-質量分析法
LDL	low-density lipoprotein	低密度リポタンパク質
LMCT	ligand to metal charge transfer	配位子から金属への電子移動遷移
LPS	lipopolysaccharide	リポ多糖
LVEF	left ventriclar ejection fraction	左室駆出率
MAO	monoamine oxidase	モノアミンオキシダーゼ
MCI	mild cognitive impairment	軽度認知障害
MDA	malondialdehyde	マロンジアルデヒド
MDHA	monodehydroascorbic acid	モノデヒドロアスコルビン酸

略語	英語	日本語
MGST 1	microsomal glutathione S-transferase	細胞膜結合型グルタチオン S-トランスフェラーゼ
MK-4	menaquinone-4	メナキノン-4
MMO	methane monooxygenase	メタンモノオキシゲナーゼ
MMP	matrix metalloproteinase	マトリックスメタロプロテイナーゼ
MPA	microscopic polyangiitis	顕微鏡的多発血管炎
MPO	myeloperoxidase	ミエロペルオキシダーゼ
MPP$^+$	1-methyl-4-phenylpyridine	1-メチル-4-フェニルピリジン
MPTP	1-methyl-4-phenyl-1,2,3,6-tetrahydropyridine	1-メチル-4-フェニル-1,2,3,6-テトラヒドロピリジン
mTOR	mammalian target of rapamycin	ラパマイシン標的タンパク質
MULTIS	multiple free-radical scavenging	多種ラジカル消去活性測定
N-RCT	non-randomized clinical trial	非ランダム化試験
NAC	N-acetyl cysteine	N-アセチルシステイン
NAD$^+$	oxidized nicotinamide adenine dinucleotide	酸化型ニコチンアミドジヌクレオチド
NADH	nicotinamide adenine dinucleotide	還元型ニコチンアミドアデニンジヌクレオチド
NADP$^+$	oxidized nicotinamide adenine dinucleotide phosphate	酸化型ニコチンアミドアデニンジヌクレオチドリン酸
NADPH	reduced nicotinamide adenine dinucleotide phosphate	還元型ニコチンアミドアデニンジヌクレオチドリン酸
NAFLD	nonalcoholic fatty liver disease	非アルコール性脂肪性肝疾患
NASH	non-alcoholic steatohepatitis	非アルコール性脂肪肝炎
NCX 1	sodium/calcium exchanger 1	Na$^+$/Ca^{2+} 交換輸送体
NHE 1	sodium/hydrogen exchanger 1	Na$^+$/H$^+$ 交換輸送体
NK	natural killer	ナチュラルキラー
NMDA	N-methyl-D-aspartate	N-メチル-D-アスパルテート
NMMA	L-N^G-monomethylarginine	L-N^G-モノメチルアルギニン
NMN	nicotinamide mononucleotide	ニコチンアミドモノヌクレオチド
nNOS	neuronal cell NO synthase	神経型一酸化窒素合成酵素（神経型 NOS）

略語	英語	日本語
NMR	nuclear magnetic resonance	核磁気共鳴
NO	nitric oxide	一酸化窒素
NOD	non obese diabetes	非肥満糖尿病
NOS	nitric oxide synthase (NO synthase)	一酸化窒素合成酵素 (NO 合成酵素)
NOX	NADPH oxidase	NADPH オキシダーゼ
NQO	NADPH quinone oxidoreductase	NADPH：キノンオキシドレダクターゼ
NSAIDs	non-steroidal anti-inflammatory drugs	非ステロイド系消炎鎮痛薬
8-OHdG	8-hydroxy-2'-deoxyguanosine	8-ヒドロキシ-2'-デオキシグアノシン
ORAC	oxygen radical absorbance capacity	活性酸素吸収能力
PBS	phosphate buffer solution	リン酸緩衝液
PC-OOH	phosphatidylcholine hydoperoxide	ホスファチジルコリンヒドロペルオキシド
PCI	percutanous coronary intervention	経皮的冠動脈インターベンション
PD	Parkinson disease	パーキンソン病
PD	peritoneal dialysis	腹膜透析
PDT	photodynamic therapy	光線力学療法
PH-GPx	phospholipid-hydroperoxide glutathione peroxidase	リン脂質ヒドロペルオキシドグルタチオンペルオキシダーゼ
PKC	protein kinase C	プロテインキナーゼ C
PLP	pyridoxal-5'-phosphate	ピリドキシサール 5'-リン酸
PMP	pyridoxamine-5'-phosphate	ピリドキシサミン 5'-リン酸
PNP	pyridoxine-5'-phosphate	ピリドキシン 5'-リン酸
PRMT	protein arginine methyltransferase	タンパク質アルギニンメチルトランスフェラーゼ
Prx	peroxiredoxin	ペルオキシレドキシン
PTH	parathyroid hormone	副甲状腺ホルモン
PTIO	2-phenyl-4,4,5,5-tetramethyl-1-oxyl 3-oxide	2-フェニル-4,4,5,5-テトラメチル-1-オキシル 3-オキシド

略語	英語	日本語
PUFA	polyunsaturated fatty acid	多価不飽和脂肪酸
QOL	quality of life	生活の質
RA	rheumatoid arthritis	関節リウマチ
RAAS	renin-angiotensin-aldosteron system	レニン-アンジオテンシン-アルドステロン系
RAGE	receptor for AGEs	AGEs 受容体（終末糖化産物受容体）
RAS	renal artery stenosis	腎動脈狭窄
RCT	randomized clinical trial	ランダム化比較試験
RNS	reactive nitrogen species	活性窒素種
ROS	reactive oxygen species	活性酸素種
SecIS	selenocysteine insertion sequence	セレノシステイン挿入配列
SLE	systemic lupus erythematosus	全身性エリテマトーデス
SLEDAI	systemic lupus erythematosus disease activity index	
SOAC	singlet oxygen absorption capacity	一重項酸素消去能
SOD	superoxide dismutase	スーパーオキシドジスムターゼ
T-ROSA	total reactive oxygen scavenging activity	抗酸化力
T2DM	type 2 diabetes mellitus	2 型糖尿病
TBA	thiobarbituric acid	チオバルビツール酸
TBARS	2-thiobarbituric acid reactive substances	チオバルビツール酸反応性物質
TBHQ	*tert*-butylhydroquinone	*tert*-ブチルヒドロキノン
TCR	T-cell receptor	T 細胞受容体
THF	tetrahydrofolate	テトラヒドロ葉酸
TIMPs	tissue inhibitor of metalloproteinases	組織メタロプロテアーゼ阻害物質
TMPD	N,N,N',N'-tetramethyl-p-phexylenediamine	N,N,N',N'-テトラメチル-p-フェニレンジアミン
TNF	tumor necrosis factor	腫瘍壊死因子
TPC	2,2,5,5-tetramethyl-3-pyroline-carboxamide	2,2,5,5-テトラメチル-3-ピロリン-カルボキサミド

略語	英語	日本語
Trx	thioredoxin	チオレドキシン
TrxR	thioredoxin reductase	チオレドキシン還元酵素
TxnIP	thioredoxin interaction protein	チオキシン相互作用タンパク質
UCHL 1	ubiquitin carboxy terminak hydrolase L1	ユビキチンカルボキシ末端加水分解酵素 L1
UCP-2	uncoupling protein 2	脱共役タンパク質 2
VLDL	very low-density lipoprotein	超低密度リポタンパク質
WHO	World Health Organization	世界保健機関
XDH	xanthine dehydrogenase	キサンチンデヒドロゲナーゼ
XO, XOD	xanthine oxidase	キサンチンオキシダーゼ（キサンチン酸化酵素）
XOR	xanthine oxidoreductase	キサンチンオキシドレダクターゼ（キサンチン酸化還元酵素）
αTTP	α-tocopherol transfer protein	ビタミン E 輸送タンパク質
γ-GTP	γ-glutamyl transpeptidase	γ-グルタミルトランスペプチダーゼ

索引

英数字

AAPH	202
ABAP 試薬	118
ACE 阻害薬	188
AD	226
ADMA	235
ADP	132
AGEs	188, 231, 253
——受容体	231
AKI	204
ALS	196
ALT	198
AMP	23, 252
ANCA	240
APS	240
APX	268
ARB	191
Arrhenius プロット	35
AsA	268
ASD	228
AST	198
AT1拮抗薬	191
ATP	19, 132, 139, 213, 251
BB ラット	230
BCAA	259
BH_4	85, 148, 194
BHA	2
BHT	2
BILAG	192
BMI	230, 254
Bohr 効果	67
Bohr 量子理論	72
B 型肝炎ウイルス	221
Ca^{2+} 過負荷	215
CABG	207
CagA	219
CaM	86
CCP	241
CE-OOH	239
cGMP	147
CKD	204, 232
CL・β2-GP 1	240
CML	231
cNOS	85
complex I	144
complex III	145
complex IV	145
Coulomb 力	132
COX-2	227
CO デヒドロゲナーゼ	143
CPK	195
CRP	239
CuNIR	150
CVD	204, 232
C 型肝炎ウイルス	221
C 反応性タンパク質	199
DAMRDs	193
DDS	228
DFO	230
dG	252
DHA	255
DHAR	268
DMPO	118, 136, 290
DMSO	104, 215, 290
DN	237
DPPH	269
——消去活性	295
——法	291
d 軌道	62
EC	175
EFSA	258
eGFR	204
eNOS	85, 148, 203, 232
EPA	255
ESR	17, 53, 73, 125, 200, 285
——-スピントラップ法	17, 110, 135, 291
——スペクトル	53, 54, 125
——装置	105, 110
——法	106, 108, 109, 112, 114
FAD	141, 143, 214, 275, 300
$FADH_2$	145

$Fe^{4+}=O$ ポルフィリン π カチオンラジカル		Maillard 反応	231, 253
	155, 157, 161	MAO	218
Fenton 反応	14, 34, 61, 116, 128, 145	――-B	223
Fe-SOD	177	MCI	228
FMN	145, 274	MDA	188, 193
Fridobich 法	118	MDHA	268
GABA	276	MGST 1	183
GarP	241	MK-4	283
GC-MS	106	MMO	162
GMP	252	MMP	217, 244
GPA	240	MPA	240
GPx	135, 158, 179, 190, 192, 217, 280	MPO	164, 225
GR	180	MPP^+	225
GSH	106, 225, 268	MPTP	225
GSSG	219, 228, 268	MRL/*lpr* マウス	241
GST	182	mTOR	192
GSTc	183	MULTIS	239
GTP	91, 141, 147	n-3系脂肪酸	257
γ-――	197	n-6系脂肪酸	257
Haber-Weiss 反応	14, 34, 61	Na^+/Ca^{2+} 交換輸送体	215
HBV	221	Na^+/H^+ 交換輸送体	215
HCV	221	NAC	192, 193, 207
HD	239	NAD^+	213, 276, 277
Helicobacter pylori	219	NADH	13
Henderson-Hasselbalch の理論	71	――：キノンオキシドレダクターゼ	163
HNE	224	$NADP^+$	276
hOGG 1	240	NADPH	13, 84, 125, 181, 269, 300
HOPE 試験	188	――オキシダーゼ	60, 101, 108, 139, 143, 190, 217
HPLC	106, 300		
HRP	14, 105, 156	NAFLD	197, 199, 273
HTS	191	NASA	43
IC50	294	NASH	197
IL	231	NCX 1	215
IMP	252	N^G-ニトロ-L-アルギニン	217
iNOS	85, 148, 196, 203, 225	NHE 1	215
――阻害剤	92	Ni 化合物	135
IS	235	NK	221
JNK	221	NMDA	258
LC-MS	106	NMMA	196
LDL	27, 193, 239, 269	NMN	277
LMCT	150	NMR	73
L-N^G-モノメチルアルギニン	196	nNOS	86, 148, 218
L-NNA	217	NO	84, 147, 148
LPS	86	――合成酵素(NOS)	84, 88
LVEF	193	――消去剤	94
L-アスコルビン酸	268	――測定	88
L-アミノ酸オキシダーゼ	158	NOD	190

——マウス	230	T2DM	206
NOS	84, 93, 139, 148	TAM	109
——阻害剤	89, 93, 217	TBA	252
NOX	217	TBARS	195, 224, 273, 282, 287
Nox 2	191, 243	TBHQ	2
NQO	163	TCR	243
Nrf2-Keap 1系	206	TIMPs	244
Nrf2ノックアウトマウス	241	TMPD	290
NSAIDs	192	TNF	177, 188
N-アセチルシステイン	192, 193, 207	T-ROSA	119
$ONOO^-$	87, 145, 147, 215	Trx	181
ORAC	112, 200, 291	TrxR	181
$O_2^{\cdot-}$リーク	231	TxnIP	231
P450	17, 27, 101, 152, 183	T細胞受容体	243
——オキシダーゼ	21, 23	UCHL1	223
$p53$遺伝子	219, 222	UCP 2	243
PARP	277	VLDL	25
PCI	194, 213	WHO	255
PC−OOH	239	XDH	213
PD	223, 239	XO	137, 142, 194, 214
PDT	130	XOD	18, 290
PET	109	XOR	140
PH-GPx	225	X線	48
PKC	231	Zeeman分裂	73
PLP	275	αTTP	270
PMP	275	α-アルデヒド化合物	60, 101
PNP	275	α-シヌクレイン	223
PRMT	237	α-トコフェロール	4, 285
PTH	237	β-カロテン	106, 130, 192, 204, 280, 281, 299
PTIO	94	γ-GTP	197
PUFA	199	γ-アミノ酪酸	276
p-クレシル硫酸	237	γ-グルタミルトランスペプチダーゼ	197
QOL	204, 217, 239	$^1\Sigma_g$	129
RA	192, 241, 243	1電子酸化還元反応	288, 301
RAAS	234	1-メチル-4-フェニル-1,2,3,6-テトラヒドロピリジン	225
RAGEs	231	1-メチル-4-フェニルピリジン	225
RANKL	244	$^1\Delta_g$	129, 165
RAS	238	2,2'-アゾビス(2-アミジノプロパン)二塩酸塩	202
RCT	196		
RNS	11, 82, 123, 219	2,2-ジフェニル-1-ピクリルヒドラジル	269
ROS	1, 11, 123, 139, 190, 200, 213, 252, 288, 301	2型糖尿病	190, 206
SecIS	159	(S)-2-ヒドロキシ酸オキシダーゼ	158
SLE	192, 240	2-フェニル-4,4,5,5-テトラメチル-1-オキシル 3-オキシド	94
SLEDAI	192		
SOAC	281	3-DG	231
SOD	5, 14, 87, 104, 110, 113, 118, 124, 140, 145, 175, 190, 261, 280, 291	3-デオキシグルコソン	231

索引

4電子還元反応	11, 17, 37, 59
4-ヒドロキシ-2-ノネナール	224
5,5-ジメチル-1-ピロリン N-オキシド	136
5-アミノレブリン酸	130
6-OH-ドパミン	44
(6R)-5,6,7,8-テトラヒドロビオプテリン	148
8-OHdG	252
8-オキソグアニン DNA グリコシラーゼ1	240
8-ヒドロキシ-2'-デオキシグアノシン	252

あ

亜硝酸イオン	88
亜硝酸薬	93
亜硝酸レダクターゼ	150
アスコルビン酸	116, 194, 268, 287, 292, 299
——ペルオキシダーゼ	268
アストロサイト	218
アスパラガス	289
アスパラギン酸アミノトランスフェラーゼ	198
アデニン	23, 101
アデノシン 5'-二リン酸	132, 213
アデノシン 5'-三リン酸	132, 139
アドリアマイシン	60, 133
アポトーシス	23, 147, 219
アミノ酸	29, 99, 257
γ-アミノ酪酸	276
アミロイド斑	226
アミロイドβタンパク質	226
アメリカ国立がん研究所	286
アラニンアミノトランスフェラーゼ	198
亜硫酸レダクターゼ	143
アルコキシルラジカル	60
アルツハイマー型認知症	273
アルツハイマー病	226
アルデヒド化合物	18, 26, 60, 101
アルブミン	133
アロプリノール	190, 194
アンジオテンシンⅡタイプ1受容体拮抗薬	191
アンジオテンシン変換酵素阻害薬	188
アントシアニン	296, 298
硫黄化合物	29
硫黄系アミノ酸	29
イオン解離現象	43
イソシアネート	296
イソチオシアネート	299
イソフラボン類	298
イチゴ	288
一重項酸素	37, 50, 100, 129, 164
——消去能	281
一酸化窒素	58, 87, 92, 147, 148
——合成酵素	88, 139
インスリン	26, 229
——抵抗性	229
インターロイキン	231
インドキシル硫酸	235
引力	72
ウイルス性肝炎	197
エイコサペンタエン酸	255
エダラボン	196
遠位ヒスチジン	166
塩化チタン	105
遠赤外線	50
——効果	53
欧州食品安全機関	258
大葉	288
オキシダーゼ	6
オキシダント	6
オキシヘモグロビン	75, 166
瘀血	202
オゾン	38, 56, 131
——層	131
オートファジー	23
オーロン類	298

か

会合体	44
解離イオン	36, 41, 100
——濃度	104
——平衡	36, 55
解離曲線	67
拡散距離	128
核酸酸化物	100
核酸分解反応	100
核磁気共鳴	73
核磁気能率	73
過酸化脂質	2, 130, 159, 183, 215, 273
——ラジカル	2
過酸化水素	43, 99, 290
過酸化反応	1
過酸化ラジカル	27, 60
——消去能	294
可視光線	41

索引

カタラーゼ	5, 105, 106, 113, 135, 158, 160, 179, 261
活性化エネルギー	36, 78
活性化エンタルピー	56
活性酸素	48, 99
——吸収能力	200
——種	1, 11, 123, 139, 190, 200, 213, 219, 252, 288, 301
——の計測	106
——の測定	291
活性窒素	50
——種	11, 40, 58, 82, 123, 139
カテキン類	298
カボチャ	290
可溶性グアニル酸シクラーゼ	167
カルコン	298
カルシウム	261
カルバミノヘモグロビン	80
カルビノール	296
カルベジロール	195
カルボキシメチルリシン	231
カルモジュリン	86, 148
カロテノイド	281, 288
β-カロテン	106, 130, 192, 206, 280, 281, 299
カロテン類	282, 296, 299
カロリー制限	260
環境因子	49, 59, 75
環境浄化技術	49
還元	3
還元型グルタチオン	106, 159, 225, 268
還元型ニコチンアミドアデニンジヌクレオチド	13
——リン酸	13, 84, 125, 181, 269
還元型フラビンアデニンジヌクレオチド	145
肝硬変	221
がん診断法	109
関節リウマチ	192, 241, 243
肝線維化	221
肝臓過酸化リン脂質濃度	288
肝臓がん	221
がん早期発見技術	287
冠動脈バイパス術	207
漢方薬	288
ガンマ線	50, 277
キサンチン	101
キサンチンオキシダーゼ	18, 102, 108, 137, 142, 157, 194, 214
キサンチンオキシドレダクターゼ	140
キサンチンデヒドロゲナーゼ	213
ギ酸デヒドロゲナーゼ	143
気絶心筋	216
基底一重項酸素	37
基底一重項状態	105
機能性食品因子データベース	301
キノンラジカル	108
キャビテーション理論	40
キャベツ	290
急性腎障害	204, 207
キュウリ	290
狭心症	93
虚血再灌流障害	68, 193, 213
虚血性疾患	147
筋萎縮性側索硬化症	196
近位ヒスチジン	166
金属イオン	15, 44, 61, 87, 94, 100, 105
金属酵素	44, 87
金属-酸素錯体	123
金属酸素付加体	17, 44, 101
金属タンパク質	68
グアニジノコハク酸	237
グアノシン 5'-三リン酸	91, 141, 147
空気清浄	50
クエン酸	299
クラーク型酸素電極	109
クラスター構造	36, 42, 80
グリーンキウイ	289
グルタチオン	158
—— S-トランスフェラーゼ	182
—— /グルタチオンペルオキシダーゼ	145
——ペルオキシダーゼ	5, 106, 136, 158, 179, 190, 192, 217, 261, 280
——抱合	183
——レダクターゼ	113, 180
γ-グルタミルトランスペプチダーゼ	197
グルタミン酸	217, 258
——ナトリウム	258
クレアチンホスホキナーゼ	195
クロスリンク	227
クロロゲン酸	296
蛍光・りん光スペクトル	38
計算化学	42
桂枝茯苓丸	202
計測方法	107
軽度認知障害	228

経皮的冠動脈インターベンション	194, 213
血液	66
——透析	239
血管弛緩因子	177
血管内皮細胞型 NO 合成酵素	85
結合解離エネルギー	33, 36, 39, 53
健康長寿社会	301
健康長寿の延伸	11
原子状酸素	37
顕微鏡的多発血管炎	240
抗 dsDNA 抗体	241
高圧放電	56
光化学オキシダント	131
光学酸素センサー	109
抗カルジオリピン-β2-糖タンパク質1	240
抗カルバミル化タンパク質	241
抗加齢	4
抗がん剤	22, 60
好気性生物	13
抗好中球細胞質抗体	240
抗酸化機能性物質	229
抗酸化計測	106
抗酸化酵素	3, 102, 113, 174
抗酸化測定	99
抗酸化能	294
——の低下	15, 27, 234
抗酸化物質	1, 106, 119, 300
抗酸化力	119
好酸球	125
光子エネルギー	53
抗シトルリン化ペプチド	241
恒常性	14, 28
——維持	50, 61, 67, 99
——機構	35
構成型 NOS	85, 90
合成抗酸化剤	1
光線力学療法	130
好中球	125
——ミエロペルオキシダーゼ	240
高度不飽和脂肪酸	256
興奮毒性	217
抗リン脂質抗体症候群	240
呼吸系	66
呼吸鎖	92
黒質線条件ニューロン	225
黒体輻射	58
骨芽細胞	243
小松菜	289
コレステリルエステルヒドロペルオキシド	239

さ

サイクリック GMP	90, 147
柴胡剤	201
細小血管障害	229
サイトゾルグルタチオン S-トランスフェラーゼ	183
細胞外	175
細胞内 Ca^{2+} イオン濃度	90
細胞内顆粒	125
細胞膜結合型グルタチオン S-トランスフェラーゼ	183
細胞膜障害	60
左室駆出率	193
殺菌	48
サツマイモ	290
酸化	3
——系漂白剤	44
——的バースト	143, 214
——反応機構	100
——防止剤	4
酸化型グルタチオン	159, 219, 228, 268
酸化型ニコチンアミド	
——アデニンジヌクレオチド	276
——ジヌクレオチド	213
——リン酸	276
酸化還元	
——制御	61
——電位	33, 51, 61, 104
——媒体	67
——反応	33, 127
三価クロム	134
酸化ストレス	2, 46, 48, 49, 51, 99
——機構	51, 70, 223
——傷害	11, 39, 44, 60, 99, 173, 250, 287
——消去	291
——反応	36, 61
——マーカー	18
三重項酸素	124
酸素運搬	61
——効率	79
酸素化合物	104
酸素結合度	67
酸素消費量	178

酸素センシング法	108
酸素濃度	46, 69, 74, 106
——イメージング	109
——変化	71
酸素の運搬機構	67
酸素プラズマ	38
酸素分圧	67, 68
酸素分布の計測法	68
次亜塩素酸	15, 44, 130
紫外線	41, 48
磁気エネルギー	68, 79
磁気回転比	73
磁気共鳴イメージング装置	301
磁気共鳴エネルギー	72, 74
磁気共鳴理論	70
四極子分子	45
シグナル伝達	147
シグモイド型	170
シクロオキシゲナーゼ-2	227
シコニン	301
脂質	66, 99, 254
——過酸化	100, 202, 270
——ラジカル	100
——物	100, 228, 243
——酸化反応	100
——酸素ラジカル	106
——二重膜	127
システイン	179
シスプラチン	136
失活	176
疾患修飾性抗リウマチ薬	193
自動酸化	59, 60
——反応	68, 100
シトクロム c	111
——オキシダーゼ	139, 145, 215
——法	110
——レダクターゼ	108
シトクロム P450	152
α-シヌクレイン	223
磁場強度	72
自閉症スペクトラム障害	228
脂肪酸	255
ジメチルスルホキシドレダクターゼ	143
ジャガイモ	290
終末糖化産物	188, 231, 253
腫瘍壊死因子	177, 188
常温プラズマ発生装置	37, 55
硝酸イオン	88
硝酸レダクターゼ	143
常磁性	64
——物質	72
脂溶性抗酸化物質	18
脂溶性フィトケミカル	298
食細胞	125
食作用	130
ジルコニア酸素センサー	108
心筋スタニング	216
心筋ハイバネーション	216
心筋リモデリング	217
神経型 NOS	86, 90, 148, 218
神経伝達物質	53
心血管疾患	203
心腎症候群	235
腎代替療法	206
推算糸球体ろ過値	204
水晶発振子マイクロバランス法	108
スタチン	190
スーパーオキシド	32, 46, 58, 86, 94, 99, 290, 295
——ジスムターゼ	5, 14, 87, 104, 110, 124, 140, 145, 158, 175, 190, 261, 280, 291
——消去能	115
スピン付加体	53, 113
スピン角運動量	73, 75
スピントラップ法	105
スピントラップ剤	117, 290
スピン量子数	74
スルフォラファン	296
生活の質	204, 239
青果物	286
生物媒体	56
セイヨウワサビペルオキシダーゼ	14, 104, 108, 156
世界保健機関	255
赤外線	41
斥力	72
セルロプラスミン	133
セレノシステイン	136, 159, 179
——挿入配列	159
セレノタンパク質	159
遷移金属イオン	62
全身性エリテマトーデス	192, 240
全身性の心血管疾患	232
双極子モーメント	77
組織メタロプロテアーゼ阻害物質	244

た

ダイアライザー	239
ダイオウ	200
ダイコン	290
タウタンパク質	226
多価不飽和脂肪酸	199
多種ラジカル消去活性測定法	239
多臓器障害	215
脱共役タンパク質2	243
多発血管炎性肉芽腫症	240
炭水化物	66, 99
炭素ラジカル	118
タンニン	299
タンパク質	66, 99
──アルギニンメチルトランスフェラーゼ	237
チアミン	274
チオバルビツール酸反応性物質	195, 224, 273, 282, 287
チオレドキシン	181
──相互作用タンパク質	231
──レダクターゼ	181
地球磁場	79
窒素酸化物	13, 51, 82, 131
超音波照射	41
長寿社会	11
超純水	43
超低周波	50
超低密度リポタンパク質	25
腸内細菌叢	230
腸内フローラ	230
チロシナーゼ	14, 60, 101
チロシンオキシダーゼ	108
低酸素マーカー	109
低密度リポタンパク質	269
定量的分析法	107
デオキシグアノシン	252
デオキシヘモグロビン	76
デザイナーフーズリスト	286
デスフェリオキサミン	195
鉄	76, 132, 261
テトラヒドロビオプテリン	85, 93, 194
テトラヒドロ葉酸	278
デヒドロアスコルビン酸	268
──レダクターゼ	268
デフェロキサミン	230
テラヘルツ波	43, 50
テルペノイド	288
電解質	46
電解水	57
電荷移動遷移	151
電気抵抗値	42
電気伝導体	43
電子受容体	7
電子スピン	63
──共鳴	17, 73, 125, 200
電子伝達物質	45
電磁波	41, 48, 50
──エネルギー	51, 52
──スペクトル	51
電子配置	63
天然抗酸化剤	1
電離平衡定数	36
糖アルコール	230
糖化	253
銅含有亜硝酸レダクターゼ	150
糖質	66, 99, 252
──酸化物	100
──分解反応	100
糖毒性	231
糖尿病性腎症	237
動脈硬化	229
冬眠心筋	216
ドコサヘキサエン酸	255
トコトリエノール	270
トコフェロール	4, 270, 287, 299
ドパキノンラジカル	60
ドパミン	53, 101
──作動性ニューロン	60, 223
トマト	290
ドラッグデリバリーシステム	228
トランス脂肪酸	255
トランスフェリン	133
トリアリルメチル	109
──N-オキシドレダクターゼ	143

な

ナイアシン	276
内皮型NOS	148, 203, 232
ナス	290
菜の花	289
ニコチンアミドモノヌクレオチド	277

二酸化炭素濃度	75
二酸化炭素の分圧量	69
二酸化窒素	102, 131
ニトロキシルイオン	87
ニトログリセリン	93
S-ニトロシルシステイン	167
ニトロソチオール	93
ニトロソニウムイオン	87
尿酸	19, 251
──オキシダーゼ	158
尿毒症性物質	235
ニンジン	290
認知症	52
ニンニク	290
ネクローシス	147
ノルアドレナリン作動性ニューロン	60

は

配位子から金属への電子移動遷移	151
バイカリン	200
敗血症	92
ハイスループットスクリーニング	190
配糖体化合物	298
ハイドロゲントリオキシラジカル	40
パーキン	225
パーキンソン病	223
発がん	173, 218
バナジルイオン	134
バナデートイオン	134
パプリカ	288
パラコート	44, 60
バルク水	42
パルスラジオリシス法	128
反磁性磁場エネルギー	79
反磁性物質	72
パントテン酸	277
非アルコール性脂肪肝炎	197
非アルコール性脂肪性肝疾患	197, 273
ビオチン	279
ビオチンスルホキシドレダクターゼ	143
光感受性物質	129
光増感剤	117
光増感反応	108
光分光法	105
非ステロイド系消炎鎮痛剤	192
非対称性ジメチルアルギニン	235

ビタミン	267
ビタミン A	103, 280
ビタミン B	103, 273, 280
ビタミン B_1	274
ビタミン B_2	274
ビタミン B_3	276
ビタミン B_5	277
ビタミン B_6	275
ビタミン B_{12}	279
ビタミン C	103, 187, 268
ビタミン E	4, 103, 187, 198, 270
──輸送タンパク質	270
ビタミン K	103, 283
必須アミノ酸	257
ヒドロキシルラジカル	39, 51, 100, 111, 290
──消去能	116
ヒドロトリオキシドラジカル	100
ヒドロトロオキシ酸	100
ヒドロペルオキシドラジカル	18, 32, 39
ヒポキサンチン	101, 290
──-キサンチンオキシダーゼ	110
肥満	254
ピーマン	289
標準酸化還元電位	62
ビラジカル	124
非ランダム化比較試験	199
ピリドキシサミン 5'-リン酸	275
ピリドキサール 5'-リン酸	275
ピリドキシン 5'-リン酸	275
ファゴソーム	143, 164
フィトケミカル	288, 300
フィロキノン	283
フェリル種	133
不均化反応	41, 176
副甲状腺ホルモン	237
複合体 I	144
複合体 III	145
複合体 IV	145
腹膜透析	239
ブチル化ヒドロキシアニソール	2
ブチル化ヒドロキシトルエン	2
$tert$-ブチルヒドロキノン	2
不飽和脂肪酸	123
フラバン類	298
フラビンアデニンジヌクレオチド	141, 143, 214, 274
フラビンモノヌクレオチド	145, 274

フラボノイド	288, 298, 299
フラボン類	298
フリーラジカル	45, 48, 62, 99
——の計測	106
プリン体	19, 251
ブレオマイシン	133
ブロッコリー	290
プロテインキナーゼC	231
プロトヘム	179
プロブコール	195
分岐鎖アミノ酸	259
分子拡散説	68
分子センサー	29
ヘプシジン	221
ヘマトポルフィリン	129
ヘム	93, 153
——間相互作用	79
——構造	68
ヘモグロビン	67, 69, 75, 133, 165
——の酸素化平衡曲線	170
ペルオキシダーゼ	102, 156
ペルオキシレドキシン	182
ペルオキシナイトライト	87, 145, 147, 177, 215
ペルオキシルラジカル	293
防御機能	174
放射線	48
ホウレンソウ	289
飽和酸素濃度	78
補酵素	280
ホスファチジルコリンヒドロペルオキシド	239
ボディマスインデックス	230, 254
ホメオスタシス	14
ホモダイマー	176
ポリADP	277
ポリフェノール	103, 288, 296

	ま	

マイトマイシン	60
マオウ	200
マグネシウム	261
膜保護作用	183
マクロファージ	125
マトリックスメタロプロテイナーゼ	217, 244
マロンジアルデヒド	188, 193
慢性炎症	231
慢性腎臓病	204, 232

ミエロペルオキシダーゼ	15, 39, 130, 164, 225
ミオグロビン	69, 76, 133, 169
ミクロゾーム	125
みず菜	289
水のイオン積	36
水のクラスター分子	77
水の自己解離	36
水の分解	53
ミトコンドリア	5, 21, 92, 125, 144, 175, 225
ミネラル	61, 260
無カタラーゼ症	179
無機イオン	46, 61
無機質	61
無声放電	131
メサンギウム細胞	235
メタンモノオキシゲナーゼ	162
メチルグアニジン	237
滅菌	48
メトヘモグロビン	133, 166
メトホルミン	190
メナキノン	283
——-4	283
メナジオン	284
メラニン	101
免疫機構	58
免疫細胞	58
没食子酸エステル	299
モノアミンオキシダーゼ	218, 223
モノデヒドロアスコルビン酸	268
モリブドプテリン	141

	や	

野菜	286
誘導型NOS	85, 90, 148, 196, 203, 225
油脂	255
ユビキチンカルボキシ末端加水分解酵素L1	223
ユビキノン	60
——オキシダーゼ	22, 108
溶血	127
——ヘモグロビン	27
葉酸	278
溶存酸素	57, 77
——濃度	71
——の測定	108
溶存窒素	57

陽電子放出断層撮影法	109
葉緑体	5

ら

ラクトフェリン	132
ラジカル捕捉作用	293
ラジカル連鎖反応	2
ラパマイシン標的タンパク質	192
ランダム化比較試験	196
リコペン	299
リポ多糖	86
リボフラビン	274, 290
りん光強度	110
リン脂質ヒドロペルオキシド	181
──グルタチオンペルオキシダーゼ	225

ルシゲニン	44
ルミノール	44
──化学法	110
励起一重項酸素	37
励起一重項状態	105
霊長類	178
レタス	290
レチノール	5
レニン-アンジオテンシン-アルドステロン系	234
レビー小体	223
老化	15, 173
──予防	301
老人斑	226
六価クロム	134
ロメインレタス	290

編者紹介

河野　雅弘（こうの　まさひろ）
1947年　愛知県生まれ
1971年　愛媛大学文理学部卒業
現　在　東京工業大学生命理工学院 生命理工学系 特別研究員
理学博士・医学博士

小澤　俊彦（おざわ　としひこ）
1944年　埼玉県生まれ
1974年　東京大学大学院薬学系研究科博士課程修了
現　在　日本薬科大学客員教授
薬学博士

大倉　一郎（おおくら　いちろう）
1944年　東京都生まれ
1973年　東京工業大学大学院理工学研究科博士課程修了
現　在　東京工業大学名誉教授
工学博士

DAS⑩ **抗酸化の科学** —— 酸化ストレスのしくみ・評価法・予防医学への展開 ——

第1版第1刷　2019年8月25日　発行

編　者　河野　雅弘
　　　　小澤　俊彦
　　　　大倉　一郎
発行者　曽根　良介

検印廃止

JCOPY 〈出版者著作権管理機構委託出版物〉
本書の無断複写は著作権法上での例外を除き禁じられています．複写される場合は，そのつど事前に，出版者著作権管理機構（電話 03-5244-5088，FAX 03-5244-5089，e-mail: info@jcopy.or.jp）の許諾を得てください．

本書のコピー，スキャン，デジタル化などの無断複製は著作権法上の例外を除き禁じられています．本書を代行業者などの第三者に依頼してスキャンやデジタル化することは，たとえ個人や家庭内の利用でも著作権法違反です．

乱丁・落丁本は送料小社負担にてお取りかえします．

発行所　**（株）化学同人**
〒600-8074　京都市下京区仏光寺通柳馬場西入ル
編集部　TEL 075-352-3711　FAX 075-352-0371
営業部　TEL 075-352-3373　FAX 075-351-8301
振替　01010-7-5702
E-mail webmaster@kagakudojin.co.jp
URL https://www.kagakudojin.co.jp
印刷・製本　西濃印刷株式会社

Printed in Japan　© M. Kohno, T. Ozawa, I. Okura 2019　ISBN978-4-7598-1420-0
無断転載・複製を禁ず